Python 自动化办公

3分钟完成一天工作

廖茂文 / 著

电子工业出版社
Publishing House of Electronics Industry
北京·BEIJING

内 容 简 介

本书是一本全面介绍如何利用 Python 自动化处理各类案头工作的实战教程。全书共 11 章，第 1～3 章介绍自动化办公的优势及需要掌握的 Python 必备基础知识；第 4～7 章介绍如何自动化操作 Excel 表格、Word 文档、PPT 文件和 PDF 文件等，读者可将所学知识直接应用于日常工作；第 8～11 章介绍如何实现其他软件的自动化操作，如自动组织文件、浏览器自动化、邮件自动化、图形用户界面软件自动化等，进一步拓宽办公自动化的应用范围。

本书理论知识精练、代码简单、思路清晰、学习资源齐备，适合有一定办公软件使用基础又想进一步提高工作效率的办公人员，如从事行政、人事、营销、财务等职业的人士阅读，也可供 Python 编程爱好者参考。

未经许可，不得以任何方式复制或抄袭本书之部分或全部内容。
版权所有，侵权必究。

图书在版编目（CIP）数据

Python 自动化办公：3 分钟完成一天工作 / 廖茂文著. —北京：电子工业出版社，2021.7
ISBN 978-7-121-41241-7

Ⅰ. ①P… Ⅱ. ①廖… Ⅲ. ①软件工具—程序设计 Ⅳ. ①TP311.561

中国版本图书馆 CIP 数据核字（2021）第 097836 号

责任编辑：滕亚帆
印　　刷：三河市双峰印刷装订有限公司
装　　订：三河市双峰印刷装订有限公司
出版发行：电子工业出版社
　　　　　北京市海淀区万寿路 173 信箱　邮编：100036
开　　本：787×980　1/16　印张：23　字数：510 千字
版　　次：2021 年 7 月第 1 版
印　　次：2021 年 10 月第 3 次印刷
定　　价：89.00 元

凡所购买电子工业出版社图书有缺损问题，请向购买书店调换。若书店售缺，请与本社发行部联系，联系及邮购电话：（010）88254888，88258888。
质量投诉请发邮件至 zlts@phei.com.cn，盗版侵权举报请发邮件至 dbqq@phei.com.cn。
本书咨询联系方式：（010）51260888-819，faq@phei.com.cn。

推荐语

这本书并不是一本介绍编程的技术书，而是一本介绍如何通过简单编程让日常重复性工作实现自动化的实战教程。它也不是一本单纯介绍办公软件的图书，而是侧重于介绍如何利用 Python 对这些软件进行自动化重复性操作，从而达到重复工作交由计算机处理的目的。推荐给在职场之路上能一路开挂的你。

——崔庆才 微软（中国）软件工程师、《Python3 网络爬虫开发实战》作者

灵活使用 Python 能帮助我们摆脱大量机械化重复性工作，让工作变得更高效，实现弯道超车，提高工作"含金量"。这本书打磨一年有余，作者摒弃晦涩的理论讲解，引入实用的办公场景，为所有职场人士开辟了一条学习办公自动化的新路。向所有追求高效的职场人士推荐这本书。

——写书哥张增强 图书策划人、微博教育博主

现代职场人士绕不过三件套：PPT、Word 和 Excel。每天你都要做大量重复性工作，比如，合并 10 个 Excel 表格里的数据、生产模板化 PPT、检查 Word 文件里每行格式是否正确……是不是总是感到，每天正事没时间做，时间全部消耗在这些琐事上。

懒是人类的天性，也是第一生产力。本书能够帮助你摆脱重复且烦琐的办公琐事，解放你的双手，让计算机帮你工作。只需要几行代码，就能自动帮你整理数据、生成 PPT、检查 Word 文件格式错误等。诚挚推荐给所有职场人士阅读。

——痴海　Python 技术公众号"痴海"主理人

前 言

无论是在工作中还是在生活、娱乐中，计算机的身影无处不在。虽然计算机如此普及，但是很多人依旧无法灵活地使用它。我经常看到朋友们因需要在短时间内处理100个Excel文件而感到苦闷，而这些在我眼中都可以通过简单的编程得到快速解决。

计算机的强大之处除了"智能"，还可以快速处理重复性工作，比如以相似的逻辑处理100个Excel文件，这项工作对于计算机而言，可能只需要1分钟，而如果人工去做，可能需要好几个小时。我们如何掌握计算机的这个技能呢？其实，只需掌握一些简单的编程知识即可。

本书的特点是以较直白的语言介绍需要掌握的编程基础知识，并以日常工作中经常出现的情景为例介绍Python编程是如何自动化处理这些任务的。

本书结构

第1~3章介绍Python自动化办公的优势及需要掌握的Python必备基础知识。具体内容如下。

- 第1章介绍Python自动化办公的优势、如何搭建Python开发环境，以及Python周边工具等；
- 第2章介绍Python中的变量、数据类型与语法规则、输入与输出、控制流、函数等概念；

- 第 3 章介绍 Python 中的容器类型、错误与异常、类、线程与进程等概念。

第 4~7 章介绍如何自动化操作 Excel 表格、Word 文件、PPT 文件和 PDF 文件等，读者可将这 4 章所学知识直接应用于日常工作。具体内容如下。

- 第 4 章介绍如何自动化操作 Excel 表格；
- 第 5 章介绍如何自动化操作 Word 文档；
- 第 6 章介绍如何自动化操作 PPT 文件；
- 第 7 章介绍如何自动化操作 PDF 文件。

第 8~11 章介绍如何实现其他软件的自动化操作，如自动组织文件、浏览器自动化、邮件自动化、图形用户界面软件自动化等，进一步拓宽办公自动化的应用范围。具体内容如下。

- 第 8 章介绍与文件相关的自动化操作；
- 第 9 章介绍如何自动化操作浏览器；
- 第 10 章介绍如何自动化处理邮件；
- 第 11 章介绍如何自动化操控图形用户界面软件。

本书特点

本书并不是一本介绍编程的技术书，而是一本介绍如何通过简单编程实现日常重复工作自动化的实战教程，书中会详细介绍多种常用软件的自动化操作，如 Excel、Word 等。

此外，本书也不是一本单纯介绍办公软件的图书，所以书中不会对某款办公软件的具体操作进行过多介绍，而是侧重于介绍如何利用 Python 对这些软件进行自动化重复性操作，从而达到重复工作交由计算机处理的目的。

本书理论知识精练、代码简单、思路清晰、学习资源齐备，适合有一定办公软件使用基础又想进一步提高工作效率的办公人员，如从事行政、人事、营销、财务等职业的人士阅读，也可供 Python 编程爱好者参考。

书中展示的示例代码都有完整的代码文件供大家下载，具体下载地址详见博文视点官网。

致谢

仅凭我一个人是难以完成这本书的撰写工作的，家人、同事、朋友、编辑都给了我很大的帮助。

我要感谢我的爱人婉婷，在每个撰稿的深夜她都静静地陪伴在我身边，给予我鼓励。

我要感谢振兴大佬、卓燊哥、炳明哥（公众号"Python 编程时光"号主）、猫哥（公众号"Python 猫"号主），他们为本书提供了专业且宝贵的建议；感谢崔庆才、写书哥、痴海，他们在我写书过程中给予了很多无私的帮助；还要感谢本书的图书编辑滕滕，在本书的创作过程中，滕姐给予了我很多建议与协助，与她合作是一个美好的过程。

最后，感谢我的父母，给予我无尽的支持，让我可以幸福地生活。

读者服务

微信扫码回复：41241

- 获取本书配套代码资源
- 获取作者提供的各种共享文档、线上直播课、技术分享等资源
- 加入本书读者交流群，与作者互动
- 获取博文视点学院在线课程、电子书 20 元代金券

目　录

第 1 章　人人都应学会 Python 自动化办公 ·········· 1
1.1　为什么工作总是做不完 ·········· 1
1.2　什么是自动化办公 ·········· 2
1.3　为什么要学会 Python 自动化办公 ·········· 3
1.4　安装 Python ·········· 4
1.4.1　Windows 下安装 Python ·········· 5
1.4.2　macOS 下安装 Python ·········· 7
1.5　Python 周边工具 ·········· 8
1.5.1　pip ·········· 8
1.5.2　IPython ·········· 10
1.5.3　Jupyter Notebook ·········· 11
1.5.4　VS Code ·········· 12
本章小结 ·········· 15

第 2 章　写下第一行代码 ·········· 16
2.1　变量 ·········· 16
2.1.1　变量概述 ·········· 16
2.1.2　变量命名规则 ·········· 17
2.2　基础数据类型与基础语法规则 ·········· 18
2.2.1　基础数据类型 ·········· 18
2.2.2　基础语法规则 ·········· 21
2.3　输入与输出 ·········· 22
2.3.1　py 文件 ·········· 22

2.3.2　输出数据 ··· 23
　　2.3.3　获得输入数据 ·· 25
2.4　控制流 ·· 26
　　2.4.1　比较运算符 ·· 27
　　2.4.2　逻辑运算符 ·· 29
　　2.4.3　判断语句 ·· 30
　　2.4.4　循环语句 ·· 32
　　2.4.5　跳出循环 ·· 35
2.5　函数 ·· 36
　　2.5.1　基本函数体 ·· 36
　　2.5.2　局部作用域与全局作用域 ··· 38
　　2.5.3　global 关键字 ·· 41
　　2.5.4　实现斐波那契数列 ··· 43
本章小结 ·· 44

第 3 章　Python 中最关键的 20% ··· 46

3.1　容器类型 ·· 46
　　3.1.1　列表 ··· 46
　　3.1.2　元组 ··· 51
　　3.1.3　字典 ··· 54
　　3.1.4　集合 ··· 59
3.2　错误与异常 ·· 62
　　3.2.1　语法错误 ·· 63
　　3.2.2　异常捕捉 ·· 63
　　3.2.3　异常处理 ·· 66
3.3　类 ··· 70
　　3.3.1　类的基础 ·· 71
　　3.3.2　继承与多态 ·· 73
3.4　线程与进程 ·· 78
　　3.4.1　线程 ··· 79
　　3.4.2　线程池 ··· 84
　　3.4.3　进程 ··· 86

      3.4.4 进程池···91
   本章小结···92

第 4 章 Excel 表格自动化···94
   4.1 读写 Excel 数据··95
      4.1.1 使用 xlrd 读取工作簿数据···96
      4.1.2 使用 xlwt 将数据写入工作簿···99
      4.1.3 使用 xlutils 修改工作簿数据··101
   4.2 操作大型工作簿··103
      4.2.1 使用 openpyxl 读取工作簿数据··103
      4.2.2 使用 openpyxl 将数据写入工作簿··105
      4.2.3 修改工作簿中的单元格样式···108
      4.2.4 使用 openpyxl 操作大型工作簿··111
      4.2.5 使用 openpyxl 实现 Excel 日历··113
   4.3 代替与超越 Excel···118
      4.3.1 Pandas 概述···118
      4.3.2 Pandas 自动操作 Excel··121
      4.3.3 使用 Pandas 实现工作表中的数据排序································126
      4.3.4 使用 Pandas 实现 Excel 数据过滤··129
      4.3.5 使用 Pandas 实现 Excel 数据拆分··131
      4.3.6 使用 Pandas 实现多表联合操作··133
      4.3.7 使用 Pandas 对 Excel 数据进行统计运算····························136
      4.3.8 使用 Pandas 实现数据的可视化··139
   本章小结···147

第 5 章 Word 文档自动化···148
   5.1 读写 Word 文档···148
      5.1.1 快速创建 Word 文档··148
      5.1.2 *.doc 文件格式转为*.docx 文件格式····································149
      5.1.3 读取 Word 文档中的段落··151
      5.1.4 读取 Word 文档中的表格··152
      5.1.5 将文字写入 Word 文档···156

5.1.6　将图片写入 Word 文档 ……………………………………………… 157
　　5.1.7　将表格写入 Word 文档 ……………………………………………… 158
　　5.1.8　插入有序列表与无序列表 …………………………………………… 159
5.2　修改 Word 文档样式 ……………………………………………………………… 160
　　5.2.1　文本格式 ……………………………………………………………… 161
　　5.2.2　Word 文档样式 ……………………………………………………… 162
5.3　使用 Word 模板 …………………………………………………………………… 165
　　5.3.1　创建 Word 模板文件 ………………………………………………… 165
　　5.3.2　使用 Word 模板文件 ………………………………………………… 169
　　5.3.3　快速生成千份劳动合同 ……………………………………………… 170
5.4　自动生成数据分析报告 …………………………………………………………… 172
　　5.4.1　处理 Excel 数据 ……………………………………………………… 173
　　5.4.2　生成美观的数据分析报告 …………………………………………… 175
本章小结 …………………………………………………………………………………… 177

第 6 章　PPT 文件自动化 ………………………………………………………… 178

6.1　读写 PPT 文件 ……………………………………………………………………… 178
　　6.1.1　快速创建 PPT 文件 …………………………………………………… 179
　　6.1.2　向幻灯片中插入文字 ………………………………………………… 180
　　6.1.3　向幻灯片中插入新文本框 …………………………………………… 184
　　6.1.4　向幻灯片中插入图片 ………………………………………………… 186
　　6.1.5　向幻灯片中插入形状 ………………………………………………… 187
　　6.1.6　向幻灯片中插入表格 ………………………………………………… 191
6.2　自动化生成 250 页电影 PPT 文件 ………………………………………………… 192
　　6.2.1　PPT 母版 ……………………………………………………………… 193
　　6.2.2　生成 250 页电影 PPT 文件 …………………………………………… 196
本章小结 …………………………………………………………………………………… 203

第 7 章　PDF 文件自动化 ………………………………………………………… 204

7.1　读取 PDF 文件内容 ………………………………………………………………… 204
　　7.1.1　PDF 文件原理简析 …………………………………………………… 204
　　7.1.2　读取 PDF 文件中的文字 ……………………………………………… 207

7.1.3　从 PDF 文件中提取图像 ··· 210
7.1.4　从 PDF 文件中提取表格 ··· 215
7.2　PDF 文件基本操作 ·· 218
7.2.1　给 PDF 文件添加文字 ··· 218
7.2.2　为 PDF 文件生成大纲 ··· 220
7.2.3　旋转 PDF 页面 ··· 221
7.2.4　加密 PDF 文件 ··· 223
7.2.5　合并 PDF 文件 ··· 224
7.2.6　给 PDF 文件添加水印 ··· 225
本章小结 ··· 228

第 8 章　自动组织文件 ·· 229
8.1　文件属性与文件操作 ·· 229
8.1.1　获取文件属性 ··· 229
8.1.2　读写文件 ··· 232
8.1.3　重命名文件 ·· 235
8.1.4　删除文件 ··· 236
8.1.5　监控文件变化 ··· 237
8.2　文件路径 ·· 240
8.2.1　不同操作系统间路径的差异 ·· 240
8.2.2　绝对路径与相对路径 ·· 241
8.2.3　创建文件夹 ·· 243
8.2.4　与文件路径相关的常用操作 ·· 244
8.3　压缩文件操作 ··· 247
8.3.1　压缩文件 ··· 248
8.3.2　解压缩文件 ·· 249
8.3.3　破解加密压缩文件 ·· 251
本章小结 ··· 253

第 9 章　浏览器自动化 ·· 254
9.1　自动获取网站信息 ··· 254
9.1.1　浅析 HTTP ·· 254

9.1.2	构成网站内容的元素	258
9.1.3	通过 requests 获取网页内容	263
9.1.4	通过 BeautifulSoup4 解析网页内容	267
9.1.5	豆瓣电影爬虫	270

9.2 模拟登录 275

9.2.1	网站登录原理	275
9.2.2	浏览器 Cookie	277
9.2.3	requests 实现模拟登录	280

9.3 自动化操作浏览器 286

9.3.1	搭建 Selenium 使用环境	287
9.3.2	Selenium 基本使用方法	289
9.3.3	Selenium 等待元素加载	292
9.3.4	XPath 基本使用方法	295
9.3.5	通过 Selenium 自动化网站后台	296
9.3.6	Selenium 操作 iframe	300

本章小结 302

第 10 章 邮件自动化 304

10.1 电子邮件协议 304

10.1.1	电子邮件的由来	304
10.1.2	邮件服务器	305
10.1.3	发送邮件协议：SMTP	305
10.1.4	接收邮件协议：POP3 与 IMAP	305

10.2 设置第三方邮件服务 306

10.2.1	设置新浪邮箱	306
10.2.2	电子邮件发送原理	308

10.3 自动发送邮件 309

10.3.1	安装 yagmail 库	309
10.3.2	使用 yagmail 库发送文字邮件	310
10.3.3	使用 yagmail 库发送附带图片的邮件	311
10.3.4	使用 yagmail 库发送附带附件的邮件	312
10.3.5	使用 yagmail 库发送 HTML 邮件	314

10.4 自动获取邮件 ········· 316
10.4.1 浅谈邮件格式 ········· 316
10.4.2 解析邮件头 ········· 319
10.4.3 解析邮件体 ········· 322
10.4.4 自动获取邮件附件 ········· 324
本章小结 ········· 325

第 11 章 图形用户界面软件自动化 ········· 326
11.1 初识 PyAutoGUI ········· 326
11.1.1 故障安全功能 ········· 327
11.1.2 PyAutoGUI 库的一些问题 ········· 327
11.2 控制鼠标 ········· 328
11.2.1 控制鼠标移动 ········· 329
11.2.2 控制鼠标单击 ········· 330
11.2.3 控制鼠标拖动 ········· 331
11.2.4 控制鼠标滚动 ········· 331
11.2.5 监控鼠标操作 ········· 332
11.3 控制键盘 ········· 334
11.3.1 模拟输入 ········· 334
11.3.2 敲击键盘 ········· 334
11.3.3 使用快捷键 ········· 335
11.3.4 监控键盘输入 ········· 336
11.4 其他功能 ········· 338
11.4.1 提示弹窗 ········· 338
11.4.2 识图定位 ········· 340
本章小结 ········· 345

附录 A Python 的来源与历史 ········· 346

附录 B 计算机基础概念 ········· 350

第 1 章
人人都应学会 Python 自动化办公

计算机的出现带来了第三次科技革命，人们的工作和生活从此发生了翻天覆地的变化。

当下，职场人的日常工作和生活已经离不开计算机，但很多人对计算机的使用依旧停留在表层，并没有让计算机发挥出它更强大的能力。渐渐地，很多人只是利用计算机去做大量的重复性工作，如日复一日地处理报表、核对 Excel 表格中的各项数据，等等。

你是否考虑过让计算机来帮助你完成这些重复且繁杂的单调工作呢？

1.1 为什么工作总是做不完

每个职场人在每天的工作中，或多或少地都会做一些重复性工作。这些工作很烦琐，需要我们花费大量时间去处理，并且很难保证不出错。这些重复性的工作会无休止地占用我们大量的时间和精力。更糟糕的是，它们并没有让我们在职业技能方面有所提升，反而有可能会消磨我们的积极性，从而失去对当前工作的兴致。

令人遗憾的是，很多人的工作都是重复的、繁杂的，并且也不会给自己带来职业技能上的提升。例如，比对两个 Excel 表格里的数据有何差异这项工作，两个表格里记录了用户的充值流水，每个表格里的数据都有 100 多万行。在这种情况下，你可能会利用 Excel 软件对表格进行对比，但因为数据量较大，基本上还没运行结束，软件就自行退出了，然后你又不得不将这两个表格分别拆分成多个 10 万行的 Excel 表格，再依次做对比，最后再将对比结果加以整合，整个过程非常耗时且无法保证不出错。

我们可以仔细回忆一下自己的日常工作，类似的例子应该数不胜数，我们总是不得不将时间花费在各种繁杂且重复的事情上。你可能会想，是不是只有你的工作会这样？其实并不是。对于任何工作，如果仔细思考，其实都要花费大量的时间去做一些重复性的事情。做重复性事情并不可怕，可怕的是在做完这些事情后，我们的能力没有提升。渐渐地，你会发现，自己除对手头工作有一定的熟练度外，并没有其他任何优势，而且这些工作很容易被计算机或他人替代。

每个人的一天都只有 24 小时，当你将大量的时间花费在必须做、重复做，但却没有长远意义的事情上时，那些有挑战性、需要创造力的工作自然与你绝缘，这就造成了你每天都看上去很忙，加班到很晚，但似乎没学到什么，工作能力似乎也没有得到很大的提升。这些重复且没有意义的事情构成了一个"仓鼠之轮"，很多人就像那只一直在轮子里奔跑的仓鼠，虽然用尽全力，却依旧停留在原地。

1.2 什么是自动化办公

既然这些重复性工作无法避免，那么最好的解决方案就是找到一种可以快速完成重复性工作的方法，比如让计算机帮助我们快速完成这些重复的工作，从而将大量的时间节省出来。我们将计算机自动化处理办公任务的行为称为自动化办公。

如何将自己日常工作中重复性的事情交给计算机处理呢？可以大致分为如下几步。

（1）思考重复的事情由哪几个步骤构成。

（2）思考这几个步骤是否可以交由计算机完成，如果不可以，则继续拆分该步骤，最终将一个大步骤拆分成多个小步骤。

（3）让计算机自动执行这些步骤。

举一个具体的例子：每天你需要从公司网站后台整理出一份 Excel 文件并将 Excel 文件通过邮件发送给不同部门的主管。

简单拆分这个例子：首先你需要登录公司后台获取数据，然后需要将数据存入 Excel 文件，最后将 Excel 文件通过邮件发送给主管。这三大步可以进一步拆分，当拆分得足够细时，就可以尝试让计算机完成这些细分任务，具体拆分如下。

（1）登录公司后台获取数据：①自动登录公司后台；②自动访问所需数据页面；③爬取页面中的数据。

（2）将数据存入 Excel 文件：①将页面中的数据保存到 Excel 文件中；②自动化整理 Excel 原始数据。

（3）将 Excel 文件通过邮件发送给主管：自动发送带附件的邮件。

你只需要花几分钟时间，将这个简单的程序写好，以后每天从公司后台整理数据的工作就可以交由计算机程序去完成。最终的结果就是，你不仅高效、准确地完成了工作，而且省出了很多时间可以去做更有意义的事情。

1.3 为什么要学会 Python 自动化办公

将工作拆分成足够细的步骤后，此时核心问题就变为如何让计算机去完成我们交给它的任务。

大多数人使用计算机只是使用其中的软件，软件提供什么功能，就使用什么功能。但是，很多时候软件提供的功能并不能满足我们的需求，这让计算机的能力大大受限。如果你希望可以灵活地操作计算机，让它完成各种你期望它完成的任务，那么学会编程就是最佳选择。

编程就是利用编程语言控制计算机，这可以让你对计算机拥有很高的控制权，可以轻松地让它"听"你的话，将你期望它完成的事情做完。

与人类语言类似，编程语言是计算机能理解的语言。世界上有成百上千种编程语言，本书中我们选择功能强大且易上手的 Python 语言作为学习对象。利用 Python 语言来编写程序，可以实现灵活控制计算机并帮助我们完成重复性工作的目的。

人类语言具有一定的语法规则，Python 语言（简称 Python）也一样，Python 语言的语法规则与英语非常相近，学习难度不大。虽然学习难度小，但其能力却很强大，它在数据分析领域、人工智能领域都是首选的编程语言，因此通过学习 Python 来实现自动化办公其实是一举多得之事。

回到 1.2 节中的例子，通过任务拆分，我们得到了第一项任务，即登录公司后台。利用 Python 可以轻松控制浏览器访问公司后台，并自动输入准备好的账号与密码，实现后台的自动登录，在登录完成后访问对应的页面便可以自动获取其中的数据（具体细节可阅读第 9 章）。该例子中其他两项任务同样可以通过 Python 让计算机轻松完成。

你可能会感到疑惑：编写程序虽然可以帮助我完成工作，但作为一个初学者，编写程序肯定需要花费大量的时间，这真的值得吗？当然值得。任何一个具有高价值的技能在初学时必然需要花费大量的时间去练习、实践，这是壁垒，更是优势。

例如，将两个 Excel 文件的数据整理成一个 Excel 文件，此时通过简单的复制、粘贴操作，可以在十几秒内完成这个工作；而编写一段这样的程序，至少需要几分钟。但如果需要整理 100 个 Excel 文件呢？此时人工就需要花费 100 倍的时间来完成这个任务，而在编写程序后，只需要运行程序让其自动处理即可，程序运行期间你可以去做其他事情，这个任务对你而言只花费了编写程序的时间，工作效率得到了极大提高。

计算机不同于人类，它不会疲惫，而人类在长时间工作后容易感到疲惫，此时效率会降低且容易出现各种错误，通过程序处理任务不需要担心这些情况。另外，随着任务量成倍地增长，完成工作所花费的时间却几乎不变。

因此，利用 Python 实现自动化办公，可以减少重复性工作所占用的时间并提高工作效率，让我们将精力转移到更具有挑战性、创造性的工作上。

1.4 安装 Python

Python 是一门编程语言，我们在电脑上安装 Python 时，实际上是在安装 Python 的解释器。Python 解释器是一个应用程序，它将 Python 程序按照语法规则翻译成计算机可以运行的机器码。我们需要自行在 Python 官网上下载并安装 Python 解释器，安装好后，就可以通过 Python 解释器执行自己编写的 Python 程序了。

1.4.1　Windows 下安装 Python

打开浏览器，访问 Python 官网，选择 Windows 版的 Python 3.7.3 安装文件进行下载。目前 Python 最新版为 Python 3.9.0，但不建议安装最新版，因为很多第三方库不能很好地支持最新版，如果贸然使用最新版，则容易出现代码不兼容等问题。

下载完成后双击安装文件，出现图 1.1 中的安装界面，选中"Add Python 3.7 to PATH"复选框，这表示将 Python 安装后的目录路径添加到环境变量的软件默认路径中，不再需要手动添加（环境变量相关概念见附录 B.2）。

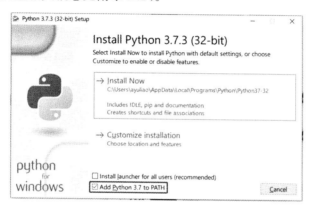

图 1.1

如果希望给当前用户使用，那么在出现如图 1.1 所示的界面后，单击"Install Now"按钮；如果希望给所有用户使用，则单击"Customize installation"按钮，进入"Optional Features"设置界面，单击"Next"按钮，进入"Advanced Options"设置界面，如图 1.2 所示，选中"Install for all users"复选框，单击"Install"按钮，这样 Python 可供所有用户使用。

在 Windows 系统中，推荐大家以自定义安装形式安装 Python，同时建议选中"Install for all users"复选框。此外，自定义安装可以定义 Python 的具体安装路径，在图 1.2 中的"Customize install location"处修改即可。

用户如果在安装时发现无法单击图 1.2 中的"Install"按钮，这可能是因为当前用户没有安装权限，此时需要登录 Administrator 账户，使用管理员权限运行 Python 安装程序。

具体操作是：选择 Python 安装程序并右击（单击鼠标右键），在弹出的快捷菜单中选择"以管理员身份运行"命令（权限相关概念见附录 B.3）。

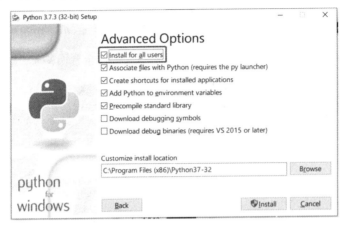

图 1.2

Python 安装完成后，按"Ctrl+R"组合键，在弹出的对话框中输入"cmd"，打开命令行窗口后，输入"python"，进入 Python 交互式编程环境。如果界面与图 1.3 相同，则说明 Python 3.7.3 安装成功。

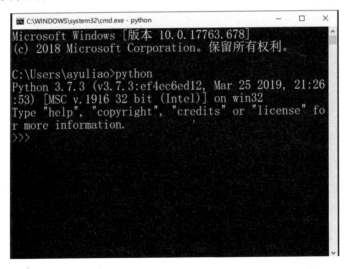

图 1.3

1.4.2　macOS 下安装 Python

打开浏览器，访问 Python 官方网站，选择 macOS 版的 Python 3.7.3 安装文件进行下载。下载完成后，双击 pkg 文件进行安装，安装界面如图 1.4 所示，一直单击"继续"按钮即可完成安装，中途需要输入用户密码对安装操作进行授权。

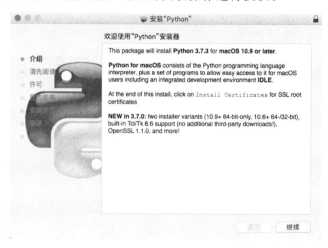

图 1.4

另外，macOS 系统自带 Python 2.7，要使用 Python 3.7.3，需要在命令行终端输入"python3"，如图 1.5 所示。图 1.5 展示的并非 macOS 自带的命令行终端（Terminal），而是经过个性化定制的 iterm 命令行终端。

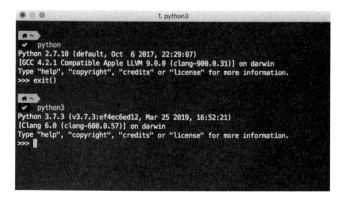

图 1.5

Python 2 与 Python 3 之间有较大的区别，我们在互联网上搜索 Python 相关资料时，需要对它们加以区分。关于 Python 2 与 Python 3 的区别，可以阅读附录 A.3。

1.5　Python 周边工具

Python 是一门简单、优雅且具有强大功能的编程语言，但只有 Python 是不够的，我们还需要对应的工具来编写 Python 程序。本节介绍几个 Python 周边工具，以及它们是如何使用的。

1.5.1　pip

在编写 Python 程序的过程中，我们会发现很多任务需要编写类似的功能，如读取操作系统中的文件、发送网络请求等。为了避免重复编写这些常用且基础的功能，Python 提供了功能强大的内置库，在一定程度上解决了这个问题。

为了理解什么是 Python 内置库，这里以 Excel 软件为例进行介绍。在大多数时候，使用 Excel 软件必然会使用它的表格功能来处理数据，表格功能对于 Excel 软件来说就是常用且基础的功能，在很多使用 Excel 软件的场景下都需要使用它，所以 Excel 软件默认提供了这个功能，方便使用者直接使用。Python 内置库也是如此，使用 Python 时可以直接使用 Python 内置库提供的功能，轻松解决遇到的问题。

但有些问题单靠 Python 内置库是无法解决的，面对这些问题，我们可以使用第三方包。

第三方包就是由第三方（非 Python 官方）提供的代码包，全世界各地的 Python 程序员提供了各种各样的第三方包来解决不同的问题，如"发送网络请求"可以使用 requests 第三方包、"构建网站"可以使用 Flask 第三方包等，这些第三方包存放在 PyPI（The Python Package Index）中。

为了方便使用与管理这些第三方包，Python 提供了 pip 包管理工具，使用 pip 可以轻松实现对第三方包的查找、下载、安装及卸载。

通过 `pip -version ××××`（该命令写在系统的终端命令软件中）查看 pip 的版本号，从而判断当前是否已安装 pip。如果安装的 Python 版本在 3.4 以上，那么它们都自带 pip 包管理工具。因为我们安装的是 Python 3.7.3 版本，所以不再需要关心 pip 包管理工具的下载与安装。

使用 `pip install PackageName` 命令可以安装对应的第三方包，命令中的 `PackageName` 表示第三方包的名称。例如，安装网络请求库的命令如下：

`pip install requests`

初学者可能会有疑惑，这个命令要写在哪里？对于不同的操作系统，写入命令的位置是不同的。

对于 Windows 用户而言，需要在命令行窗口中输入上述命令；对于 macOS 用户而言，需要在终端中输入上述命令。如果自己的操作系统安装了终端命令软件，也可以使用这些软件运行上述命令。

终端命令软件

在编写 Python 代码的过程中会经常使用终端命令软件，cmd 是 Windows 下的终端命令软件，但其功能并不强大且外观比较简陋，读者可以自行安装 cmder 终端命令软件来代替 cmd，访问 cmder 官网下载安装文件并安装即可。终端是 macOS 下默认的终端命令软件，同样其功能不够强大且外观比较简陋，读者可以自行安装 iterm 软件来代替终端，访问 iterm 官网下载安装文件并安装即可。

如果系统中同时有 Python 2 与 Python 3，pip 也会同时有两个不同的版本。如果想要使用 Python 3 的 pip，就需要使用 pip3 命令（后面的内容不再强调）：

`pip3 install requests`

pip 会连接 PyPI，搜索名为 requests 的第三方包，如果存在，则将其下载到本地并安装到 Python 第三方模块中。但 PyPI 官网是国外网站，国内访问速度较慢，此时可以使用国内 PyPI 官网的镜像网站，加快 pip 下载第三方包的速度。例如，使用豆瓣源获取 requests：

`pip3 install -i https://pypi.***.com/simple/requests`

pip3 命令在安装第三方包时可以通过-i 参数指定第三方包的下载地址为豆瓣源。

 镜像网站

镜像网站是对另一个网站内容进行复制的网站，镜像网站通常用于为相同的信息服务提供不同的源。豆瓣源就是国外 PyPI 网站的镜像网站，它完全复制了 PyPI 网站的内容，为国内用户提供第三方包的高速下载服务。

1.5.2　IPython

在编写 Python 代码时，通常需要使用 Python 交互式编程环境来验证想法，辅助代码的编写。在终端命令软件中输入"python"，便可开启 Python 默认的交互式编程环境，但 Python 默认的交互式编程环境的功能并不强大，所以推荐大家安装 IPython。

IPython 是增强型 Python 交互式编程环境，与默认的 Python 交互式编程环境相比，它拥有更加强大的功能，IPython 支持变量自动补全、自动缩进。

IPython 本身也是一个第三方包，要使用 IPython，需要通过 pip3 命令安装：

```
pip3 install IPython
```

安装完成后，在命令行终端中输入"IPython"即可进入增强型 Python 交互式编程环境，如图 1.6 所示。

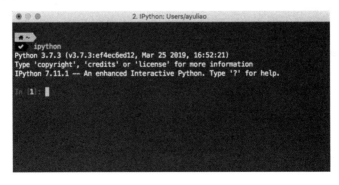

图 1.6

1.5.3　Jupyter Notebook

IPython 交互式编程环境简单易用，但并不适合编写较为复杂的代码，若要编写复杂的代码，则可以考虑使用 Jupyter Notebook。

Jupyter Notebook 是基于网页进行交互式编程的应用程序，它可以记录每一段程序的运行结果，方便记录与结果展示。

要使用 Jupyter Notebook，需要通过 pip3 命令安装 jupyter 第三方包：

```
pip3 install jupyter
```

在命令行终端输入"jupyter-notebook"，如图 1.7 所示。

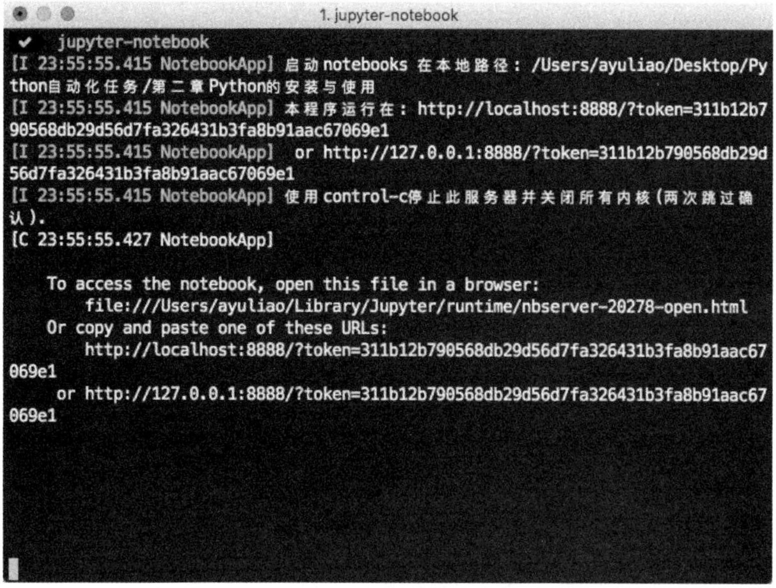

图 1.7

Jupyter Notebook 会打开浏览器编辑界面，显示当前所在目录，如图 1.8 所示。

在使用时，我们可以创建 .ipynb 文件来编写代码，后续将通过 VS Code（Visual Studio Code）使用 Jupyter Notebook。

图 1.8

Jupyter Notebook 常用于编写与数据分析相关的代码,因为它可以保存各种可视化图表,如柱状图、折线图等,这可以让用户很方便地回顾自己的分析过程,以及分享给他人。

1.5.4　VS Code

VS Code(Visual Studio Code)是由微软开发的代码编辑器,美观易用,非常适合编写中小型程序。只需打开浏览器,访问 VS Code 官网下载 VS Code 安装文件并安装即可。

安装完成后,打开 VS Code,选择插件安装,输入"Python",将微软开发的 Python 插件安装到 VS Code 中,如图 1.9 所示。

图 1.9

VS Code 安装的只是 Python 插件，它可以让用户在编写 Python 代码时感觉更加"柔顺"，但它并不是 Python 解释器，用户应根据需要去官网安装 Python，具体操作步骤可参考 2.3 节的内容。

VS Code 同样可以使用 Jupyter Notebook。在 Windows 中，按"Ctrl+Shift+P"组合键，打开 Commands；在 macOS 中，则需要按"Command+Control+P"组合键。仔细观察 VS Code 主窗口提示，不同系统会给出不同的快捷键提示，如图 1.10 所示，"Show All Commands"的提示就为"Command+Control+P"。

图 1.10

在 Commands 中输入"jupyter notebook"，选择"Python：Create New Blank Jupyter Notebook"，可创建.ipynb 文件，如图 1.11 所示。

此时就可以在 VS Code 中使用 Jupyter Notebook 编写 Python 程序了，但它无法运行编写好的 Python 程序。要想让 VS Code 运行 Python 程序，需要指定 Python 解释器，特别是在系统中存在多个不同版本的 Python 时。

打开 Commands，输入"Python: Select interpreter"，此时 VS Code 会显示出当前操作系统中已有的 Python 版本，这里选择 Python 3.7.3，如图 1.12 所示。

图 1.11

图 1.12

执行完这些操作后,就可以使用 VS Code 编写并运行 Python 程序了。

本章小结

- 将工作中的重复性任务一步步地拆分成足够小的任务,并让计算机帮助用户完成,是自动化办公的核心思想。

- 工作中面临的任务多种多样,常见的办公软件无法自动化地处理这些任务,因此用户需要对计算机有更进一步的掌控力,而编程是提高计算机掌控力的关键技能。

- 在初学编程时,工作效率可能没有原本的效率高;但在掌握编程后,工作效率将会呈爆炸式增长。此外,需要花时间练习才能掌握的技能会让你在职场中更加游刃有余。

- 编程语言是一种规则,Python是一种编程语言,计算机要运行Python,需要先将Python翻译成机器码,计算机只能理解机器码。

- 操作系统是一种特殊的软件,它介于计算机硬件与其他软件之间,帮助其他软件更方便地使用计算机硬件资源。

- 操作系统可以通过环境变量中的信息找到某个软件,从而运行该软件。

- 要想流畅地编写Python程序,除安装Python解释器外,还可以使用一些周边工具,如pip、IPython、Jupyter Notebook以及VS Code。

第 2 章
写下第一行代码

在第 1 章中,我们已经安装好 Python 并准备好了相应的周边工具。本章将介绍 Python 中的基本概念与基础语法规则,带读者一起编写及运行自己的第一行代码。

2.1 变量

变量是所有编程语言的基本概念,本节介绍 Python 中的变量和变量命名规则。

2.1.1 变量概述

变量就是计算机的一张"便利贴",每个变量都有变量名,相当于便利贴上的名字;变量指向的值相当于把便利贴贴在某个值上。打开终端命令软件,进入 IPython 交互式编程环境,让我们在实践中理解变量。

进入 IPython 交互式编程环境,输入如下代码:

```
In [1]: a = 1
In [2]: b = 2
In [3]: c = 3
```

上述代码创建了 a、b、c 三个变量,并通过"="将具体的值赋给相应的变量。其中,a、b、c 是变量的名称,而 1、2、3 是变量指向的值,这相当于有 3 张便利贴,分别记录着 a、b、c，其中记录 a 的便利贴贴在 1 这个值上，记录 b 的便利贴贴在 2 这个值上，而记录 c 的便利贴贴在 3 这个值上。

扩展内容

在很多时候，变量会被比喻成"盒子"，但这并不正确，变量本身不会存放具体的值，而是存放内存地址，内存地址对应的内存空间中才会有相应的值。

内存地址：计算机中运行任何软件时都需要将软件载入内存中。例如，当打开 Python 时，操作系统会将 Python 复制到内存中，而内存地址就是一个地标，我们通过内存地址可以找到内存空间中对应的内容。

下面让我们进一步加深对 Python 变量的理解。仔细思考一下，变量用于存储某个具体的值，但变量本身也需要存储在内存中，否则我们就无法使用变量。在程序运行的过程中，如果遇到了某个变量，会先通过变量的内存地址找到变量本身（相当于便利贴本身），然后通过变量在内存空间中的内存地址找到变量存储的值。

2.1.2 变量命名规则

变量具有变量名，并非任意字符都可以作为变量名来使用。

通常，取变量名应遵守以下规则。

- 变量名的第一个字符是字母或下画线"_"，在 Python 3.x 版本中可以直接使用中文作为变量名，但本书并不推荐这样做。

- 变量名对字母大小写很敏感，如 Name 和 name 是两个不同的变量名。

- 不可以将 Python 关键字作为变量名，如 if、for 等关键字。

我们可以通过 keyword 内置库来查看当前 Python 版本具有哪些关键字，代码如下：

```
In [1]: import keyword
In [2]: keyword.kwlist
Out[2]:
```

```
['False',
 'None',
 ...
 'with',
 'yield']
```

Python 中的每一个关键字都具有对应的功能,所以它们不能作为变量名来使用。

2.2 基础数据类型与基础语法规则

每种编程语言都有自己的语法规则,本节将介绍 Python 中基础的数据类型与语法规则。读者一开始时不必死记硬背,先从整体上建立对基本概念的认识,对基础数据类型与基础语法规则有大体印象即可。在使用时如有疑惑,再翻阅图书查阅,多使用,自然就会熟悉。

2.2.1 基础数据类型

1. 整型和浮点型

整型(integer)是绝大多数编程语言中基本的数据类型之一,Python 也不例外。整型其实就是数学中的整数,与之相对的是浮点型(float),即数学中的小数,代码如下:

```
In [1]: a = 1
In [2]: b = -2
In [3]: c = 1.2345
In [4]: d = -9.853
In [5]: print(type(a), type(b), type(c), type(d))  # 通过 type 方法获得变量类型
<class 'int'> <class 'int'> <class 'float'> <class 'float'>
```

上述代码创建了 4 个具有不同值的变量,并通过 type 方法分别获取了 4 个变量的数据类型。从输出结果可以看出,a 变量与 b 变量是整型,通过 int(由 integer 前缀构成)表示;c 变量与 d 变量是浮点型,通过 float 表示。整型与浮点型可以进行加、减、乘、除等数学运算。

2. 字符串型

除整型与浮点型外，Python 的另一个基本数据类型就是字符串型（string），无论是单个字符还是一段话，它们在 Python 中都是字符串型，代码如下：

```
In [1]: s = '我爱Python'
In [2]: print(s, type(s))
我爱Python <class 'str'>
```

在上述代码中，创建变量 s 用于存放一段话，通过 type 方法获取该变量的数据类型，由此可知它是字符串型，通过 str（由 string 前缀构成）表示。

在 Python 中，字符串可以由单引号包裹，也可以由双引号包裹，还可以由三引号包裹（三引号包裹的字符串支持换行），代码如下：

```
In [1]: s1 = '单引号包裹'
In [2]: s2 = "双引号包裹"
In [3]: s3 = ''' 三引号
    ...: （换行）
    ...: 包裹'''
```

Python 提供了很多方法来操作字符串，这里简单介绍几个常见方法。

当要替换字符串中的某些内容时，可以使用 replace 方法，代码如下：

```
In [1]: s = '我爱Python'
In [2]: s = s.replace('Python', '你')
In [3]: print(s)
我爱你
```

在上述代码中，通过 replace 方法将字符串中的"Python"替换成"你"。在使用 replace 方法时，第一个参数是原始字符串中要被替换的内容，如"Python"；第二个参数是用于替换原始字符串的内容，如"你"。利用 replace 方法可以达到剔除字符串中空格的效果，代码如下：

```
In [1]: s = '快乐   编程，我   爱  P y thon '
In [2]: s = s.replace(' ','') # 将原始字符串中的空格替换为空
In [3]: print(s)
快乐编程，我爱Python
```

当需要将一段文字拆分成多段时，可以使用 split 方法，代码如下：

```
In [1]: s = '快乐编程，我爱Python'
In [2]: s = s.split(',') # 以逗号","为标识进行拆分
In [3]: print(s, type(s))
['快乐编程', '我爱Python'] <class 'list'>
```

split 方法会根据传入的标识对字符串进行拆分，拆分的结果构成列表类型。

有时我们需要根据变量的值来构建字符串，不同的变量值构建的字符串的内容是不同的。在 Python 3.6 版本之后，可以通过 f-string 方法轻松达到这种效果，我们通常将其称为格式化字符串，代码如下：

```
In [1]: name = 'Python'
In [2]: s = f'我爱{name}' # 使用 f-string 方法
In [3]: print(s)
我爱Python
```

用 f-string 方法格式化字符串时，需要在字符串前加上 f 关键字，然后在字符串中通过花括号"{}"将变量括起来，这样 Python 会自动将变量的值放到字符串中。

Python 中还有很多字符串操作方法，我们在这里只抛砖引玉地介绍了较为常用的几种方法，其他字符串操作方法在后续章节中会具体介绍。

此外，字符串可以理解为是由多个字符构成的列表，列表中的很多操作，如通过下标取值、切片等，在字符串中都可以使用，这部分内容请阅读 3.1 节。

3. 布尔类型

最后，读者还需要了解布尔类型（Boolean）。布尔类型只有 False 和 True 两个值，False 表示假，True 表示真。布尔类型常出现于判断语句中，代码如下：

```
In [1]: a = 10
In [2]: b = 11
In [3]: c = a > b
In [4]: d = a < b
In [5]: print(c, type(c), d, type(d))
False <class 'bool'> True <class 'bool'>
```

上述代码创建了 a 和 b 两个变量，并给出了两个截然相反的判断语句，a>b 的结果为 False，表示 a>b 是不成立的，通过 type 方法获得 c 变量的数据类型为布尔类型，通过 bool（由 Boolean 前缀构成）表示；而 a<b 的结果为 True，表示 a<b 是成立的，同样通过 type 方法获取 d 变量的数据类型为布尔类型。

2.2.2 基础语法规则

Python 的基础语法规则非常简单，本节将从缩进、注释、多行语句三方面介绍 Python 的基础语法规则。

1. 缩进

与很多编程语言不同，Python 通过相同的缩进来表示代码块，不需要使用花括号"{}"（Java、C++等编程语言使用花括号表示代码块）。示例代码如下：

```
In [46]: if True:
    ...:     print('缩进 4 个空格，属于 if True 代码块')
    ...:     print('同样缩进 4 个空格，与上一句代码属于相同代码块')
    ...: else:
    ...:     print('缩进 4 个空格，属于 else 代码块')
    ...:     print('同样缩进 4 个空格，与上一句代码属于相同代码块')
    ...:
```

在上述代码中，同一个代码块中的代码都缩进 4 个空格（默认缩进 4 个空格），否则会出现 IndentationError: unindent does not match any outer indentation level 错误，即 Python 不知道某行 Python 语句属于哪个代码块，从而导致代码运行失败。

2. 注释

注释通常用于解释代码，代码在运行时，注释部分的内容并不会执行。写注释是编写程序的重要步骤，一个复杂程序如果没有注释，会让人难以理解其实现逻辑，导致代码难以维护。示例代码如下：

```
In [4]: name = 'python'  # 编程语言名称
In [5]: '''
   ...: 块注释,
   ...: 可以写多行,
   ...: 需要写比较多内容时可以使用
   ...: '''
Out[5]: '\n块注释,\n可以写多行,\n需要写比较多内容时可以使用\n'
```

在 Python 中,单行注释以"#"号开头;多行注释可以使用多个"#"号开头的文字,也可以直接使用 """ 号或 """"" 号将注释包裹。通常,一个程序员编写代码的时间远少于阅读及调试代码的时间,而注释可以帮助程序员快速理解代码的功能与意图。

3. 多行语句

在 Python 中,通常一条程序语句占一行,但如果程序语句太长则会显得不规范,此时可以使用反斜杠"\"将一条程序语句拆分成多条语句。示例代码如下:

```
In [6]: s = 'I' + \
   ...: 'Love' + \
   ...: 'Python' + '.'
In [7]: print(s)
ILovePython.
```

须注意,使用反斜杠将一条较长程序语句拆分成多条语句的操作并不是硬性规定,只是很多程序员的习惯性做法。如果有读者不习惯使用反斜杠,不拆分代码也不会有任何问题。

2.3 输入与输出

程序的输入与输出是人与程序最基本的交互信息,Python 中实现程序的输入与输出非常轻松。

2.3.1 py 文件

在后续内容中,程序会越编写越多,此时 IPython 这类交互式编程环境已不适用,因为它无法保存写过的代码。

为了方便程序的编写与修改，我们直接将程序写入以.py 为扩展名的文件即可。本节将介绍如何使用 VS Code 编辑器（简称 VS Code）编写代码，如果没有下载 VS Code 并配置编写 Python 的环境，请阅读 1.5.4 节内容，下面直接使用 VS Code。

首先，我们在本地创建一个用于存放代码的目录，然后打开 VS Code，单击 "Open Folder" 按钮，选择并打开刚刚创建的目录，在空白处右击，在弹出的快捷菜单中选择 "New File" 命令，在弹出的对话框中输入一个以.py 结尾的文件名，由此完成 py 文件的创建。图 2.1 所示为创建了一个名为 example.py 的文件。

图 2.1

如果在 VS Code 中运行 Python 代码，首先打开 Commands，输入 "Python: Select interpreter"，选择 Python 解释器（具体步骤可参考 1.5.4 节）。然后选择完成后，在文件空白处右击，在弹出的快捷菜单中选择 "Run Python File in Terminal" 命令。

2.3.2 输出数据

Python 中通过 print 方法实现输出，代码如下：

```
print('I Love Python')
```

print 方法默认会将数据输出到屏幕并且自动换行。如果不希望 print 方法在输出完内容后自动换行，可以使用 end 参数，代码如下：

```
# 使用 end 参数指定字符结尾
print('I Love Python', end='')
```

print 方法在面对一些需要格式化输出的变量时会显得力不从心，此时可以使用 pprint 模块下的 pprint 方法，它可以将数据格式化地输出，该方法参数如下：

```
pprint.pprint(object, stream=None, indent=1, width=80, depth=None, *,
    compact=False)
```

- object：表示要输出的变量对象。

- stream：表示输出流，默认值为 sys.stdout，即在屏幕上输出。

- indent：表示缩进空格数。

- width：表示每行最大显示字符数，默认为 80 个字符，如果超过 80 个字符，则换行显示。但单个对象超过 80 个字符并不会换行，如一大段文字。

- depth：表示最大数据的层级。当数据有很多层时，可以限制输出层级，超过的层级用符号 "..." 代替。

- compact：表示当 compact 为 True 时，输出时会尽量填满 width 规定的字符数；当 compact 为 False 时，如果超过 width 规定的字符数，则以多行形式输出。

使用 pprint 方法的示例代码如下：

```
from pprint import pprint
# 列表对象，详细内容可阅读 3.1 节
test = [1, 2, [3, 4, [5, 6, 7], 8], 9 ,10]
# 限制输出层级为最多 2 层
pprint(test, depth=2)
# 一行最大字符数为 5，4 格缩进
pprint(test, width=5, indent=4)
# 单个对象，width 无效
pprint('1234567', width=5)
```

```
# 输出内容
'''
[1, 2, [3, 4, [...], 8], 9, 10]
[   1,
    2,
    [   3,
        4,
        [   5,
            6,
            7],
        8],
    9,
    10]
'1234567'
'''
```

2.3.3 获得输入数据

在 Python 中使用 input 方法，可以轻松获得用户通过键盘输入的内容，该方法会返回字符串型的数据。使用 input 方法的示例如下：

```
# 等待输入
name = input('请输入您的姓名：')
# 通过 f-string 方法格式化字符串并通过 print 方法输出字符串
print(f'{name}，欢迎回来！')
# 输出
'''
请输入您的姓名：张三
张三，欢迎回来！
'''
```

上述代码通过 input 方法接收用户输入，该方法可以将提示信息作为参数，程序运行时会暂停在 input 方法处等待用户键盘输入，用户在输入完成后，按"Enter"键结束输入。

通过前面介绍的内容，我们可以编写一个简单的聊天机器人程序，代码如下：

```python
print('你好,我是机器人小 A')

# 无限循环,会一直执行
while True:
    question = input('我: ')
    answer = question.replace('吗? ', '')
    print(answer)

# 输出
'''
你好,我是机器人小 A
我: 会 英文吗?
会英文
我: 可以一起聊天吗?
可以一起聊天
我: 会中华武术吗?
会中华武术
我:
'''
```

上述代码通过 while 关键字实现了循环（loop），与循环相关的详细内容可以阅读 2.4.4 节，读者目前只需理解循环可以重复执行代码块中的程序即可。这里实现了一个无限循环，即程序会一直执行代码块逻辑。

所谓的聊天机器人只是将每一个问题最后的"吗？"通过 replace 方法替换成空，从而实现将疑问句变成陈述句的目的。

2.4 控制流

控制流是 Python 中非常重要的概念，也是任何一个编程语言的重要组成部分。有了控制流，我们才能编写出各种各样的程序。本节将介绍 Python 中的控制流，具体而言，就是 Python 中的判断语句与循环语句。

2.4.1 比较运算符

不同变量之间可以进行比较，而实现比较的具体方式就是使用比较运算符，比较运算符会返回布尔类型的结果。

Python 中有多个比较运算符，具体如表 2.1 所示。

表 2.1 比较运算符

比较运算符	示例	描述
==	a == b	比较两变量是否相等
!=	a != b	比较两变量是否不相等
>	a > b	变量 a 是否大于变量 b
<	a < b	变量 a 是否小于变量 b
>=	a >= b	变量 a 是否大于或等于变量 b
<=	a <= b	变量 a 是否小于或等于变量 b

使用部分比较运算符的示例代码如下：

```
a = 10
b = 17
print(a > b)     # False
print(a <= b)    # True

c = 'abc'
d = 'bbc'
print(c < d)     # True
print(c != d)    # True
```

变量 a 与变量 b 的比较很直观，数字 10 当然比数字 17 小。变量 c 与变量 d 中存放的是字符串，字符串之间也可以比较。字符串在比较时会依次获取字符串中的字符，然后通过内置的 ord 方法获取每个字符的 Unicode 编码并进行比较，如果相等则继续比较后续字符，直到字符不相等或整个字符串比较完才返回比较结果。观察如下代码：

```
In [1]: s = 'abc'

In [2]: ord(s[0])
Out[2]: 97

In [3]: ord(s[1])
Out[3]: 98
```

可以发现,字符 a 对应的 Unicode 编码比字符 b 小,所以字符串 abc 小于字符串 bbc,返回 True。

字符串型的变量无法直接与整型变量比较,需要进行类型转换,不同的类型转换形式会导致不同的结果。示例代码如下:

```
a = '97' # 字符串型
b = 100 # 整型

# 报错 TypeError: '>' not supported between instances of 'str' and 'int'
print(a > b)
print(int(a) > b) # int 方法将变量 a 转换为整型,结果: False
print(a > str(b)) # str 方法将变量 b 转换为字符串型,结果: True
```

在上述代码中,变量 a 是字符串型,而变量 b 是整型,因为两个变量类型不同,所以它们无法直接比较,会报 TypeError 错误。

如果字符串由纯数字字符组成,如变量 a,则可以使用 int 方法将变量从字符串型转换为整型。

在上述代码中,将变量 a 转换为整型并与变量 b 比较,返回的布尔值为 False。此外,还可以使用 str 方法将其他类型的变量转换为字符串型,如变量 b。此时比较变量 a 与变量 b,返回的布尔值为 True。这就有点奇怪了,难道 97 大于 100?

要注意,此时变量 a 与变量 b 都是字符串型,在比较时要按照字符串比较规则进行比较,所以首先比较的两个字符是字符 9 与字符 1。通过 ord 方法可知,字符 9 对应的 Unicode 编码为 57,而字符 1 对应的 Unicode 编码为 49,57 比 49 大,所以字符串 97 大于字符串 100。

如果字符串中有非数字字符,此时使用 int 方法进行类型转换会报 ValueError 错误。这时,只能使用 str 方法将其他类型的变量转为字符串型后再进行比较,代码如下:

```
a = 'a'
# ValueError: invalid literal for int() with base 10: 'a'
print(int(a) > b)
print(a > str(b))  # True
```

计算机底层其实只支持二进制的加法运算,不过利用补码也可以让加法起到减法的效果。在有了加法与减法这两种基本运算操作后,其他运算都可以通过加法与减法实现,如乘法可以通过多次相加来实现。

比较运算也一样,在计算机底层,比较运算其实就是两个二进制数据进行减法操作,如果结果等于 0,则表示两数相等,反之则不相等。

在一些情景下,我们可以借鉴"使用减法做比较"的方式,比如,比较两个精度较高的小数,只要求差距小于 0.0001 就认为相等,那么该任务就可以通过减法来实现。示例代码如下:

```
In [1]: a = 3.1415926

In [2]: b = 3.1415906

In [3]: (a - b) < 0.001  # 判断a与b是否相等
Out[3]: True
```

2.4.2 逻辑运算符

有时单个比较语句无法满足要求,此时就可以使用逻辑运算符。逻辑运算符可以有机地组合多个比较语句,从而构成一个大的比较语句。Python 中的逻辑运算符如表 2.2 所示。

表 2.2 逻辑运算符

逻辑运算符	示　　例	描　　述
and	x and y	与操作
or	x or y	或操作
not	not x	非操作

与操作：x 与 y 中任意一个为 False，整条语句就为 False；只有 x 与 y 同时为 True，整条语句才为 True。

或操作：x 与 y 同时为 False，整条语句才为 False；只要 x 与 y 中任意一个为 True，整条语句就为 True。

非操作：如果 x 为 True，整条语句为 False；如果 x 为 False，整条语句为 True。

示例代码如下：

```
a = 10
b = 17
c = 18
d = 20
print(a > b and c < d) # False
print(a > b or c < d) # True
print(not a > b) # True
```

将 a > b 表达式看作 x，因为 a 为 10，b 为 17，所以 x 应该为 False；类似地，将 c < d 表达式看作 y，y 应该为 True。

在上述代码中，因为 x 为 False，所以使用 and 时，整条语句的结果为 False；而使用 or 时，因为 y 为 True 并且是"或"的关系，所以整条语句的结果为 True；最后的 not 相当于取反操作，x 为 False，取反后则为 True。

2.4.3　判断语句

Python 中通过 if 关键字构成判断语句，它通常由一条或多条语句的执行结果（True

或 False）来决定要执行的代码块。if 直译为如果，if 判断是指如果某个条件成立，那么就要做什么，否则就不做什么。示例代码如下：

```
a = 10
b = 20
if a > b: # 条件判断，会返回True 或False
    print('如果变量a 大于变量b，则执行这个代码块') # 如果条件为True，则执行
    c = a + b
else:
    print('如果变量a 小于或等于变量b，则执行这个代码块') # 如果条件为False，则执行
    c = b - a
print('c:', c)

# 输出
'''
如果变量a 小于或等于变量b，则执行这个代码块
c: 10
'''
```

上述代码中，if 关键字后接一条比较语句，比较的结果会返回布尔值，if 判断会依据布尔值执行相应的代码块。如果布尔值为 True，则直接执行 if 关键字下的代码块；如果为 False，则执行 else 关键字后的代码块。

如果想对多个条件进行判断，可以使用 elif 关键字；如果想一次判断多个条件，可以使用逻辑运算符将多个条件连接起来使用。示例代码如下：

```
a = 10
b = 20
c = 30
d = 40

# 使用逻辑运算符连接多个比较运算语句
if a < b and c > d:
    print('使用if 进行判断，满足条件则执行当前代码块')
elif not(a > b) or c > d: # 使用elif 进行再判断
    print('使用elif 再次进行判断，满足条件则执行当前代码块')
else:
```

```
    print('上述条件都没有满足,则执行else后的代码')

# 输出
'''
使用elif再次进行判断,满足条件则执行当前代码块
'''
```

2.4.4 循环语句

循环语句可以多次执行相应的代码块,在 Python 中,可以使用 while 关键字与 for 关键字来实现循环。下面是使用 while 关键字获得 1~100 相加结果的代码。

```
i = 1
sum = 0
while i <= 100: # while 循环
    sum = sum + i # 可以简写成 sum += i
    i = i + 1 # 变量i要累加
print(f'1到100相加结果为 {sum}')

# 输出
'''
1到100相加结果为 5050
'''
```

上述代码的逻辑其实很简单,一开始创建变量 i 与 sum,变量 i 用于表示 1~100 的数值,变量 sum 用来表示 1~100 数值相加的结果,要实现 1~100 的相加,就需要重复进行 50 次累加操作,此时就需要使用 while 循环。

观察上述代码,while 关键字后会接一个条件语句,如果该语句返回 True,则会继续执行循环体中的代码;否则跳过循环体,执行循环体外的代码。具体到上述代码,如果 i 不大于 100,就会执行 while 循环中的代码块;否则就跳出循环,执行循环外面的 print 方法,然后结束运行。

为了避免进入无限循环,要注意循环体中条件变量的变化。在上述代码中,条件变量就是变量 i,如果变量 i 在循环体中没有变化,变量 i 就永远小于 100,此时 while 关键字

后的条件语句就永远为 True，此时的 while 循环就成为无限循环，程序会一直运行循环体中的代码，不会结束，如以下代码所示：

```
i = 1
sum = 0
while i <= 100:       # 条件变量 i 一直为 1，此时陷入无限循环
    sum = sum + i     # 可以简写成 sum += i
print(f'1 到 100 相加结果为 {sum}')
```

无限循环其实非常常见，计算机里的很多程序都是无限循环的，最典型的是操作系统。例如，Windows 操作系统本身就是一个复杂的程序，该程序在物理设备断电前一直处于循环中，不停地处理着用户或其他软件的指令。

在 Python 中，除了通过 while 关键字实现循环，还可以通过 for 关键字实现循环，语法为 for…in…。示例代码如下：

```
# 获得 1~100 的可迭代对象
range_1_100 = range(1, 101)
sum = 0
# for 循环
for i in range_1_100:
    sum += i
print(sum)
```

上述代码在一开始时通过 range 方法获得 1~100 的可迭代对象，range 方法接收两个参数，然后返回一个范围。该方法返回的范围会包含第一个参数，但不包含第二个参数，即返回一个左闭右开的区间。

接着我们使用 for…in…语法操作可迭代对象，具体而言，就是从可迭代对象中迅速取出相应的值赋给变量 i，然后执行 for 循环中的代码块。随着循环的进行，变量 i 的值会从 1 变成 100，直到迭代完全部可迭代对象。

读者在简单理解 while 关键字与 for 关键字后，可以尝试思考如何通过 while 关键字或 for 关键字实现一个九九乘法表。

要实现九九乘法表，关键在于要意识到循环中还可以嵌套地实现循环。下面我们通过

for 关键字来实现九九乘法表,代码如下:

```
# 左闭右开,range 方法获得 1~9 的可迭代对象
for i in range(1, 10):
    # range 方法获得 1~i 的可迭代对象
    for j in range(1, i + 1):
        print(f'{j}x{i}={j*i} ', end='')
    print('\n') # 换行

# 输出
'''
1x1=1

1x2=2  2x2=4

1x3=3  2x3=6  3x3=9

1x4=4  2x4=8  3x4=12  4x4=16

1x5=5  2x5=10  3x5=15  4x5=20  5x5=25

1x6=6  2x6=12  3x6=18  4x6=24  5x6=30  6x6=36

1x7=7  2x7=14  3x7=21  4x7=28  5x7=35  6x7=42  7x7=49

1x8=8  2x8=16  3x8=24  4x8=32  5x8=40  6x8=48  7x8=56  8x8=64

1x9=9  2x9=18  3x9=27  4x9=36  5x9=45  6x9=54  7x9=63  8x9=72  9x9=81
'''
```

扩展内容

准确地说,for 关键字其实实现的是迭代(iterate)操作,迭代与循环本身是有差异的,但都可以达到重复执行某代码块的效果。

- 循环指的是在满足条件的情况下，重复执行同一段代码，如 Python 中的 while 语句。
- 迭代指的是按照某种顺序逐个访问列表中的每一项，如 Python 中的 for 语句。

在 Python 中，可以使用 for 关键字操作的对象，通常都可以被称为可迭代对象。示例代码如下：

```
a = 1
b = range(1, 101)
func_name = '__iter__'
print(func_name in dir(a))   # False，不可迭代对象
print(func_name in dir(b))   # True，可迭代对象
```

从上述代码可知，range 方法返回的对象确实是可迭代对象，而变量 a 只是普通的数值对象，变量 a 并不能使用 for…in…语法进行迭代操作。

2.4.5 跳出循环

通过 while 或 for 关键字构建循环操作可以很方便地让计算机处理重复操作，但在某些情况下我们并不希望让所有的操作都执行循环操作，此时就需要 break 或 continue 关键字来跳出循环。

break 关键字会跳出整个循环，后续的循环逻辑不再执行。示例代码如下：

```
for i in range(1, 6):
    # 如果变量 i 等于 3，则通过 break 关键字跳出整个循环
    if i == 3:
        break
    print(i)

# 输出
'''
1
2
'''
```

与 break 关键字不同，continue 关键字只会跳出当次循环，后续循环依旧执行。示例代码如下：

```
for i in range(1, 6):
# 如果变量 i 等于 3，则通过 continue 关键字跳出本次循环
    if i == 3:
        continue
    print(i)

# 输出
'''
1
2
4
5
'''
```

2.5 函数

随着程序的复杂度增大、代码量增多，如何写出可重复使用的代码就是读者必须要思考的问题了，谁都不希望类似的功能编写多次，而函数则可以解决这样的问题。

2.5.1 基本函数体

函数是一种可复用的、用于实现相关联功能的代码块，通过函数可以降低代码的重复使用率。在前面的内容中，我们已经使用了大量的函数，如 print 函数、input 函数等，通常我们也可将函数称为方法。

在 Python 中，我们通过 def 关键字来定义函数，示例代码如下：

```
def funcname(argument1, argument2):
    '''
    funcname 为函数的方法名
```

```
    argument1 与 argument2 是函数的参数
    '''
    # 函数中执行具体的逻辑
    result = argument1 + argument2
    # 通过 return 关键字返回具体的值
    return result
```

函数定义的具体规则如下。

(1) 函数代码块以 def 关键字开头,后接函数名、圆括号与冒号。

(2) 函数可以接收任何参数,但参数必须放在圆括号内。

(3) 函数中的代码块以冒号起始,并且要有缩进。

(4) 函数的最后可以通过 return 关键字结束函数,并返回函数代码块执行的结果。如果不使用 return 关键字,则默认返回 None,即空。

定义好函数后,我们可以通过函数加参数的形式来调用函数。示例代码如下:

```
# 定义函数
def add(start_num, end_num):
    '''计算 start_num 累加到 end_num 的值'''
    sum = 0
    for i in range(start_num, end_num + 1):
        sum += i
    # 通过 return 函数返回计算结果
    return sum

# 调用函数
res1 = add(1, 100)
res2 = add(1, 500)
res3 = add(1, 1000)
print(f'res1:{res1}, res2:{res2}, res3:{res3}')

'''
res1:5050, res2:125250, res3:500500
'''
```

上述代码定义了名为 add 并具有 start_num 与 end_num 两个参数的函数，该函数的作用就是计算 start_num 累加到 end_num 的值，并通过 return 关键字返回计算结果。在定义好函数后，我们通过函数名就可以调用函数了，将不同的参数传入函数以此获得不同的结果。

如果不使用函数的形式计算多个不同值之间的累加值，那么就需要重复编写多次 for 循环的逻辑代码；而如果使用函数，则只需将具体的逻辑通过函数的形式进行定义，即可轻松复用多次。

2.5.2 局部作用域与全局作用域

要进一步理解函数，局部作用域与全局作用域的概念是无法绕开的。当一个函数被定义后，函数内部就是函数的局部作用域，函数内部新创建的变量被称为局部变量；而函数外部就是全局作用域，全局作用域中的变量被称为全局变量。

局部作用域与全局作用域之间存在对应的规则，下面我们通过不同的示例代码来理解这些规则。

全局作用域不可使用局部变量，示例代码如下：

```
def function():
    # 局部变量
    variable = 12

# 全局作用域中使用局部变量
print(variable)

'''
NameError: name 'variable' is not defined
'''
```

如果在全局作用域中直接使用函数局部作用域中定义的局部变量，则会出现变量未定义的情况，因为全局作用域无法直接读取局部作用域中定义的变量，此时如果使用局部变量，编译器会认为当前变量不存在，便会抛出变量未定义的错误。

在局部作用域中可以读取全局变量，示例代码如下：

```python
# 全局变量
variable = 1

def function():
    # 局部作用域中使用全局变量
    a = variable + 1
    print(a)  # 2

# 调用函数
function()
```

有时，我们在局部作用域中使用全局变量却会报错，我们看下面这段代码：

```python
# 全局变量
variable = 1

def function():
    # 局部作用域中修改全局变量
    variable = variable + 1  # 报错
    print(variable)

# 调用函数
function()
```

上述代码定义了 function 函数，在 function 函数中我们尝试在局部作用域中修改全局变量，此时抛出了 UnboundLocalError: local variable 'variable' referenced before assignment 错误，这会让很多人以为在局部作用域中不能修改全局作用域的变量，其实不是的，报错的内容是说变量 variable 在赋值之前被使用了。

如果我们在局部作用域中有变量赋值操作，那么 Python 解释器会认为该变量是局部变量。在报错代码 variable = variable + 1 中，Python 解释器发现 variable 变量有赋值操作，会认为它是局部作用域中的变量，而 variable 变量其实并没有定义在局部作用域中，所以在使用 variable 变量时，就抛出了错误。

一个函数中的局部作用域不能使用其他函数中的局部变量,示例代码如下:

```
def function1():
    a = 1

def function2():
    b = 2
    # 使用function1局部变量
    print(a)

function1()
function2()
```

上述代码中定义了名为function1与function2的函数,两个函数都在自身的局部作用域中定义了相应的变量,而function2函数除定义局部变量外,还尝试读取function1中自定义的局部变量,这会抛出NameError: name 'a' is not defined错误。在Python中,不同函数所拥有的局部作用域是相互独立且不可相互访问的。

不同作用域可以使用相同名称的变量,示例代码如下:

```
# 全局变量
a = 1

def function1():
    # 局部变量
    a = 2
    print(f'function1 a:{a}')

def function2():
    a = 3
    print(f'function2 a:{a}')

function1()
function2()

# 输出
'''
```

```
function1 a:2
function2 a:3
global a:1
'''
```

上述代码中,不同的作用域使用了同名变量,虽然同名,但它们并不是同一个变量,这从输出结果也可以看出。

局部作用域与全局作用域之间的规则如下。

(1)全局作用域不可使用局部变量。

(2)局部作用域可以读取全局变量,但不能直接对其进行修改。

(3)一个函数中的局部作用域不能使用其他函数中的局部变量。

(4)不同作用域可以使用相同名称的变量。

2.5.3　global 关键字

如果我们想在局部作用域中修改全局变量的值,就需要使用 global 关键字,在局部作用域中通过 global 关键字将局部变量声明成全局变量,此时就可以在局部作用域中修改全局变量。示例代码如下:

```
# 全局变量
a = 1
b = 10

def add(c):
    '''
    整个函数中的代码块都在函数的局部作用域中
    '''
    # 局部变量
    sum = 0
    # 使用全局变量
    global a, b
```

```
    sum = a + b + c
    a = a + 10
    b = b + 10
    return sum

res1 = add(1)
res2 = add(1)
print(f'res1:{res1}, res2:{res2}, a:{a}, b:{b}')

# 输出
'''
res1:12, res2:32, a:21, b:30
'''
```

上述代码定义了名为 add 的函数，其中使用了全局变量 a 与全局变量 b。因为我们要对其进行修改，所以在 add 函数的局部作用域中使用 global 关键字声明变量 a 与变量 b 为全局变量。从输出结果可以看出，全局变量 a 与全局变量 b 被 add 函数改变了。

global 关键字虽然可以让用户在局部作用域中修改全局作用域中的变量，但我们并不提倡这种形式，当代码比较复杂时，过度使用 global 关键字会让代码逻辑变得复杂，容易出现 Bug。

扩展内容

程序员通常将错误程序称为 Bug，Bug 直译为虫子，为什么要将错误程序称为虫子呢？

1949 年 9 月 9 日，天气炎热，当时人们还在使用真空管制作的计算机，这种计算机通过电流来控制逻辑开关，从而实现不同的目的。这种形式的计算机会发出大量的光和热，再加上天气炎热，工作人员就将计算机所在房间的窗户全部打开通风。

可能是被房间内计算机的光线所吸引，一只飞蛾飞进了计算机的 70 号继电器中，导致计算机无法运行。

经过工作人员一天的排查，名为 Grace Hopper 的女性工作人员发现了这只飞蛾，她用自己的发夹将飞蛾夹出，并将它的尸体贴在自己的管理日志中，上面写道："就是这个 Bug

（虫子），让我们一天都无法工作"，如图 2.2 所示。

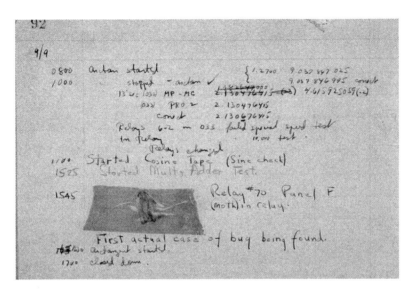

图 2.2

Grace Hopper 的管理日志目前保存在美国国家历史博物馆中，从此计算机程序中出现的错误都被称为 Bug，而修改程序错误的行为便被称为 Fix Bug。

2.5.4　实现斐波那契数列

简单来说，若一个数列中的每项都是前两项的和，那么这个数列就是斐波那契数列，具体如下：

```
# 斐波那契数列
1,1,2,3,5,8,13,21,34,55…
```

如何通过程序输出斐波那契数列？

仔细思考，如果要获得完整的斐波那契数列，则必须使用 for 循环或 while 循环。此外，获得完整斐波那契数列的关键在于如何实现"每项都是前两项的和"的逻辑。具体代码如下：

```python
def func(n):
    '''
    输出斐波那契数列
    '''
    a = 1
    b = 1
    print(a)
    print(b)
    # n-2：斐波那契数列前两项已经输出
    for i in range(n-2):
        # 两项之和等于后一项
        c = a + b
        # 移动a与b
        a = b
        b = c
        print(b)

# 调用函数
func(5)

# 输出
'''
1
1
2
3
5
'''
```

本章小结

- 我们可以将变量理解成"便利贴"，它可以贴在具体的值上。
- 整型、浮点型、字符串型以及布尔类型是 Python 中最基本的数据类型。

- Python 中可以通过 "#" 与 """" 来编写注释，注释是程序重要的组成部分，便于自己或他人理解程序。

- 与 Java、C 等编程语言不同，Python 中以相同的缩进来表示同一代码块。

- Python 中可以使用 print 方法输出数据，使用 pprint 方法输出格式化后的数据，使用 input 方法接收用户输入的数据。

- Python 中通过 if、else、elif 来实现判断流程。

- Python 中通过 while、for 等关键字实现循环。此外，我们可以通过 break、continue 关键字跳出循环。

- 定义函数可以增加代码的复用度，类似的逻辑不需要重复编写。Python 中通过 def 关键字定义函数，通过 return 关键字返回函数中代码块的运行结果。

- 局部作用域与全局作用域间具有相应的规则。

第 3 章
Python 中最关键的 20%

Python 作为一门成熟、热门的编程语言，具有很多功能，但我们并不需要将其全部学会后才能编写与自动化办公相关的代码。Python 的学习依旧遵循 2/8 定律，即学习完 Python 中最关键的 20%后，我们就可以使用 Python 完成 80%的工作。

此外，本书关注的是如何通过 Python 来自动化执行重复的任务，而不是让读者成为程序员，开发出各种各样的软件，所以 Python 中的很多细节无须深究。当然，本章内容可以作为进一步深入学习 Python 的基石。

本章将会从 Python 的容器类型、错误与异常、类、线程与进程这几个方面进行讨论。

3.1 容器类型

第 2 章我们介绍了 Python 中的基本数据类型，分别是整型、浮点型、字符串型以及布尔类型。在了解了基本数据类型后，我们便可以编写简单的 Python 代码，但想实现复杂的逻辑还是会稍显吃力。本节我们学习 Python 中的容器类型数据结构，它能让读者在编写复杂程序时更加游刃有余。

3.1.1 列表

列表（list）是一种有序容器，可以向其中添加或删除任意元素。在 Python 中，我们可以使用 list 方法创建一个空列表，也可以使用一对中括号来创建列表。因为中括号写起来更简便，所以通过中括号创建列表更为常见。示例代码如下：

```
In [1]: l1 = list()

In [2]: l2 = []

In [3]: l3 = [1,2.333,'ab','bc', True, False]
```

列表数据类型是一种容器类型，列表中可以存放不同数据类型的值。上述代码中，l3 列表中就存放了整型、浮点型、字符串型以及布尔类型的值。

容器类型变量中可以存放另一个容器类型变量，如列表中存放列表：

```
In [4]: a = [1,2, ['a', 'b']]

In [5]: a
Out[5]: [1, 2, ['a', 'b']]
```

Python 中提供了多种方法供我们轻松操作列表，并实现列表中元素的增、删、改、查。下面简单介绍列表的常用方法。

通过 append 方法可以向列表中添加元素，代码如下：

```
In [6]: a = []

In [7]: a.append(1)

In [8]: a.append('ab')

In [9]: a.append([2,3,4])

In [10]: a
Out[10]: [1, 'ab', [2, 3, 4]]
```

在 Python 中，append 方法可以将任意元素添加到列表中，以此作为列表中的"一个"元素。注意，append 方法不能一次性地向列表中添加多个元素。

一个有趣的想法是，我们通过 append 方法添加列表后，会产生什么结果？示例代码如下：

```
In [22]: a = [1,2,3]

# a 列表中添加 a 列表
In [23]: a.append(a)

In [24]: a
Out[24]: [1, 2, 3, [...]]

In [27]: a[3]
Out[27]: [1, 2, 3, [...]]

# 无论多少层，都返回相同的值
In [28]: a[3][3][3][3][3][3][3]
Out[28]: [1, 2, 3, [...]]
```

答案是会产生一个无限层的列表，这种列表通常没有实际作用。

除 append 方法外，我们还可以通过 extend 方法向列表中添加元素。extend 方法只接收列表类型的值作为参数，该方法会将参数列表中的元素"拼接"到原始列表的尾部。示例代码如下：

```
In [11]: a = [1,2,3]

In [12]: a.extend([4,5,6])

In [13]: a
Out[13]: [1, 2, 3, 4, 5, 6]
```

现在，我们知道通过 append 方法与 extend 方法可以向列表中添加元素，那么如何获取列表中的元素呢？列表中的元素可以通过对应的下标获取，下标的起始值为 0，代码如下：

```
In [15]: a
Out[15]: [1, 2, 3, 4, 5, 6]
```

```
In [16]: a[0]
Out[16]: 1

In [17]: a[3]
Out[17]: 4
```

下标可以是正数，也可以是负数，列表中的最后一个元素可以通过-1获取，倒数第二个元素可以通过-2获取，依此类推。示例代码如下：

```
In [30]: a = [1,2,3,4,5]

In [31]: a[-1]
Out[31]: 5

In [32]: a[-2]
Out[32]: 4
```

除单纯使用下标获取单个元素外，我们还可以使用切片获取一部分元素。切片通过中括号括起，在中括号中填写开始下标与结束下标，两个下标间通过冒号分割。使用切片获取的元素会包含开始下标对应的元素，但不会包含结束下标对应的元素。示例代码如下：

```
In [18]: a
Out[18]: [1, 2, 3, 4, 5, 6]

# 使用切片获取列表中的元素
In [19]: a[1:5]
Out[19]: [2, 3, 4, 5]
```

上述代码使用切片获取了 a 列表中的一部分元素，下标 1 对应着 a 列表中的 2，下标 5 对应着 a 列表中的 6。因为切片返回的数据会包含开始下标对应的元素，但不会包含结束下标对应的元素，所以结果为[2, 3, 4, 5]。

除可以获取元素外，下标还可以作为修改与删除列表元素的基本操作。示例代码如下：

```
In [33]: a = [1,2,3,4,5]

# 修改列表中下标为 0 元素的值
```

```
In [35]: a[0] = 7

In [36]: a
Out[36]: [7, 2, 3, 4, 5]

# 删除列表中对应下标元素的值
In [37]: del a[1]

In [38]: a
Out[38]: [7, 3, 4, 5]

# 删除列表中某个值的第一个匹配项
In [39]: a.remove(5)

In [40]: a
Out[40]: [7, 3, 4]
```

上述代码展示了修改与删除列表中元素的操作。如果要修改列表中的元素，只需将新的值赋给列表中对应下标的元素即可，而删除列表中的元素可以使用两种不同的方式。第一种是通过 del 关键字直接删除列表中对应下标元素的值，第二种是通过 remove 方法实现删除效果。如果不知道要删除的元素在列表中的下标，使用 remove 方法更加简单，但 remove 方法只会删除列表中与要删除值匹配的第一个元素。

在很多情况下，我们需要对列表中的元素进行排序，此时可以使用 sort 方法实现排序效果。示例代码如下：

```
In [42]: a = [8,19,5,1,4,9,3,10]

# 排序，默认按从小到大的方式排序
In [43]: a.sort()

In [44]: a
Out[44]: [1, 3, 4, 5, 8, 9, 10, 19]

# 排序，将 reverse 参数设置为 True，按从大到小的方式排序
In [45]: a.sort(reverse=True)
```

```
In [46]: a
Out[46]: [19, 10, 9, 8, 5, 4, 3, 1]
```

如果需要对列表中的每个元素都进行操作，则可以使用 for 循环。例如，判断列表中的元素是否为偶数，如果为偶数，则将其添加到新的列表中，代码如下：

```
In [30]: l = [1,2,3,4,5,6,7,8,9,10]

In [31]: l1 = []

# for 循环
In [32]: for i in l:
   ...:     if i % 2 == 0:
   ...:         l1.append(i)  # 将元素添加到列表中
   ...:

In [33]: l1
Out[33]: [2, 4, 6, 8, 10]
```

3.1.2 元组

元组（tuple）同样是一种有序集合，它与列表非常相似，都可以通过下标、切片等方法取值；但与列表不同的是，元组一旦被初始化便不可修改其中的元素。在 Python 中，可以通过 tuple 方法或小括号的形式定义元组，因为元组元素具有不可变更的特性，所以元组在初始化时便会传入对应的值。示例代码如下：

```
# 通过 tuple 方法创建元组，该方法的参数为 list
In [47]: t1 = tuple([1,2,3])

# 通过小括号创建元组
In [48]: t2 = (4,5,6)

In [49]: t1
Out[49]: (1, 2, 3)
```

```
In [50]: t2
Out[50]: (4, 5, 6)
```

元组中的元素无法修改,如果强行修改会抛出错误。示例代码如下:

```
In [52]: t = (1,2,3,4)

In [53]: t[0] = 7
---------------------------------------------------------------------------
TypeError                                 Traceback (most recent call last)
<ipython-input-53-3186625c79e4> in <module>
----> 1 t[0] = 7

TypeError: 'tuple' object does not support item assignment
```

报错信息表明,tuple 对象不支持修改,但有时会出现让人困惑的代码,如下:

```
In [52]: t1 = (1,2,3,4)

In [54]: t2 = (2,3,4,5)

In [55]: t1 = t1 + t2

In [56]: t1
Out[56]: (1, 2, 3, 4, 2, 3, 4, 5)
```

上述代码创建了 t1 与 t2 两个元组,将两个元组相加后,再赋值给 t1,t1 元组的内容发生了变化,为何会如此?

其实,原本的 t1 元组并没有发生变化,而是创建了新的 t1 元组,所以从最终效果上看,像是修改了 t1 元组本身。使用 id 方法可以获取对象的唯一标识,通过唯一标识则可以判断出不同的变量是否指向相同的对象。示例代码如下:

```
n [1]: t1 = (1,2,3,4)

In [2]: t2 = (2,3,4,5)
```

```
In [3]: id(t1)
Out[3]: 4424054488

In [4]: id(t2)
Out[4]: 4424054808

In [5]: t1 = t1 + t2

# 相当于创建新的t1,而原本的t1还存在
In [6]: id(t1)
Out[6]: 4426830152
```

回顾 2.1.1 节,变量只是一张"便利贴",便利贴贴在了具体的值上。在上述代码中,变量 t1 在一开始贴在了元组(1,2,3,4)上,经过累加操作后,变量 t1 贴在了新的元组上,而原本的元组(1,2,3,4)依旧存在且没有改变。

与列表相似,可以通过下标或切片的方法获取元组的值。示例代码如下:

```
In [7]: t = (1,2,3,4,5,6)

In [8]: t[0]
Out[8]: 1

In [9]: t[0:6]
Out[9]: (1, 2, 3, 4, 5, 6)
```

因为元组不可改变的特性,所以元组对象没有提供修改、增加、删除等方法。

元组是容器类型对象,容器类型对象可以存放容器类型对象本身,那么元组中是否可以存放列表呢?当然可以,使用元组存放列表会出现一些有趣的现象,代码如下:

```
In [22]: t = (1,2,[3,4,5])

In [23]: t
Out[23]: (1, 2, [3, 4, 5])

# 修改元组中的值?
In [24]: t[2][0] = 6
```

```
# 修改成功?
In [25]: t
Out[25]: (1, 2, [6, 4, 5])
```

上述代码创建了元组 t，元组 t 的第 3 个元素是一个列表。元组中的元素是不可修改的，但上述代码似乎对元组元素进行了修改，而且还修改成功了。

其实元组中的元素并没有被修改，修改的是元组列表中的元素，如图 3.1 所示。元组 t 中第 3 个元素为列表，列表中的元素是可以修改的，但元组依旧指向原本的列表，所以元组中的元素并没有改变。

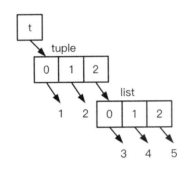

图 3.1

3.1.3 字典

字典（dict）是一种由键值对（key-value）构成的数据结构，其中键与值通过冒号分割，我们通过键可以快速查找到对应的值。在 Python 中，我们可以通过 dict 方法或花括号来构建字典。示例代码如下：

```
In [26]: d1 = dict()

In [27]: d2 = {'a':1, 'b':2, 'c': 3}

In [28]: d1
```

```
Out[28]: {}

In [29]: d2
Out[29]: {'a': 1, 'b': 2, 'c': 3}
```

字典数据类型没有下标的概念，只可以通过键值获取字典中对应的值。字典的使用方法与列表类似，不同之处在于列表使用中括号填写的是列表下标，而字典使用中括号填写的是字典中的键值。示例代码如下：

```
In [34]: d = {'a':1, 'b':2, 'c': 3}

In [35]: d['a']
Out[35]: 1

In [37]: d['c']
Out[37]: 3
```

向字典中添加新的元素或修改已存在的元素都需要通过键值来完成。例如，如果想修改字典中元素的值，那么需要先通过键值定位元素，再直接将新的值赋给该元素，代码如下：

```
In [39]: d
Out[39]: {'a': 1, 'b': 2, 'c': 3}

In [40]: d['a'] = 6

In [41]: d
Out[41]: {'a': 6, 'b': 2, 'c': 3}
```

删除字典中的某个元素可以使用 del 方法，但如果想要清空整个字典，则需要使用 clear 方法。示例代码如下：

```
In [41]: d
Out[41]: {'a': 6, 'b': 2, 'c': 3}

In [42]: del d['a']

In [43]: d
Out[43]: {'b': 2, 'c': 3}
```

```
In [44]: d.clear()

In [45]: d
Out[45]: {}
```

清空字典的另一种方法是直接将空字典赋值给当前字典变量,与 clear 方法不同,原本字典中的值其实没有被删除,我们只是将字典变量"便利贴"贴到了新的字典对象上,通过 id 方法可以看出两者不同。示例代码如下:

```
In [46]: d = {'a': 1, 'b': 2, 'c': 3}

In [47]: id(d)
Out[47]: 4426857064

In [48]: d.clear()

# 清空后,变量d的id与原始的相同
In [49]: id(d)
Out[49]: 4426857064

In [50]: d = {'a': 1, 'b': 2, 'c': 3}

In [51]: id(d)
Out[51]: 4426621864

In [52]: d = {}

# 为变量d赋值空字典,id发生了变化,原始的字典依旧存在
In [53]: id(d)
Out[53]: 4426438840
```

字典获取数据依赖于键值,这要求字典中的键值不可重复以及不可变。不可重复很好理解,一个字典中不会存在多个相同的键值,如果存在,那么使用最新的键值。示例代码如下:

```
# 字典中具有多个相同的键值
```

```
In [54]: d = {'a':1, 'a':2, 'a':3}

In [55]: d
Out[55]: {'a': 3}
```

不可变的含义不太好理解，回顾 3.1.2 节中元组相关内容，元组就是不可变对象，而列表是可变对象。不可变如字面含义，对象的内容不可被改变，其中整型、浮点型、字符串型以及元组型都是不可变类型，都可以作为字典的键。

字典中的每个元素都具有键与值，通过 for 循环遍历字典时，默认只会获取字典元素中的键；如果想要获取键与值，则需要使用 items 方法。示例代码如下：

```
In [56]: d = {'a': 1, 'b': 2, 'c': 3}

# 默认只获取字典元素中的键
In [57]: for i in d:
   ...:     print(i)
   ...:
a
b
c

# 使用 items 方法同时获取键与值
In [58]: for k, v in d.items():
   ...:     print(k, v)
   ...:
a 1
b 2
c 3

# 只想获取值
In [59]: for v in d.values():
   ...:     print(v)
   ...:
1
2
3
```

```
# 只想获取键的另一种用法
In [60]: for k in d.keys():
   ...:     print(k)
   ...:
a
b
c
```

我们可以结合字典与列表构成更复杂的数据结构来实现更复杂的代码。例如，有一个字典 d，具体的值为 {'a': 1, 'b': 1 , 'c':3, 'd': 4, 'e':3, 'f':1, 'g':4}，是否可以将具有相同值的键整理出来？代码如下：

```
In [61]: d = {'a': 1, 'b': 1 , 'c':3, 'd': 4, 'e':3, 'f':1, 'g':4}

In [62]: new_d = {}

In [63]: for k, v in d.items():
   ...:     new_d.setdefault(v, []).append(k)  # 使用 setdefault 方法
   ...:

In [64]: new_d
Out[64]: {1: ['a', 'b', 'f'], 3: ['c', 'e'], 4: ['d', 'g']}
```

在上述代码中，一开始定义了一个新的字典 new_d，然后通过 for 循环遍历字典中的键与值，接着调用 setdefault 方法，该方法会返回某个键对应的值，如果当前字典中不存在这个键，则会将默认值作为该键对应的值并返回默认值。setdefault 方法接收两个参数，第一个参数为键，第二个参数为默认值。

上述代码中，setdefault 方法的具体使用方式为 new_d.setdefault(v, [])，这表示先从 new_d 字典中获取键值为 v 的值，如果 new_d 字典中不存在该键，则将空列表设置为该键对应的值并返回空列表。

因为 setdefault 方法会返回列表，所以在该方法后，append 方法紧接着将对应的值添加到相应的列表中，最终将字典 d 中具有相同值的键整合在了一起。

默认的字典是无序的,如果希望创建有序字典,则可以使用 collections 库(Python 内置库)下的 OrderedDict 类创建有序字典。示例代码如下:

```
# 导入 collections 库
In [1]: import collections

# 创建有序字典
In [2]: d = collections.OrderedDict()

# 查看字典类型
In [3]: type(d)
Out[3]: collections.OrderedDict

# 判断变量 d 是否为 dict 类型
In [4]: isinstance(d, dict)
Out[4]: True
```

通过 OrderedDict 类创建的有序字典存放的元素是具有顺序的,其余功能与普通字典类似。OrderedDict 类其实也是基于 dict 类实现的,这种方法被称为继承,关于继承的相关内容可以阅读 3.3.2 节。

3.1.4 集合

集合(set)具有如下两个重要特性。

(1)集合中的元素没有顺序。

(2)集合中不存在重复元素。

集合元素的无序性让集合无法像列表那样通过下标去获取对应的值,集合元素不可重复的特性可以让集合用于去除重复值的场景。

在 Python 中,可以通过 set 方法或花括号来创建集合,字典也是使用花括号创建的,但与字典不同,集合中的元素没有键与值的概念。此外,我们只可通过 set 方法创建空集合,因为使用空花括号会创建字典对象。

Python 中提供了多种方法可以轻松操作集合,实现集合中元素的增、删、改、查。下面我们简单介绍这些方法。

首先,集合可以通过 add 或 update 方法添加元素,代码如下:

```
In [5]: s = {1,2,3}

In [6]: s
Out[6]: {1, 2, 3}

# 向集合中添加单个元素使用 add 方法
In [7]: s.add(4)

# 向集合中添加多个元素使用 update 方法
In [10]: s.update({5,6,7,8})
Out[10]: {1, 2, 3, 4, 5, 6, 7, 8}
```

其次,还可以通过 remove 或 discard 方法删除集合中的元素。如果使用 remove 方法删除集合中不存在的元素,Python 会抛出错误,因为 remove 方法只能删除存在于集合中的元素;而 discard 方法则不同,即使要删除的元素不存在于集合中,也不会发生错误。示例代码如下:

```
In [11]: s = {1,2,3}

In [12]: s.remove(1)

# 删除不存在的元素会报错
In [13]: s.remove(6)
---------------------------------------------------------------------------
KeyError                                  Traceback (most recent call last)
<ipython-input-13-077f15baad77> in <module>
----> 1 s.remove(6)

KeyError: 6

In [14]: s.discard(2)
```

```
# 删除不存在的元素不会报错
In [15]: s.discard(6)

In [16]: s
Out[16]: {3}
```

因为集合具有元素不可重复的特性,所以常用集合处理去重任务。例如,要去除列表中重复的元素,此时就可以先将列表转为集合后再转为列表,代码如下:

```
In [17]: l = [1,1,1,1,2,2,2]

# 将列表转为集合,去除重复的元素
In [18]: s = set(l)

# 将集合转回列表
In [19]: l = list(s)

In [20]: l
Out[20]: [1, 2]
```

与其他容器类型的数据结构不同,集合除支持上述基本操作外,还支持集合间运算。

通过"&"运算符可以计算出两个集合的交集,代码如下:

```
In [1]: s1 = {1,2,3,4,5}

In [2]: s2 = {3,4,5,6,7}

# 计算两个集合元素的交集
In [3]: s1 & s2
Out[3]: {3, 4, 5}

# intersection方法可以起到相同的效果
In [4]: s1.intersection(s2)
Out[4]: {3, 4, 5}
```

类似地,通过"-"运算符可以计算出两个集合的差集,通过"|"运算符可以计算出两个集合的并集,通过"^"运算符可以计算出两个集合的对称差集。示例代码如下:

```
In [1]: s1 = {1,2,3,4,5}

In [2]: s2 = {3,4,5,6,7}

# 计算两个集合元素的差集
In [5]: s1 - s2
Out[5]: {1, 2}

# difference 方法也可以实现差集计算
In [6]: s1.difference(s2)
Out[6]: {1, 2}

# 计算两个集合元素的并集
In [7]: s1 | s2
Out[7]: {1, 2, 3, 4, 5, 6, 7}

# union 方法也可以实现并集计算
In [8]: s1.union(s2)
Out[8]: {1, 2, 3, 4, 5, 6, 7}

# 计算两个集合元素的对称差集
In [9]: s1 ^ s2
Out[9]: {1, 2, 6, 7}

# symmetric_difference 方法也可以实现对称差集计算
In [10]: s1.symmetric_difference(s2)
Out[10]: {1, 2, 6, 7}
```

3.2 错误与异常

代码是人的逻辑思维的具体体现，因为没有一个人的逻辑思维是完美无缺的，所以人在编写代码时必然会出现各种错误。既然错误或多或少都会发生，那么如何捕捉错误，并且捕捉到错误后要如何处理，就显得很重要。

3.2.1 语法错误

在编写 Python 程序时，遇到的错误可以分为两大类，一类是语法错误，另一类是运行时错误。

Python 解释器在解析 Python 代码时，如果发现无法解析的语句，就会抛出 SyntaxError 语法错误。Python 解释器之所以无法解析，是因为当前的 Python 代码没有完全符合 Python 的规则，代码如下：

```
In [1]: print '你好'
  File "<ipython-input-6-814bc1fd6445>", line 1
    print '你好'
                ^
SyntaxError: Missing parentheses in call to 'print'. Did you mean print('你好')?
```

在 Python 2 中，可以使用 "print '你好'" 的形式输出内容，但这种语法规则在 Python 3 中已不被支持。Python 3 的解释器无法解析 "print '你好'" 这条语句，此时就会抛出 SyntaxError 语法错误，从错误对应的提示中也可以看出，Python 3 解释器希望使用 "print('你好')"。

每种编程语言都有具体的语法规则，如果不按照语法规则编写代码，就会出现语法错误。想要避免这种错误，只需要将代码修改成符合语法规则的语句即可。

运行时错误与语法错误不同，它是指代码的语法规则都是正确的，但在运行时出现了错误，运行时错误也被称为"程序抛出了异常"。后续两节中我们将进一步介绍运行时错误以及处理方式。

3.2.2 异常捕捉

异常是相对正常而言的，异常是指某个事件发生在程序执行过程中并影响程序正常的执行流程，使得程序本身无法正常处理该事件，导致程序终止。

为了避免一些"可预测异常"影响程序的正常执行，Python 提供了 try…except…语句来捕获异常，try 关键字下的代码块在执行时如果出现了错误，会触发 except 关键字捕获异常信息并通过该关键字下的代码块进行处理。示例代码如下：

```
In [11]: a = 1

In [12]: b = '2'

In [13]: try:
    ...:     c = a + b  # 会产生错误
    ...: except:
    ...:     print('错误！整型与字符串型不可直接相加')
    ...:
错误！整型与字符串型不可直接相加
```

上述代码将整型变量 a 与字符串型变量 b 相加，因为整型变量与字符串型变量不可直接相加，所以此时会产生错误，抛出异常。因为相加语句在 try 关键字的代码块中，所以产生的异常会触发 except 关键字并执行 except 关键字下的代码块。

Python 中定义了很多标准异常用于表明某种错误，表 3.1 简单列举了常见的几种异常类型。

表 3.1　常见的几种异常类型

异常类型	描述
BaseException	所有异常的基类，可表示所有的异常
KeyboardInterrupt	用户中断异常（通常用户按"Ctrl+C"组合键，中断程序运行）
AttributeError	对象没有相应的属性
IndexError	序列中没有该索引
NameError	该名称没有对应的对象
TypeError	对不同类型变量进行了错误的操作

还有很多标准异常，篇幅原因，本节不进行全部展示。

可以使用 except 关键字捕捉相应类型的异常，except 关键字后可以接相应的异常类型，当 try 代码块中的代码报错时，只有抛出与 except 关键字后异常类型相同的异常，才会执行 except 关键字后的代码逻辑；如果 except 关键字后没有接异常类型，那么任何异常都会触发 except 代码块中的代码逻辑。示例代码如下：

```
In [15]: try:
    ...:     c = a + b
    ...: except TypeError as e:
    ...:     print('错误！整型与字符串型不可直接相加')
    ...:     print(f'具体报错细节：{e}')
    ...:
错误！整型与字符串型不可直接相加
具体报错细节：unsupported operand type(s) for +: 'int' and 'str'
```

try…except…语句可以进一步完善成 try…except…else…语句，代码如下：

```
In [1]: a = 1

In [3]: b = 2

In [4]: try:
    ...:     c = a + b
    ...: except TypeError as e:  # 只捕捉 TypeError 异常
    ...:     print(e)
    ...: else:
    ...:     print('相加成功')
    ...:
相加成功
```

如果 try 代码块没有抛出任何异常，则会执行 else 代码块中的代码；如果 try 代码块抛出异常，则会触发 except 关键字。在上述代码中，except 关键字只捕捉 TypeError 类型的异常，而对于其他类型的异常，except 代码块不会执行。

如果希望 try 代码块中的代码无论是否抛出异常，代码都执行某种逻辑，则可以使用 finally 关键字，代码如下：

```
In [5]: try:
    ...:     c = a + b
    ...: except TypeError as e:
```

```
   ...:         print(e)
   ...: else:
   ...:         print('相加成功')
   ...: finally:
   ...:         print('try是否抛出异常都执行')
   ...:
相加成功
try是否抛出异常都执行
```

读者可能会存在一些疑惑，为什么要在except关键字后接异常类型呢？处理所有的异常不是更加合理吗？

要理解上述问题，关键点是我们要理解人的逻辑不是完美的，人编写的代码也不是完美的，当代码抛出预料之外的异常，通过except关键字捕捉所有错误后，你并不知道这种异常应当如何处理，该异常的出现是意料之外的。

你可能会在except代码块中通过print方法输出一个提示，然后让程序继续运行，不至于因为意料之外的异常而导致程序崩溃。但此时程序已经处于异常状态了，它很有可能会影响后续代码逻辑的执行，从而产生错误的结果。此时从产生的错误结果来看，代码中原始错误出现的位置难以判断，因为原始错误被except关键字"隐藏"了。

为了避免这种情况的出现，建议大家只处理能处理的异常，而不是所有的异常。

3.2.3 异常处理

我们已经知道通过try…except…可以捕捉Python程序中产生的异常，但如果捕捉到的异常无法处理呢？此时最好的方式就是向上抛出异常。

异常处理的原则是处理可预见的异常，向上抛出当前无法处理的异常，最终的目的就是方便程序编写者可以很轻松地定位出现异常的位置，以及出现异常的原因。

在 Python 中，可以通过 raise 关键字实现手动抛出异常的效果，其基本语法如下：

```
raise [exceptionName [(reason)]]
```

其中，中括号"[]"括起的部分是可选参数，exceptionName 的作用就是抛出指定类型的异常，而 reason 则是抛出异常时附带的说明信息。示例代码如下：

```
# 不加任何参数
In [7]: raise
---------------------------------------------------------------------------
RuntimeError                              Traceback (most recent call last)
<ipython-input-7-9c9a2cba73bf> in <module>
----> 1 raise

RuntimeError: No active exception to reraise

# 异常类型作为 raise 参数
In [8]: raise TypeError
---------------------------------------------------------------------------
TypeError                                 Traceback (most recent call last)
<ipython-input-8-edb832a6149f> in <module>
----> 1 raise TypeError

TypeError:

# 异常类型以及异常原因说明作为 raise 参数
In [9]: raise TypeError("整型变量不可直接与字符串型变量进行相加操作")
---------------------------------------------------------------------------
TypeError                                 Traceback (most recent call last)
<ipython-input-9-9fdfd3b383ca> in <module>
----> 1 raise TypeError("整型变量不可直接与字符串型变量进行相加操作")

TypeError: 整型变量不可直接与字符串型变量进行相加操作
```

raise 会将程序的异常信息向上抛出，如果上层有对应的处理逻辑，说明错误对上层程序而言是可预见的，此时程序可以继续运行；如果上层无法处理异常，则继续将异常信息向上抛出，直到异常无法被处理且没有上层时，程序就会因异常而停止运行。

上述描述中频繁出现"上层"的概念，上层其实就是当前层的父亲层，我们通过简单的代码来加深理解。

```
def error_fun():
    try:
        name = input('请输入名称：')
        if name.isspace():
            raise ValueError('name 不可是空格')
        if name.isdigit():
            raise ValueError('name 不可是数字')

        name = name + 123

    # 无法处理本层抛出的ValueError，会抛出该错误到上一层
    except TypeError as e:
        print(f'类型错误：{e}')


# error_fun 层的上一层
try:
    error_fun()
except ValueError as e:
    print(f'{e}，请重试')
    error_fun()

# 输出
'''
请输入名称：123
name 不可是数字，请重试
请输入名称：二两
类型错误：can only concatenate str (not "int") to str
'''
```

上述代码定义了 error_fun 方法，该方法使用了 try…except…语句，在 try 代码块中使用 input 方法接收用户的输入，程序编写者预测到用户可能会输入全空格的内容或全数字的内容，但这都不是我们想要的，所以通过 raise 抛出 ValueError 类型的错误，而本层的 except 只捕捉 TypeError 类型的错误，ValueError 类型的错误会继续向上抛出。

error_fun 方法的上一层也被 try…except…语句包裹，except 恰好捕捉 ValueError 类型的错误，所以 except 代码块中的代码逻辑会被执行。

有时，通过简单的异常信息难以找到程序出现问题的具体原因，此时可以使用 traceback 库来获取更加详细的异常信息。

traceback 库是 Python 内置库，无须安装 pip 便可以直接使用，下面介绍 traceback 库的两种常见用法。

（1）利用 traceback 的 print_exc 方法可以将详细的异常信息输出，代码如下：

```
import traceback

try:
    l = [1,2,3]
    # 获取列表 l 的长度
    num = len(l)
    # 以 _ 命名的变量，表示不关心该变量，后续也不会使用该变量
    _ = l[num]
except:
    # 输出详细的异常信息
    traceback.print_exc()

# 输出的信息
'''
Traceback (most recent call last):
  File "/Users/ayuliao/Desktop/code/1.py", line 33, in <module>
    _ = l[num]
IndexError: list index out of range
'''
```

上述代码创建了列表 l，并通过 len 方法获取列表 l 的长度为 3，随后通过下标获取列表 l 中的值，因为列表的下标是从 0 开始的，所以无法获取以列表长度作为下标的元素。以列表 l 为例，列表 l 长度为 3，但列表 l 最后一个元素的下标为 2，代码通过 l[3]获取列表 l 中的元素时就会抛出异常。

try 代码块抛出的异常会被 except 捕捉，except 代码块中使用 traceback.print_exc 方法将详细的异常信息输出到屏幕上。

（2）如果希望将异常信息写入文件中以方便日后查看，可以使用 traceback 的 format_exc 方法，代码如下：

```
import traceback

try:
    l = [1,2,3]
    # 获取列表 l 的长度
    num = len(l)
    # 以 _ 命名的变量，表示不关心该变量
    _ = l[num]
except:
    with open('error.log', 'a') as f:
        # 获取格式化后的异常信息
        errorinfo = traceback.format_exc()
        # 将异常信息写入文件中
        f.write(errorinfo)
```

traceback.format_exc 方法会获取格式化后的异常信息，在代码中通过 open 方法打开一个文件，然后将异常信息写入文件中。open 方法接收两个参数，第一个为打开文件的路径；第二个为写入方式，这里使用 a，表示以追加的形式将信息写入文件中。

3.3 类

Python 是一门面向对象的编程语言，面向对象编程（Object Oriented Programming，OOP）是一种编程思想，它把对象作为程序的基本单元，一个对象可以包裹相应的数据以及操作这些数据的函数。

在 Python 中，一切皆对象，所有的数据类型都可以视为对象。除此之外，还可以使用类（class）的形式自定义对象（类本身也是对象，感兴趣的读者可以了解 Python 元类

的概念）。

本节将简单讨论 Python 中与类相关的内容。

3.3.1 类的基础

在 Python 中，使用 class 关键字来创建一个新的类，class 关键字之后紧随着类的名称与该类继承的类（称为父类），最后以冒号结尾。示例代码如下：

```
class People(object):
    # 类变量
    name = '二两'

    # 类中的方法
    def talk(self):
        print('你好')
```

上述代码创建了名为 People 的类，People 类继承 object 基类，在 Python 3.x 版本中，所有类都会默认继承 object 基类，如果你使用的是 Python 2.x 版本，那么需要在创建类时，显式的指定它继承自 object 基类，当然如果不继承，在使用上也不会有问题。关于继承这一概念的细节，可阅读 3.3.2 节。

在类中定义的变量通常称为类变量；在类中定义的方法称为类方法，其中第一个参数通常为 self，self 表示类的实例对象本身。类中的变量以及方法都可以统称为类的属性。

想要使用类中的代码，首先需要实例化类，然后通过实例对象使用其中的属性。示例代码如下：

```
# 实例化
p1 = People()
p2 = People()
print(p1.name)
p2.talk()

# 输出
```

```
'''
二两
你好
'''
```

上述代码实例化了两个 People 类的实例变量 p1 与 p2,通过"."操作符使用类中的属性,非常简单。

如果我们希望在实例化类时传入自定义参数,此时就需要重写__init__方法。在 Python 中,我们将这种被双下画线包裹的方法称为"魔术方法"。__init__方法可以在实例化类时接收相关的参数,下面使用该方法修改 People 类,代码如下:

```
class People(object):
    # 初始化方法
    def __init__(self, name, age):
        self.name = name
        self.age = age

    # 类中的方法
    def talk(self):
        print(f'你好{self.name},今年我{self.age}岁')

# 实例化
p1 = People('二两', '30')
p2 = People('张三', '28')
print(p1.name)
p2.talk()
```

上述代码使用了__init__方法定义 People 类在初始化时要执行的逻辑,在__init__方法中定义了 3 个参数,第 1 个参数默认为 self,表示类实例对象本身,其余参数分别表示名称与年龄。

在 talk 方法中使用了类中定义的变量。在实例化 People 类时可以传入不同的参数,不同的类实例在调用属性时会有不同的效果。

类相比于函数提供了更强的封装能力,定义一个类后,可以将与该类相关的变量数据与方法都转化成类的属性,并通过一个类来管理所有相关的方法,比如 People 类,我们可以将项目中与人相关的变量数据与方法都声明在 People 类下。

除 __init__ 方法外,Python 中还有很多魔术方法,修改这些魔术方法可以达到修改类默认行为的效果。

学会魔术方法就可以写出更加灵活的代码,但过度使用魔术方法会让代码变得难以理解。要时刻记住,代码是给人看的,如果自己以后都要花费很长时间才能回忆起代码具有什么含义,此时就需要反思一下,自己是否将简单的事情复杂化了。此外,合理地添加注释是提高代码可读性的重要手段。

3.3.2 继承与多态

在 Python 中,类对象是可以被继承的,通过继承子类可以获取父类的所有属性与功能。示例代码如下:

```python
class People(object):
    # 初始化方法
    def __init__(self, name, age):
        self.name = name
        self.age = age

    # 类中的方法
    def talk(self):
        print(f'你好{self.name},今年我{self.age}岁')

# Student 类继承 People
class Student(People):
    pass  # 没有编写任何代码,pass 表示没有任何逻辑

s = Student('学生二两', 28)
s.talk()  # 直接使用父类方法

# 输出
```

```
'''
你好学生二两，今年我 28 岁
'''
```

上述代码创建了 People 类，People 类继承于 object 类；随后创建了 Student 类，它继承于 People 类。通过继承，Student 类不用编写任何代码，就拥有了与 People 类相同的属性与功能。

子类除可以获取父类的所有属性与功能外，还可以新增自己的功能或修改父类的功能。示例代码如下：

```
# Student 类继承 People
class Student(People):
    def __init__(self, name, age, school):
        self.name = name
        self.age = age
        self.school = school

    def talk(self):
        print(f'你好{self.name}，今年我{self.age}岁，在{self.school}上学')


s = Student('学生二两', 28, '社会大学')
s.talk()  # 直接使用父类方法

'''
你好学生二两，今年我 28 岁，在社会大学上学
'''
```

在上述代码中，Student 类继承了 People 类，并且重写了 People 类中的 __init__ 方法与 talk 方法，通过重写的方式，让两个方法更加符合 Student 类。

子类中重写的方法会将父类方法中的逻辑完全覆盖。那么是否可以基于父类方法中的代码添加新的逻辑，从而不需要全部清空重写呢？使用 super 方法即可，代码如下：

```
# Student 类继承 People
class Student(People):
    def __init__(self, name, age, school):
        super().__init__(name, age)
```

```
        self.school = school

    def talk(self):
        super().talk()
        print(f'在{self.school}上学')


s = Student('学生二两', 28, '社会大学')
s.talk()  # 直接使用父类方法

'''
你好学生二两，今年我 28 岁
在社会大学上学
'''
```

在上述代码中，Student 类继承了 People 类，然后以类似的方式重写 People 类中的方法，不同之处在于使用了 super 方法，通过 super 方法可以调用父类中对应的方法，从而执行父类方法中的逻辑；而子类方法中的新逻辑只需在 super 方法后添加相应的代码。

通过类继承并修改父类方法获得继承的另一个好处是：多态。什么是多态？下面我们通过一个简单的例子来理解多态。

利用继承机制，可以创建继承于同一个类的多种不同的子类。如图 3.2 所示，图中 Student 类与 Teacher 类都继承于 People 类，Tiger 类与 Lion 类都继承于 Animal 类，而 People 类与 Animal 类都继承于 Object 类。

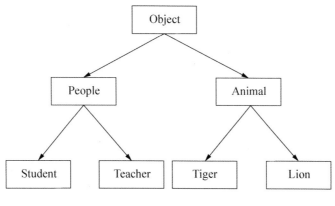

图 3.2

首先,通过代码实现 Student 类与 Teacher 类,代码如下:

```python
# Student 类继承于 People
class Student(People):
    def __init__(self, name, age, school):
        super().__init__(name, age)
        self.school = school

    def talk(self):
        super().talk()
        print(f'在{self.school}上学')

# Teacher 类继承于 People
class Teacher(People):
    def __init__(self, name, age, school):
        super().__init__(name, age)
        self.school = school

    def talk(self):
        super().talk()
        print(f'在{self.school}教书')
```

然后,构建 Student 类与 Teacher 类的实例,并通过 isinstance 方法判断该对象的类型,代码如下:

```python
s = Student('学生二两', 28, '社会大学')
s.talk() # 直接使用父类方法

t = Teacher('张三老师', 38, '社会大学')
t.talk()

# isinstance 方法可以判断变量是否属于某种类型
print(isinstance(s, People)) # True
print(isinstance(t, People)) # True
```

从上述代码可知,Student 类与 Teacher 类在实例化后的对象依旧是 People 类,这其实就是多态,子类依旧属于父类,不同的子类造就了多态。

为了理解多态的好处，首先可以定义一个函数，该函数接收 People 类的变量，然后调用其 talk 方法，代码如下：

```python
def talk_something(people):
    if isinstance(people, People):
        people.talk()

s = Student('学生二两', 28, '社会大学')
t = Teacher('张三老师', 38, '社会大学')
talk_something(s)
talk_something(t)
```

在 talk_something 方法中只要传入 People 类的变量即可，而 Student 类与 Teacher 类的实例对象都属于 People 类，所以可以直接使用。

这看起来好像没有好处。我们思考这种场景，当继续编写代码时，发现还需要其他类型的人进行发言，如创建 Programmer 类表示程序员群体，代码如下：

```python
class Programmer(People):
    def __init__(self, name, age):
        self.name = name
        self.age = age

    def talk(self):
        super().talk()
        print('我爱编程')

p = Programmer('程序员李四', 44)
talk_something(p)
```

观察上述代码就会发现，新增 Programmer 类不必对 talk_something 方法进行任何修改就可以正常运行，这便是多态的好处。当需要操作不同的子类时，只需要确保接收到的子类具有共同的父类，然后对父类进行操作即可。

以上述代码为例，当调用 talk_something 方法时，只需要知道它们的父类为 People 类，而无须知道它们具体的类型即可放心调用 talk 方法。这会让调用方只管调用，而不必关注子类中的其他细节。

类的继承与多态可以让程序编写者使用更加清晰的代码构建出更加复杂的功能。

3.4 线程与进程

现在的操作系统可以同时处理多个任务（操作系统相关概念可阅读附录 B.1），比如，我们可以一边开着网站看娱乐视频，一边开着微信和朋友聊天。在过去单核 CPU（Central Processing Unit，中央处理器）时代，为了起到多任务的效果，操作系统会将每个任务都切分成微秒级的任务片段，让单核 CPU 去交替执行这些任务。因为人类无法感受到这么短时间内的差异，所以表面上看像多个任务在同时执行，但实际上，它们只是按顺序在交替执行。

现在，多核 CPU 已经非常普及，如常见的四核 CPU，此时操作系统会将任务合理地分配到不同的 CPU 核心中执行，从而实现真正的并行。但在很多时候，任务数会远远超过 CPU 的核心数，此时操作系统也会通过类似的方式让 CPU 的单个核心可以执行多个任务。

对操作系统而言，一个任务就是一个进程，比如在打开浏览器看娱乐视频时就启动了浏览器进程，在打开微信与朋友聊天时就启动了微信进程，每个进程都有唯一的 ID，简称 PID（Process Identification，进程识别符）。如果使用的是 macOS 操作系统，我们可以打开活动监视器查看当前正在运行的进程，如图 3.3 所示。

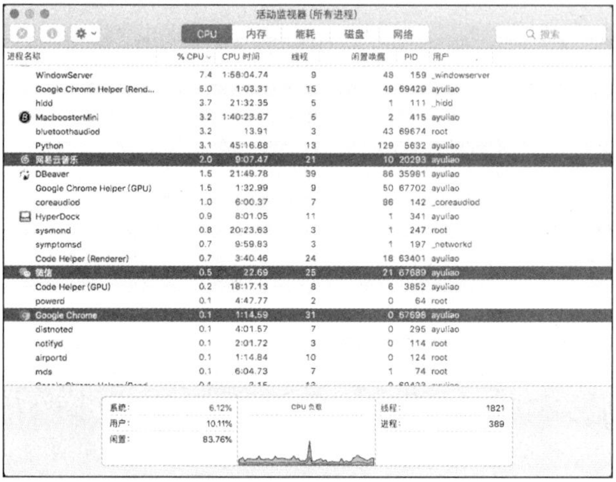

图 3.3

从图 3.3 中可以看出 macOS 操作系统开启了微信进程、Google Chrome 浏览器（简称 Chrome 浏览器）进程与网易云音乐进程。

通常一个进程也需要同时处理多件事情，如微信进程需要同时处理打字、发送信息、接收信息、接收公众号推送等不同的任务。一个进程中要同时做多个子任务，就需要同时运行多个线程来处理。

可以将计算机 CPU 中的一个核心看作一个工厂，该工厂由许多车间构成，但单位时间内整个工厂只有一个车间开工，一个进程就是一个车间。为了完成复杂的任务，车间内的工人需要相互合作，每个人负责自己的子任务，通过共同合作完成整个车间的任务，车间中的工人就是线程。一个车间中至少要有一个工人，否则车间里的任务无法完成。换言之，一个进程至少由一个线程构成。

简单总结，CPU 中的单个核心在单位时间内只可执行一个进程，而一个进程至少由一个线程构成。

本书在前面的内容中展示的代码都是单线程运行的代码，Python 其实支持多线程与多进程，利用多线程与多进程可以提高程序的运行效率。

3.4.1 线程

Python 中提供了 threading 标准库来帮助我们轻松构建新的线程以执行新的任务。任何一个进程至少会有一个线程，通常将该线程称为"主线程"；通过主线程可以创建与启动新的线程，通常将这些被主线程创建的线程称为子线程。

threading 可以通过两种不同的方式创建线程：

方法一：创建 threading.Thread 实例，将需要被线程执行的函数传入该实例。

方法二：创建一个类，该类继承于 threading.Thread，重写 run 方法。

我们先通过方法一创建线程，代码如下：

```
import time
import threading
```

```python
def longtime(n):  # 需要被线程执行的函数
    time.sleep(n)

def main():
    # 实例化线程
    t = threading.Thread(target=longtime, args=[10])
    t.start()
    t.join()
    print("Done")

main()
```

上述代码中，通过 threading.Thread 方法实例化线程对象并将需要线程执行的函数 longtime 传递给 target 参数，将 longtime 函数对应的参数传递给 args 参数。

代码中的 start 方法用于启动线程，在调用 start 方法后，线程即开始执行。如果在同一个线程对象中多次调用 start 方法，会引发 RuntimeError: threads can only be started once 错误。

紧随 start 方法后的 join 方法会将主线程挂起，直到子线程运行结束再继续执行主线程中的逻辑。依旧以上述代码为例，子线程会执行 longtime 方法中的逻辑，因为主线程中使用了 join 方法，其中的 print("Done") 会在子线程结束运行后（longtime 方法执行完）才会被执行。

虽然方法一使用起来很简单，但我们更推荐使用方法二，以继承的方式来创建线程，代码如下：

```python
import time
import threading

class MyThread(threading.Thread):
    def __init__(self, func, args, tname=''):
        # 调用父类构造函数
        super().__init__()
        self.tname = tname
```

```
            self.func = func
            self.args = args

        # 线程执行的具体逻辑
        def run(self):
            self.func(*self.args)

def longtime(n):
    time.sleep(n)

def main():
    # 实例化线程
    t = MyThread(longtime, (10,), longtime.__name__)
    t.start()
    t.join()

main()
```

上述代码中,通过重写 run 方法的方式可以自定义线程具体的执行逻辑,相比方法一,这种方法更加灵活、直观。

当使用多个线程时,就要考虑产生冲突的情况。一个车间内如果只有一个员工,那么该员工只需要将手头上的事情完成,整个车间的工作就完成了;当一个车间内有多个员工时,如果不加以管理,员工之间可能会发生冲突,比如某个员工处理了其他员工的工作等。

当某个程序中有多个线程同时运行时,线程与线程之间就容易产生冲突。为了避免冲突,最常见的解决方式就是使用锁,下面简单展示线程冲突的情况。

现在有名为 1.txt 与 2.txt 的两个文件,文件里每一行都是一个数字,1.txt 中记录着 1~10,2.txt 中记录中 11~20。此时想通过多线程的形式将两个文件的内容按顺序插入 3.txt 中,3.txt 中的内容最终为 1~20 的顺序数字。

如果直接使用多线程,就会出现线程冲突,代码如下:

```
import time
import threading
```

```python
class MyThread(threading.Thread):
    def __init__(self, input, output):
        super(MyThread, self).__init__()
        self.input = input
        self.output = output

    def run(self):
        for line in self.input.readlines():
            time.sleep(1)  # 模拟耗时操作
            self.output.write(line)  # 将读入的内容写入 3.txt 中
            print('Thread Done')

def main():
    txt1 = open('1.txt', 'r')  # 以只读形式打开 1.txt
    txt2 = open('2.txt', 'r')  # 以只读形式打开 2.txt
    txt3 = open('3.txt', 'a')  # 以追加形式打开 3.txt
    t1 = MyThread(txt1, txt3)
    t2 = MyThread(txt2, txt3)
    t1.start()
    t2.start()
    t1.join()
    t2.join()

main()
```

上述代码中，先以只读形式获取了 1.txt 与 2.txt 对应的对象，然后以追加形式打开 3.txt，追加形式允许程序将新内容添加到文件末尾。此外，代码中定义了 MyThread 线程类，实现了 run 方法，在 run 方法中使用 readlines 方法读入文件的每一行，通过 for 循环获取文件每一行的内容，并通过 write 方法将内容写入新文件中。

上述代码的这种形式会产生线程冲突。观察 MyThread 类的 run 方法，会发现创建的两个线程会同时运行 run 方法，此时就会造成 3.txt 中的内容混乱，因为 t1 线程运行 run 方法插入了一行数据后，t2 线程也在运行，将 2.txt 中的某行数据插入了 3.txt 中。

程序中多个线程公用相同的资源是导致线程之间产生冲突的主要原因，为了避免这种冲突，要求线程在操作公用资源时要获取锁，只有拿到锁的线程才可以使用公用资源，没有获取锁的线程只能先等待。

锁类似于许可证，只有拥有许可证的工人才能用车间（进程）中的公用资源。threading 库提供了 Lock 来创建锁，使用方式非常简单，代码如下：

```python
import time
import threading

class MyThread(threading.Thread):
    def __init__(self, input, output, lock):
        super(MyThread, self).__init__()
        self.input = input
        self.output = output
        self.lock = lock          # 传入的 lock 对象

    def run(self):
        self.lock.acquire()   # 获取 lock 对象，lock 状态变为 locked，并且阻塞
                              # 其他线程获取 lock 对象
        for line in self.input.readlines():
            time.sleep(1)         # 模拟耗时操作
            self.output.write(line)
        self.lock.release()   # 释放 lock 对象
        print('Thread Done')

def main():
    lock = threading.Lock()  # 创建 lock 对象
    txt1 = open('1.txt', 'r')
    txt2 = open('2.txt', 'r')
    txt3 = open('3.txt', 'a')
    t1 = MyThread(txt1, txt3, lock)
    t2 = MyThread(txt2, txt3, lock)
    t1.start()
    t2.start()
    print('Done')

main()
```

上述代码通过 threading.Lock 方法创建了锁对象，在 MyThread 类的 run 方法中，需要先通过 acquire 方法获取锁对象后才可以执行向 3.txt 中添加数据的操作，等添加数据操作完成后便通过 release 方法释放锁，让其他线程可以获取该锁执行自己的 run 方法。

通过这种方式，t1 线程会先获取锁，然后将 1.txt 中的内容添加进 3.txt 中，在释放锁后，t2 线程才会获取该锁并将 2.txt 中的内容添加进 3.txt 中。

锁的方式控制了线程对公共资源的使用，避免了线程间发生冲突，但加锁的方式会让程序的执行效率变低，因为线程无法同时使用公用资源。为了降低锁的影响，注意不要在程序的任意位置随意加锁，比如，多个线程根本不会使用公用资源，此时加锁会显得多余且降低程序运行效率。

3.4.2 线程池

有些程序对效率有较高的要求，但自己创建且维护多个线程显得繁杂，此时就可以使用线程池。线程池至少会包含一个线程，但通常它都会由多个线程构成。线程池会对池子中的线程进行管理，用户只需要关心自己程序的逻辑即可。

Python 中的 concurrent 标准库提供了线程池功能，用法非常简单，代码如下：

```python
import time
from concurrent.futures import ThreadPoolExecutor

# 创建具有 5 个线程的线程池
executor = ThreadPoolExecutor(5)

def longtime(s):
    time.sleep(s)
    print(f'sleep {s} second')

for i in range(10):
    # 将任务提交到线程池执行
    executor.submit(longtime, i)
    print(i)
```

上述代码导入了 concurrent.futures 中的 ThreadPoolExecutor 类,通过实例化 ThreadPool Executor 类来创建线程池,该类的参数为线程池中拥有的线程数;随后通过 submit 方法将要执行的方法与该方法对应的参数作为参数提交到线程池中,线程池会自动安排闲置的线程去执行相应的任务。

如果线程执行的方法有相应的返回值,那么使用线程池该如何获取这些方法返回的结果呢?使用 as_completed 方法即可获取结果,代码如下:

```python
import time
from concurrent.futures import ThreadPoolExecutor, as_completed

executor = ThreadPoolExecutor(5)

def longtime(s):
    time.sleep(s)
    return f'执行结果: {s + 10}'

all_task = []
for i in range(10):
    # 提交任务
    e = executor.submit(longtime, i)
    # 添加到 list
    all_task.append(e)
    print(i)

for future in as_completed(all_task):
    # 获取线程池中任务执行的结果
    result = future.result()
    print(result)
```

上述代码以相同的方式创建了具有 5 个线程的线程池,然后通过 submit 方法将 longtime 方法提交给线程池,让线程池使用线程执行 longtime 方法中的代码逻辑,longtime 方法执行完后会通过 return 关键字返回字符串结果。

为了获取线程在执行方法时返回的结果,需要将 submit 方法返回的结果添加到列表中，然后将该列表作为 as_completed 方法的参数，as_completed 方法会等待列表中的任务执行完成，此时通过 for 循环就可以从 as_completed 方法中获取线程池中方法的运行结果。

扩展内容

读者后续在深入学习 Python 时会发现 Python 中的线程与其他主流语言（如 C++、Java 等）提供的线程有较大差别，主要表现在 Python 的线程无法利用多核 CPU，对程序速度的提升非常有限。

为什么会有这样的问题？因为 Python 线程面临着解释器级别的锁：GIL（Global Interpreter Lock，全局解释器锁），每个线程要运行都需要获得 GIL 锁，因为 GIL 锁的存在，Python 多线程其实依旧以类似单线程的方式在运行。

那么 Python 多线程是不是毫无可取之处呢？其实并不是，但要区分使用时机。在编写 I/O（Input/Output）密集型程序时，Python 多线程可以提高程序运行速度；但在编写 CPU 密集型程序时，使用 Python 多线程反而会拖慢程序运行速度，因为线程间的切换需要耗费资源。

I/O 密集型程序：一个程序在运行过程中最耗费时间的就是 I/O 操作，如网络连接、数据持久化（保存在硬盘）等。如果是单线程程序，遇到了 I/O 操作，只能等其完成；而多线程在遇到 I/O 操作时会由其他线程继续执行其他代码逻辑，所以会比单线程程序运行速度快。

CPU 密集型程序：CPU 是计算机运算的核心，CPU 密集型程序则表示以逻辑运算为主的程序，如数据运算处理，此时程序不会涉及费时的 I/O 操作，多数是在 CPU 上进行运算操作，此时多线程间的切换会耗费 CPU 资源，反而比单线程更慢。

3.4.3 进程

Python 提供了 multiprocessing 标准库帮助用户轻松构建新的进程来执行新的任务。

与 Threading 类似，multiprocessing 也有两种创建进程的方法：

方法一：创建 multiprocessing.Process 实例，将需要被进程执行的函数传入该实例。

方法二：创建一个类，该类继承于 multiprocessing.Process，重写其 run 方法。

下面先通过方法一创建进程，代码如下：

```python
from multiprocessing import Process
import os, time

def worker(name):
    print(f'子进程名：{name}，子进程ID：{os.getpid()}')
    start = time.time()
    time.sleep(3)
    print(f'子进程{name}运行时间：{time.time() - start}')

if __name__ == '__main__':
    print(f'主线程ID：{os.getpid()}')
    print('start')
    # 创建子进程
    p1 = Process(target=worker, args=('process1',))
    p2 = Process(target=worker, args=('process2',))
    p1.start()
    p2.start()
    p1.join()
    p2.join()
    print('end')

# 输出
'''
主线程ID：35793
start
子进程名：process1，子进程ID：35794
子进程名：process2，子进程ID：35795
子进程process1运行时间：3.000606060028076
子进程process2运行时间：3.0002171993255615
end
'''
```

在上述代码中，使用 Process 方法来创建新的进程，随后将需要进程执行的方法赋值给 target，将该方法需要的参数赋值给 args。当进程创建完后，调用 start 方法将其启动，调用 join 方法将主进程挂起，直到子进程执行完成。

使用 os 库的 getpid 可以获取当前进程的 ID（PID），在操作系统中，PID 是唯一的，用于标识进程。

接着我们使用方法二来实现新进程的创建，代码如下：

```python
'''继承形式实现 Process'''
from multiprocessing import Process
import os, time

class MyProcess(Process):
    def __init__(self, name):
        super(MyProcess, self).__init__()
        self.name = name

    def run(self):
        print(f'子进程名：{self.name}，子进程ID：{os.getpid()}')
        start = time.time()
        time.sleep(3)
        print(f'子进程{self.name}运行时间：{time.time() - start}')

if __name__ == '__main__':
    print(f'主线程ID：{os.getpid()}')
    print('start')
    # 创建子进程
    p1 = MyProcess('process1')
    p1.start()
    p2 = MyProcess('process2')
    p2.start()
    p1.join()
    p2.join()
    print('end')
```

与线程不同,线程如同车间里的工人,工人之间可以直接使用车间里的任意资源;但进程表示车间本身,车间与车间是相互独立的,各自有自身的空间让自己的线程完成具体的子任务,车间之间的信息与资源是不互通的,如何在不同进程中传递信息是进程在使用过程中需要解决的问题。

最常见的解决方案便是通过 Queue 队列来传递信息。队列是一种常见的数据结构,就像排队取餐,先来的人会排在队伍的前面,后来的人排在队尾,排在前面的人会优先获得食物。队列就是对生活中排队的一种模仿,先进入队列的元素会优先出队被处理。

下面我们利用 Queue 队列构建生产者—消费者模型来讨论进程间信息通信的问题,代码如下:

```python
import os
import time
from multiprocessing import Process, Queue

# 生产者
def producer(q):
    print(f'producer PID: {os.getpid()}')
    with open('1.txt', 'r') as f:
        # 逐行读取
        for i in f.readlines():
            # 将i添加到队列
            q.put(i)
            time.sleep(1)

# 消费者
def consumer(q):
    print(f'consumer PID: {os.getpid()}')
    while True:
        # 获取队列中的内容
        i = q.get()
        print(f'获取生产者进程产生的内容:{i}')

if __name__ == "__main__":
```

```
q = Queue()
p = Process(target=producer, args=(q,))
c = Process(target=consumer, args=(q,))
# 产生数据
p.start()
# 消费数据
c.start()
# 主进程挂起，等待子进程 producer
p.join()
# 子进程 consumer 是死循环，无法等待其运行结束，只可强行终止其运行
c.terminate()
```

上述代码创建了 producer 方法与 consumer 方法，producer 方法负责产生数据，具体而言就是读取文件中的数据并通过 put 方法将数据添加到队列中；而 consumer 方法负责消费数据，具体而言就是通过 get 方法获取队列中的数据。

在程序入口实例化 Queue 类，创建队列并将队列作为参数传入不同的进程中；然后实例化 Process 类创建进程，将进程要执行的方法赋值给 target 参数；最终通过队列，实现生产者进程与消费者进程这两个车间之间的通信。

因为消费者进程使用 while True 构建了死循环，程序会一直运行，所以只可通过 terminate 方法以强制结束进程的形式来停止程序的运行。

扩展内容

本节的代码中多次出现了 if __name__ == '__main__'，这段代码有什么作用与含义呢？

每个程序都会有一个逻辑入口，if __name__ == '__main__' 即表示当前 Python 程序的逻辑入口。Python 本身并没有对此进行规定，使用 if __name__ == '__main__' 只是一种编码习惯。

__name__ 是 Python 中的内置变量，用于表示当前模块的名字，而 Python 中一个 py 类型的文件就可看成模块，每个模块有不同的名字，但模块本身看自己都称为 __main__。

if __name__ == '__main__'表示当前运行的文件是运行主体而不是其他文件引入的模块,因为只有当运行的主体是当前文件本身时,文件看自己的__name__才会是__main__;而当前文件作为其他文件的模块时,当前文件是什么名称,__name__就是什么名称,此时不会满足if __name__ == '__main__'判断,该if判断下的代码逻辑也就不会被执行。

3.4.4 进程池

如果要创建大量的进程,同样可以使用进程池,Python 的 multiprocessing 标准库提供了 Pool 方法来创建进程池。

与线程池类似,进程池会管理好池中的进程,自动将任务分配给闲置的进程。示例代码如下:

```python
from multiprocessing import Pool, cpu_count
import os, time

def worker(name):
    print(f'子进程名：{name}，子进程ID: {os.getpid()}')
    time.sleep(1)

if __name__ == '__main__':
    print(f'主线程ID: {os.getpid()}')
    print('start')
    cpu_num = cpu_count()
    print(f'当前计算机CPU核心数：{cpu_num}')
    p = Pool(cpu_num)  # 创建进程池
    for i in range(10):
        p.apply_async(worker, args=(f'process{i}',))
    p.close()
    p.join()
    print('end')

# 输出
'''
```

```
主线程 ID：83572
start
当前计算机 CPU 核心数：4
子进程名：process0，子进程 ID：83575
子进程名：process1，子进程 ID：83576
子进程名：process2，子进程 ID：83577
子进程名：process3，子进程 ID：83578
子进程名：process4，子进程 ID：83577
子进程名：process5，子进程 ID：83575
子进程名：process6，子进程 ID：83576
子进程名：process7，子进程 ID：83578
子进程名：process8，子进程 ID：83576
子进程名：process9，子进程 ID：83577
end
'''
```

上述代码通过 cpu_count 方法获得了当前计算机中 CPU 的核心数，然后通过 Pool 方法创建进程池，进程的个数就是 CPU 核心的个数。这其实是一种比较高效的方式，如果创建多于 CPU 核心数的进程，那么某些 CPU 核心必然要负责多个进程，此时就要实现进程间的快速切换，虽然进程切换非常迅速，但仍需要花费时间与资源。

进程池创建完后，通过 apply_async 方法将需要执行的方法与对应的参数传入进程池中。apply_async 方法是异步方法，程序不会阻塞在此处，而是继续运行。随后程序调用了 close 方法与 join 方法，join 方法会阻塞主进程直到所有子进程都执行完毕，在调用 join 方法前必须调用 close 方法，该方法将关闭进程池，让进程池不再接收新的任务。

观察程序的运行子进程的 PID 可以发现，Pool 创建了进程池并对其中的多个进程进行反复利用，从而不必多次重复创建，这在一定程度上提高了效率。

本章小结

- 本章介绍了列表、元组、字典、集合等容器类型，并讨论了这些容器类型的特点、用法与差异。

- 本章介绍了 Python 中的错误捕捉与处理，主要介绍了 try…except…语句。
- 在 Python 中，一切皆对象，而类是自定义对象的方法，通过类的继承与多态，我们可以使用更加简单的代码编写出更为复杂的程序。
- Python 提供了多线程与多进程的支持，使用好两者均可以提高程序的运行效率。
- 使用多线程时要考虑冲突情况，使用多进程时要考虑进程间的通信问题。

第 4 章
Excel 表格自动化

在前面的章节中，我们系统地学习了 Python 的主要内容，具备了利用 Python 编写简单程序的能力。

从本章开始，我们将聚焦于把学到的知识应用于具体情境中，将重复的工作交给计算机，让它来帮助我们快速处理这些重复内容，提高自己的工作效率。

本章主要讨论如何利用 Python 来实现 Excel 表格的自动化操作。

在日常工作中，我们常常与 Excel 表格打交道，使用它来处理各种数据，但渐渐地会发现，我们总是在使用 Excel 表格处理类似的工作，这些工作占据了我们大量时间，因此，是时候尝试让 Excel 自动处理重复的工作了。

本章将使用多个 Python 第三方库，所以我们需要提前通过 pip3 来进行安装。安装 Python 第三方库的命令如下：

```
pip3 install xlrd
pip3 install xlwt
pip3 install xlutils
pip3 install openpyxl
pip3 install pandas
```

这些第三方库的主要功能是对 Excel 表格进行不同的操作，其中会涉及一些重叠的功能，如多个第三方库都有对 Excel 工作簿进行读写的功能。之所以要介绍多个第三方库，主要原因在于不同第三方库的设计理念有所不同，因此不同的第三方库有其相应的特性与缺陷，只有多个第三方库配合使用，互补各自的缺陷，我们才可以完美地控制 Excel 表格。

为了避免歧义，下面使用 Excel 表示 Excel 软件本身，使用工作簿表示 Excel 文件，使用工作表表示 Excel 文件中的表格。

4.1 读写 Excel 数据

首先，我们来学习 xlrd 与 xlwt 这两个 Python 第三方库。

xlrd 的主要作用是读取工作簿中的数据，而 xlwt 的主要作用是将数据写入工作簿中。

工作簿具有两种格式，如图 4.1 所示，分别是以 *.xls 为扩展名结尾的格式，以及以 *.xlsx 为扩展名结尾的格式，两种格式有本质的区别。

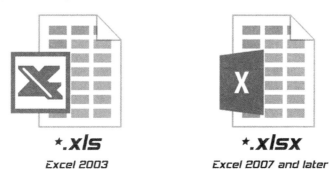

图 4.1

*.xls 是 2003 版工作簿使用的格式，它是一种具有特定规律的二进制格式文件，其核心结构是 2003 版 Excel 特有的复合文档类型结构；而 *.xlsx 是 2007 版及以后版本工作簿默认使用的格式，其核心结构是 XML 数据结构。相对于 *.xls，*.xlsx 的核心结构更加清晰，压缩后占用的空间更小。

此外，*.xls 与 *.xlsx 的另一个重要差异在于 *.xls 类型文件最多可写入 65 535 行、256 列的数据量，而 *.xlsx 类型文件最多可写入 1 048 576 行、16 384 列的数据量（当存储的数据大于工作簿存储极限时，就可以考虑使用数据库来存储数据，如 MySQL 数据库）。

无论是 *.xls 类型的工作簿还是 *.xlsx 类型的工作簿，xlrd 都可以读取，但 xlwt 只能将数据写入 *.xls 类型的工作簿中，这一点需要注意。

4.1.1　使用 xlrd 读取工作簿数据

通过 pip3 安装 xlrd 后，即可使用，代码如下：

```
import xlrd # 导入 xlrd
people = xlrd.open_workbook('people.xlsx') # 读取名为 people 的工作簿
```

上述代码中，将 people.xlsx 文件的具体路径作为 xlrd.open_workbook 方法的参数，从而将工作簿导入计算机内存中。因为 people.xlsx 文件与代码文件在相同目录，所以可以直接使用文件名（这其实是当前文件相对路径的写法）。

一个工作簿至少由一个工作表组成，读入工作簿后，还需要选择要处理的工作表。选择工作表的方式有多种，代码如下：

```
sheet = people.sheets()[0] # 选择所有工作表中的第一个
sheet = people.sheet_by_index(0) # 同样是选择所有工作表中的第一个
sheet = people.sheet_by_name('Sheet1') # 选择名为 Sheet1 的工作表
```

通过上述代码操作如图 4.2 所示的 people 工作簿，代码中的 3 种选择工作表的方式都会选中名为“Sheet1”的工作表。

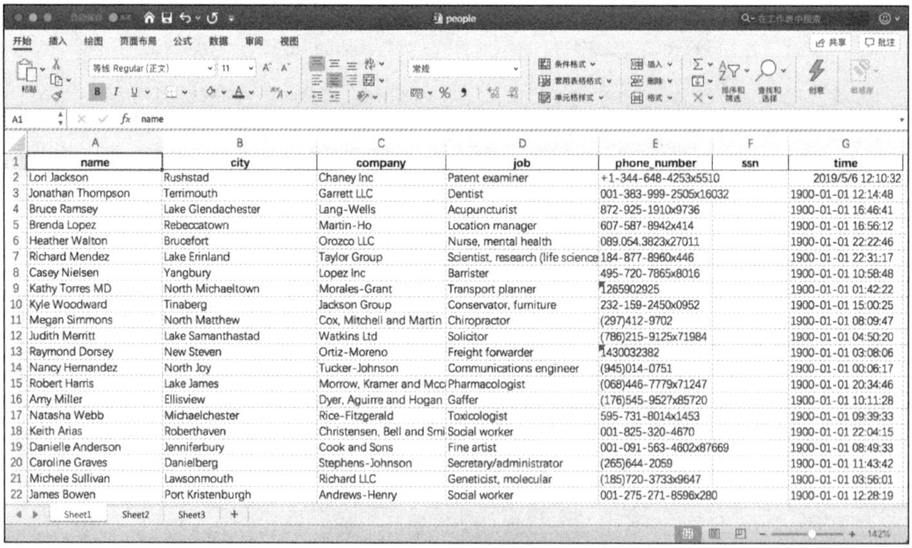

	A	B	C	D	E	F	G
1	name	city	company	job	phone_number	ssn	time
2	Lori Jackson	Rushstad	Chaney Inc	Patent examiner	+1-344-648-4253x5510		2019/5/6 12:10:32
3	Jonathan Thompson	Terrimouth	Garrett LLC	Dentist	001-383-999-2505x16032		1900-01-01 12:14:48
4	Bruce Ramsey	Lake Glendachester	Lang-Wells	Acupuncturist	872-925-1910x9736		1900-01-01 16:46:41
5	Brenda Lopez	Rebeccatown	Martin-Ho	Location manager	607-587-8942x414		1900-01-01 16:56:12
6	Heather Walton	Brucefort	Orozco LLC	Nurse, mental health	089.054.3823x27011		1900-01-01 22:22:46
7	Richard Mendez	Lake Erinland	Taylor Group	Scientist, research (life science	184-877-8960x446		1900-01-01 22:31:17
8	Casey Nielsen	Yangbury	Lopez Inc	Barrister	495-720-7865x8016		1900-01-01 10:58:48
9	Kathy Torres MD	North Michaeltown	Morales-Grant	Transport planner	1265902925		1900-01-01 01:42:22
10	Kyle Woodward	Tinaberg	Jackson Group	Conservator, furniture	232-159-2450x0952		1900-01-01 15:00:25
11	Megan Simmons	North Matthew	Cox, Mitchell and Martin	Chiropractor	(297)412-9702		1900-01-01 08:09:47
12	Judith Merritt	Lake Samanthastad	Watkins Ltd	Solicitor	(786)215-9125x71984		1900-01-01 04:50:20
13	Raymond Dorsey	New Steven	Ortiz-Moreno	Freight forwarder	1430032382		1900-01-01 03:08:06
14	Nancy Hernandez	North Joy	Tucker-Johnson	Communications engineer	(945)014-0751		1900-01-01 00:06:17
15	Robert Harris	Lake James	Morrow, Kramer and Mcc	Pharmacologist	(068)446-7779x71247		1900-01-01 20:34:46
16	Amy Miller	Ellisview	Dyer, Aguirre and Hogan	Gaffer	(176)545-9527x85720		1900-01-01 10:11:28
17	Natasha Webb	Michaelchester	Rice-Fitzgerald	Toxicologist	595-731-8014x1453		1900-01-01 09:39:33
18	Keith Arias	Roberthaven	Christensen, Bell and Smi	Social worker	001-825-320-4670		1900-01-01 22:04:15
19	Danielle Anderson	Jenniferbury	Cook and Sons	Fine artist	001-091-563-4602x87669		1900-01-01 08:49:33
20	Caroline Graves	Danielberg	Stephens-Johnson	Secretary/administrator	(265)644-2059		1900-01-01 11:43:42
21	Michele Sullivan	Lawsonmouth	Richard LLC	Geneticist, molecular	(185)720-3733x9647		1900-01-01 03:56:01
22	James Bowen	Port Kristenburgh	Andrews-Henry	Social worker	001-275-271-8596x280		1900-01-01 12:28:19

图 4.2

在图 4.2 中，people 工作簿中的数据都由 Python 第三方库 Faker 生成，它可以根据使用条件随机生成虚假的数据，这里利用这些生成数据来演示 Python 自动化操作工作表。

我们知道，一个工作簿至少由一个工作表构成，而一个工作表由多个单元格构成，单元格中存放具体的数据。工作表中的每个单元格都可以通过"行号+列号"的方式定位，在 Python 中，通常也通过"行号+列号"的方式来获取相应位置的单元格中的信息。示例代码如下：

```
# sheet.cell_value(row,col)
sheet.cell_value(1,0) # 获取 'Lori Jackson'
sheet.cell_value(0,1) # 获取 'city'
```

上述代码中，通过 cell 方法将行号与列号传入，可以获取对应位置单元格中的信息。需要注意，在通过 xlrd 操作工作表获取单元格信息时，单元格的行号与列号都以 0 作为起始值，而工作表中以 1 作为起始值。

简单总结，使用 xlrd 读取工作簿中的数据可以分成以下 3 步。

（1）使用 xlrd.open_workbook 方法载入工作簿。

（2）使用 sheet_by_index 等方法选取工作簿中的某个工作表。

（3）使用 cell_value 方法获取工作表中某个单元格中的信息。

如果想要批量读取单元格中的信息，那么必然需要使用循环语句。在使用循环语句前，可能需要获取如下信息：

```
sheets_num = book.nsheets # 获取工作簿中工作表数目
sheets_names = book.sheet_names() # 获取工作簿中工作表名称列表

nrows = sheet.nrows # 获取工作表中有值单元格的行数
ncols = sheet.ncols # 获取工作表中有值单元格的列数
```

通过上述代码获取的数据，可以使用循环语句将整个工作簿中的所有工作表中的所有数据读取出来。

```
# 获取工作簿中所有的工作表
sheets = book.sheets()
```

```
for sheet in sheets:
    nrows = sheet.nrows  # 获取工作表中有值单元格的行数
    ncols = sheet.ncols  # 获取工作表中有值单元格的列数
    for row in nrows:
        for col in ncols:
            # 输出单元格中的内容
            print(sheet.cell_value(row,col))
```

仔细观察图 4.2，可以发现工作簿中的 time 列记录了日期，可以通过以下代码获取 time 列中前两个日期数据：

```
time_value1 = sheet.cell_value(1, 6)  # 43591.507314814815
time_value2 = sheet.cell_value(2, 6)  # 1900-01-01 12:14:48
```

其中，time_value1 变量的值并不是工作簿中显示的"2019/5/6 12:10:32"，而 time_value2 变量却获取了正确的值。这是因为 time_value1 变量对应的单元格中的数据是工作簿中的日期类型，而 time_value2 变量对应单元格中的数据是日期，同时也属于工作簿中的字符串类型。

因为 Python 中没有与工作簿中日期类型对应的数据类型，所以 cell_value 方法会将日期类型根据相应的规则转为浮点型。

如果想要获取工作簿中原始的日期值，可以使用 xlrd.xldate_as_tuple 方法或者 xlrd.xldate_as_datetime 方法。示例代码如下：

```
# 将读入的日期数据转为元组的形式
time_tuple = xlrd.xldate_as_tuple(time_value1, 0)  # (2019, 5, 6, 12, 10, 32)

# 将日期数据转为 datetime 对象
time_datetime = xlrd.xldate_as_datetime(time_value1, 0)
# 将 datetime 对象格式化为对应的字符串
time_str = time_datetime.strftime('%Y-%m-%d %H:%M:%S')  # 2019-05-06 12:10:32
```

其中，xlrd.xldate_as_tuple 方法可以将工作簿中对应的日期从浮点型转换为元组，在转换成元组后将获取正常的日期值，接着就可以自行将其转为日期字符串。

类似地，xlrd.xldate_as_datetime 方法会将工作簿中对应的日期从浮点型转为 datetime 对象，在获取 datetime 对象后，可以通过 strftime 方法将 datetime 对象转换为日期格式字符串。

xlrd.xldate_as_tuple 方法与 xlrd.xldate_as_datetime 方法本质上是通过读取日期数据计算出可用的日期数据，它们都针对于工作簿中的日期格式。如果工作簿中日期本身就是字符串型，那么则无法使用这两个方法。

需要注意的是，xlrd.xldate_as_tuple 方法与 xlrd.xldate_as_datetime 方法中的第二个参数可以取 0 或 1。当取 0 时，这两个方法会以 1900-01-01 为基准日期将当前获取的浮点型日期转为当前日期；当取 1 时，这两个方法会以 1904-01-01 为基准日期将当前获取的浮点型日期转为当前日期。

通过代码进行简单对比，代码如下：

```
time_datetime1 = xlrd.xldate_as_datetime(time_value1, 0) # 2019-05-06 12:10:32
time_datetime2 = xlrd.xldate_as_datetime(time_value1, 1) # 2023-05-07 12:10:32
```

可以发现，time_datetime2 比 time_datetime1 多了 4 年。

4.1.2 使用 xlwt 将数据写入工作簿

了解了 xlrd 第三方库如何读取工作簿数据后，本节学习 xlwt 第三方库的使用。

首先，创建空白的 *.xls 类型工作簿，代码如下：

```
# 创建*.xls 类型文件对象
people = xlwt.Workbook()
```

一个工作簿至少要有一个工作表，所以还需要新建一个工作表，代码如下：

```
# 新建名为 Sheet1 的工作表
sheet = people.add_sheet('Sheet1')
```

然后，将数据写入工作表中的某个单元格，同样以行号与列号的方式定位具体的单元格，随后将数据写入对应单元格即可，代码如下：

```
# 写入数据到第一行第一列的单元格
# 按 (row, col, value) 的方式添加数据
sheet.write(0,0,'二两')
```

最后将写入了数据的新工作簿保存到硬盘中，代码如下：

```
# 保存工作簿
people.save('people2.xls')
```

效果如图 4.3 所示。

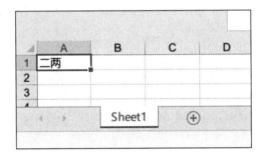

图 4.3

总结一下，xlwt 将数据写入新工作簿需要 4 步。

（1）实例化 xlwt.Workbook 类，创建新工作簿。

（2）使用 add_sheet 方法创建新工作表。

（3）使用 write 方法将数据写入单元格。

（4）使用 save 方法保存工作簿。

xlwt 只支持*.xls 格式的工作簿，如果在使用 save 方法时，将工作簿存为*.xlsx 格式，程序在运行过程中并不会报错，但保存的*.xlsx 格式的工作簿将无法通过 Excel 打开，会出现如图 4.4 所示的警告提示。

第 4 章 Excel 表格自动化

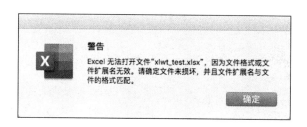

图 4.4

此外,还需要注意 xlwt 不允许对相同的单元格进行重复赋值。示例代码如下:

```
# 重复对相同单元格赋值,程序报错崩溃
sheet.write(0,0,'二两')
sheet.write(0,0,'三两')
```

4.1.3 使用 xlutils 修改工作簿数据

使用 xlrd 可以读取工作簿中的数据,使用 xlwt 可以将数据写入新的工作簿中。如果想修改工作簿中的数据,该如何做呢?

只靠 xlrd 与 xlwt 修改工作簿中的数据,其过程会很复杂,需要通过 xlrd 获取工作簿中所有的数据,然后通过 xlwt 建立新的工作簿,再将 xlrd 读取的数据写入,在写入的过程中修改数据。

之所以如此复杂,原因是 xlrd 只能读数据,而 xlwt 只能写数据,两者之间缺乏一个"桥梁"进行数据沟通,而 xlutils 可以"优雅"地解决这个问题。

xlutils 依赖于 xlrd 与 xlwt,它最常用的功能就是将 xlrd 的 Book 对象复制成 xlwt 的 Workbook 对象,从而实现 xlrd 与 xlwt 之间的数据流通,它起到了"桥梁"的作用。

我们只需要调用 xlutils.copy 下的 copy 方法就可以实现将 xlrd 的 Book 对象复制成 xlwt 的 Workbook 对象的目的,操作非常简单。

下面演示如何通过 xlutils 实现对工作簿的修改,代码如下:

```
import xlrd
from xlutils.copy import copy
```

```python
# 读入数据，获取 Book 对象
rd_book = xlrd.open_workbook('xlutils_test.xlsx')
# 获取工作簿中第一个工作表，方便后续操作
rd_sheet = rd_book.sheets()[0]
# 复制 Book 对象为 Workbook 对象
wt_book = copy(rd_book)
# 从 Workbook 对象中获取 Sheet 对象
wt_sheet = wt_book.get_sheet(0)
# 循环处理每一行第一列数据，修改其中的内容
for row in range(rd_sheet.nrows):
    wt_sheet.write(row, 0, '修改内容')
wt_book.save('xlutils_test_copy.xls')
```

首先，上述代码通过 xlrd 的 open_workbook 方法读取工作簿，获取 Book 对象，为了方便后续操作，代码从 Book 对象中获取相应的工作表；其次，调用 xlutils.copy 中的 copy 方法，将 Book 对象复制并转换为 xlwt 的 Workbook 对象，并通过 get_sheet 方法获取对应的 Sheet 对象，方便对读入数据进行处理；接着通过 rd_sheet.nrows 方法获取该工作表中对应的行数并使用 for 循环逐个处理，将每一行第一列的内容修改为"修改内容"；最后使用 save 方法将修改后的内容持久地保存起来，效果如图 4.5 所示。

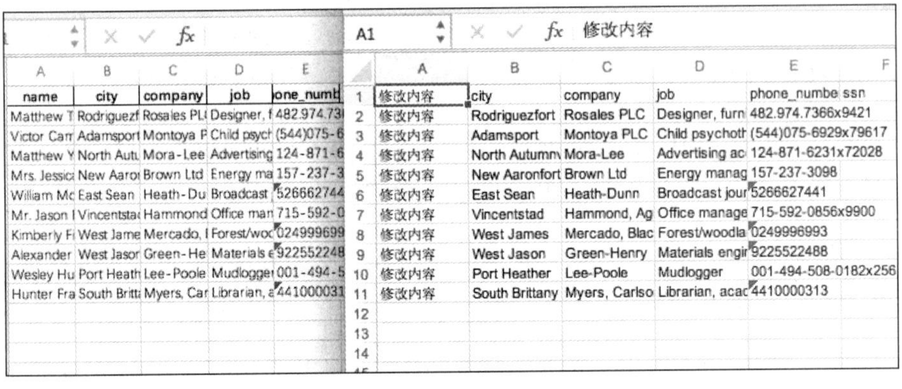

图 4.5

仔细观察图 4.5 可知，虽然利用了 xlutils.copy 中的 copy 方法进行复制，但原工作表中的样式并没有在新表中体现，主要表现在工作表的第一行。如果想连样式都一起复制，则需要将 formatting_info 参数设置为 True，代码如下：

```
rd_book = xlrd.open_workbook('xls 文件',formatting_info=True)
```

需要注意的是，xlutils 基于 xlrd 与 xlwt，如果复制工作簿时想要复制样式，工作簿文件类型需要为*.xls，这是因为 xlwt 只能写入*.xls 类型的工作簿，如果 xlrd 读入的是*.xlsx 类型的工作簿，那么在写入时，*.xlsx 类型中记录的各种样式则无法很好地展现在*.xls 类型文件中。

4.2 操作大型工作簿

我们有时需要处理大型工作簿，通过 Excel 打开大型工作簿容易出现"卡顿"、闪退的情况。程序也不例外，如果让程序直接读取大型工作簿中的数据，读取程序本身的运行也会变得缓慢、"卡顿"。

本节将介绍 openpyxl 第三方库的基本用法，并介绍如何通过 openpyxl "优雅"地处理大型工作簿文件。

openpyxl 相较于 xlrd、xlwt，有更丰富的功能，通过 openpyxl 可以对工作簿进行读写及修改操作。此外，openpyxl 同时支持*.xls 与*.xlsx 格式的工作簿，不用再考虑格式问题。openpyxl 唯一的劣势就是对 Excel 中的 VBA（Visual Basic for Applications）支持并不友好，但掌握了本章所有内容后，你将不再需要使用 VBA。

VBA 是微软公司开发的一种编程语言，其主要目的是增强 Microsoft Office 系列软件的自动化功能，软件使用者可以通过 VBA 让 Excel、Word 等办公软件自动化处理简单的任务，但 VBA 远没有 Python 强大和易用。

4.2.1 使用 openpyxl 读取工作簿数据

要读取工作簿数据，首先应载入工作簿并选择对应的工作表，这里依旧使用 people

工作簿，如图 4.2 所示。示例代码如下：

```python
# 打开已有的 *.xlsx 文件
wb = openpyxl.load_workbook('people.xlsx')
# 选择第一个工作表
ws = wb.worksheets[0]
# 获取第 3 行第 2 列的值
ws.cell(row=3, column=2).value # Terrimouth
```

需要注意，openpyxl 与 xlrd、xlwt 不同，cell 方法中的 row、column 参数从 1 开始，即工作表中的行号、列号与 Excel 工作表一样，都以 1 作为起始坐标，而 xlrd、xlwt 却以 0 作为起始坐标。

在 openpyxl 中，获取工作表的其他数据同样非常简单，代码如下：

```python
wb = openpyxl.load_workbook('people2.xlsx')
ws = wb.worksheets[0]
# 返回 sheet 中有数据的最大行数
print('最大行数: ',ws.max_row)
# 返回 sheet 中有数据的最小行数
print('最小行数: ',ws.min_row)
# 返回 sheet 中有数据的最大列数
print('最大列数:',ws.max_column)
# 返回 sheet 中有数据的最小列数
print('最小列数:',ws.min_column)
```

openpyxl 提供了相应的方法让循环处理工作表的代码变得更加简单，代码如下：

```python
wb = openpyxl.load_workbook('people2.xlsx')
ws = wb.worksheets[0]
# 遍历工作表中的部分区域
for col in ws.iter_cols(min_col=3, max_col=5, max_row=2,
 values_only=True):
    print(col) # 输出数据
```

在循环处理工作表时，如果需要获取单元格中的值，可以利用 iter_cols 方法并将其中的 values_only 参数设置为 True。

iter_cols 方法中还使用了除 values_only 外的多个参数，其中 min_col、max_col 用于控制循环的列。注意，min_col 从 1 开始计数，不是从 0 开始，min_col=3 及 max_col=5 表示处理 C~E 列的数据。min_row 与 max_row 用于控制循环的行，min_row 默认从 1 开始，这里只使用了 max_row=2，即从第 2 行开始处理。

此外，openpyxl 中直接通过 ws.values 属性也可以轻松获取整个工作表中的值。示例代码如下：

```python
# 获取工作表中所有的行的值，只读模式下不可用
all_values = ws.values  # 返回一个生成器对象
print(type(all_values))
for i, value in enumerate(all_values):
    print(value)
    if i == 3:
        break
```

ws.values 会返回一个生成器，这里通过 for 循环的形式获取其中的值。此外，代码中还使用了 enumerate 方法，该方法会向当次循环值返回对应的下标，如在第一次 for 循环时，enumerate 方法会返回 0，此时变量 i 的值就为 0。

4.2.2 使用 openpyxl 将数据写入工作簿

openpyxl 除可以创建新工作簿来写数据外，还可以修改已存在的工作簿，该过程不再需要使用 xlutils。

首先，可以通过实例化 openpyxl.Workbook 类来创建新的工作簿对象，然后，通过 create_sheet 方法创建新工作表，最后即可向其中添加数据。示例代码如下：

```python
# 创建工作簿对象
wb = openpyxl.Workbook()
# wb.active 默认返回第一个工作表
ws = wb.active
# 第一个工作表的名称
print('ws title:', ws.title) # Sheet
# 创建一个新的worksheet
```

```
ws2 = wb.create_sheet("NewTitle", 1)
# 修改 Title
ws2.title = 'MySheet'
# 添加内容
ws2.cell(row=2, column=2).value = '二两'
# 保存
wb.save('test.xlsx')
```

上述代码中,首先,通过 wb.active 方法获取待操作的工作表,该方法默认会返回第一个工作表,随后输出第一个工作表的名称。

接着,调用 wb.create_sheet 方法,并创建一个名为 NewTitle 的新工作表,其中参数 1 表示新创建的工作表排在所有工作表中的第二位,然后,修改该工作表的标题并添加新的内容,最后将工作簿保存到本地,效果如图 4.6 所示。

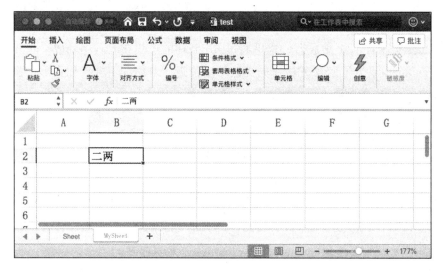

图 4.6

如果想修改已存在的工作簿,只需将创建工作簿的 openpyxl.Workbook 方法替换为 openpyxl.load_workbook 方法即可,其余部分的代码不需要修改,代码如下:

```
wb = openpyxl.load_workbook('people.xlsx')
ws = wb.active
# 修改 A2～C3 区域的值
```

```
for row in ws['A2':'C3']:
    for cell in row:
        cell.value='new value'
```

扩展内容

Python 中的第三方库是他人写的代码,只要是代码,就是可以被浏览和阅读的。为了深入理解 wb.active,我们列出源代码,相关代码如下:

```
@property
def active(self):
    try:
        return self._sheets[self._active_sheet_index]
    except IndexError:
        pass


@active.setter
def active(self, value):
    """Set the active sheet"""
    if not isinstance(value, (_WorkbookChild, INTEGER_TYPES)):
        raise TypeError("Value must be either a worksheet, chartsheet or
            numerical index")
    if isinstance(value, INTEGER_TYPES):
        self._active_sheet_index = value
        return
    if value not in self._sheets:
        raise ValueError("Worksheet is not in the workbook")
    if value.sheet_state != "visible":
        raise ValueError("Only visible sheets can be made active")

    idx = self._sheets.index(value)
    self._active_sheet_index = idx
```

从上述代码中可以看出，active 其实就是一个方法，但由于被@property 与@active.setter 两个装饰器包裹，它变成类的"属性"。

在 Python 中，可以通过@property 与@active.setter 装饰器将类中任意方法修改成类似于类"属性"的形式。

4.2.3 修改工作簿中的单元格样式

openpyxl 可以修改工作表中单元格的样式，相关的方法都在 openpyxl.styles 中，主要分为以下几部分。

（1）Font：修改字体、字体大小、字体颜色、字体样式等。

（2）PatternFill：填充图案、渐变色等。

（3）Border：调整单元格边框等。

（4）Alignment：单元格对齐方式等。

首先创建一个新的工作簿与工作表，并向其中写入一些内容，代码如下：

```python
import openpyxl

# 创建工作簿对象
wb = openpyxl.Workbook()
ws = wb.active
rows = [
    ['ID', 'name', 'age'],
    [1, '张三', 28],
    [2, '李四', 25],
    [3, '王五', 40],
    [4, '赵六', 23]
]
for row in rows:
    # 添加多行
    ws.append(row)
```

上述代码中，通过 append 方法将数据作为工作表中新的一行添加到了该工作表中。下面尝试通过 openpyxl 修改工作表中数据的样式。

首先，通过 Font 修改单元格中数据的字体，代码如下：

```
from openpyxl.styles import Font, colors

# 字体设为微软雅黑，字体大小 25，斜体，红色
font = Font(name='微软雅黑', size=25, italic=True, color=colors.RED, bold=True)
# 设置对应单元格的字体样式
ws['A1'].font = font
```

上述代码实例化 Font 类，其中 name 参数指定字体类型，size 参数指定字体大小，italic 参数将字体设置为斜体，color 参数指定字体颜色。

接着，通过 PatternFill 修改单元格背景填充色，代码如下：

```
from openpyxl.styles import PatternFill
# 填充样式，将单元格背景色填充为绿色
fill = PatternFill(fill_type = 'solid',start_color= colors.GREEN)
ws['B1'].fill = fill
```

上述代码实例化 PatternFill 类，其中 fill_type 参数指定填充样式类型，start_color 参数设置背景颜色。

然后，通过 Border 设置单元格边框样式，代码如下：

```
from openpyxl.styles import Border,Side
# 边框样式
border = Border(
    left=Side(border_style='double', color='FFBB00'),
    right=Side(border_style='double', color='FFBB00'),
    top=Side(border_style='double', color='FFBB00'),
    bottom=Side(border_style='double', color='FFBB00')
)
ws['C1'].border = border
```

上述代码实例化 Border 类，其中 left、right、top、bottom 等参数用于指定单元格左、右、上、下边框的样式，并将 Side 实例作为参数的值。其中，border_style 用于指定边框样式，double 表示双横线；color 用于指定边框线的颜色。

最后，通过 Alignment 设置单元格内容对齐方式，代码如下：

```python
from openpyxl.styles import Alignment
# 单元格内容对齐
align = Alignment(horizontal='left',vertical='center',wrap_text=True)
ws['D1'].alignment = align
```

上述代码实例化 Alignment 类，其中 horizontal 参数设置单元格内容水平方向对齐方式，vertical 参数设置单元格内容垂直方向对齐方式，wrap_text 参数设置单元格内容是否自动换行。

如果想修改单元格大小，可以通过 openpyxl 设置单元格的行高与列宽，代码如下：

```python
# 第 3 行行高修改为 40
ws.row_dimensions[3].height = 40
# A 列列宽修改为 30
ws.column_dimensions['A'].width = 30
```

在 openpyxl 中合并单元格也非常简单，使用 merge_cells 方法将要合并的区域传入即可，代码如下：

```python
# 合并一行中的几个单元格
ws.merge_cells('A7:C7')
# 合并一个矩形区域中的单元格
ws.merge_cells('A9:C13')
ws['A9'] = '合并单元格'
```

整合本节中的所有代码，将其运行并将结果保存到本地，效果如图 4.7 所示。

openpyxl 还支持很多样式，由于篇幅有限，本节无法介绍所有样式的使用方法，更多样式可以参考与 openpyxl 样式相关的文档。

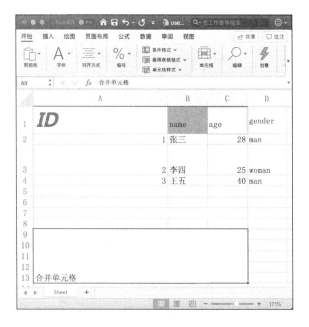

图 4.7

4.2.4　使用 openpyxl 操作大型工作簿

当要处理大型工作簿时，直接将整个工作簿载入程序的操作是不合理的，数据量过大会占用过多内存，从而影响程序本身的运行速度，导致程序出现"卡顿"、闪退等情况。

为了读取大型工作簿中的数据或将大量数据写入工作簿，需要使用 openpyxl 的 read_only 模式与 write_only 模式。

在 read_only 模式下，openpyxl 可以使用恒定的内存来处理无限的数据，其原理就是先处理一部分数据，处理完后，释放占用的内存，然后继续读入部分数据进行处理。这种方式可以快速读取大型工作簿中的数据。但需要注意，在该模式下，不允许对工作表进行写操作。

使用 openpyxl 的 read_only 模式非常简单，只需在使用 load_workbook 方法时将 read_only 参数设置为 True 即可，代码如下：

```python
from openpyxl import load_workbook

# 在 read_only 模式下载入大型工作簿 big.xlsx
wb = load_workbook(filename='big.xlsx', read_only=True)
# 选择 big_sheet 工作表
ws = wb['big_sheet']

for row in ws.rows: # 遍历工作表中的行
    for cell in row: # 遍历每行中的每一列
        print(cell.value)
```

在 write_only 模式下,openpyxl 也是通过类似的原理将大量数据分批写入工作簿中的。不同之处在于,该模式下不允许对工作表进行读操作。

使用 write_only 模式只需要在实例化 Workbook 类时,将 write_only 参数设置为 True 即可,代码如下:

```python
from openpyxl import Workbook
from openpyxl.cell import WriteOnlyCell
from openpyxl.comments import Comment
from openpyxl.styles import Font

# write_only 设置为 True
wb = Workbook(write_only=True)
# write_only 模式下不会包含任何工作表,需要使用 create_sheet 方法自行创建
ws = wb.create_sheet()
# write_only 模式下,单元格想要具有样式,就只能使用 WriteOnlyCell 创建单元格
cell = WriteOnlyCell(ws, value='write_only 状态写入的内容')
# 为单元格设置字体样式
cell.font = Font(name='微软雅黑', size=36)
# 插入 Excel 批注
cell.comment = Comment(text='这是一个批注', author='二两')
# write_only 模式下只能使用 append 方法添加数据
ws.append([cell, 2.333, None])
# 保存
wb.save('write_only.xlsx')
```

在 write_only 模式下，创建单元格需要使用 WriteOnlyCell 方法，使用该方法创建的单元格依旧可以设置相应的样式。此外，在 write_only 模式下，不可在任意位置使用 cell 或 iter_rows 方法，在添加数据时只能使用 append 方法。

4.2.5 使用 openpyxl 实现 Excel 日历

利用 openpyxl 实现一个日历可以很好地将前面介绍的内容融会贯通。表面上看，实现一个 Excel 日历似乎与日常工作时操作工作表没有太大关系，但其实两者本质是相同的，都通过相同的步骤实现对 Excel 数据的读取、样式的修改和数据的写入。

Excel 日历最终效果如图 4.8 所示。

图 4.8

观察图 4.8，Excel 日历分为 3 大部分，分别是粗体的年月文字、日历内容及 Python 图标的图片。

可以使用 calendar 内置库来获取日历数据，代码如下：

```
import calendar

# 指定一周的第一天，0 是星期一（默认值），6 是星期天
calendar.setfirstweekday(firstweekday=6)

year = 2020
# 循环月份
for i in range(1, 13):
    # 每月中的每一行，一行表示一周
    for j in range(len(calendar.monthcalendar(year, i))):
        # 每一天
        for k in range(len(calendar.monthcalendar(year, i)[j])):
            # 具体的日期
            value = calendar.monthcalendar(year, i)[j][k]
```

因为 calendar 是内置库，所以不需要额外安装，直接通过 import 引入即可。随后调用 calendar.setfirstweekday 方法设置一周中的第一天，出于历史原因，通常将星期日作为一周的第一天。接着使用 3 层 for 循环获取具体的日期，第一层循环表示获取 1~12 月的所有日期，calendar.monthcalendar 方法会返回一个月的日历矩阵，其中每一行表示当前月中的某一周。在上述代码中，使用双层循环获取日历矩阵中具体的日期。

openpyxl 只需将获取的日历数据写入工作表对应的位置即可，代码如下：

```
import openpyxl
from openpyxl.styles import Alignment, PatternFill, Font
import calendar

calendar.setfirstweekday(firstweekday=0)
# 创建工作簿
wb = openpyxl.Workbook()
year = 2020
for i in range(1, 13):  # 1,2,.. 12
    # 添加工作表，每个月份对应一个工作表
```

```python
        sheet = wb.create_sheet(index=0, title=str(i) + '月')
        for j in range(len(calendar.monthcalendar(year, i))):
            for k in range(len(calendar.monthcalendar(year, i)[j])):
                value = calendar.monthcalendar(year, i)[j][k]  # 日期数据
                if value == 0:
                    value = ''  # 将0值变为空值，没有日期的单元格填空值
                    sheet.cell(row=j + 9, column=k + 1).value = value
                else:
                    # 将日期数据添加到具体的单元格中
                    sheet.cell(row=j + 9, column=k + 1).value = value
                    # 设置字体
                    sheet.cell(row=j + 9, column=k + 1).font = Font(u'微软雅黑',
                      size=11)
```

上述代码的第一层 for 循环中，通过调用 create_sheet 方法为每个月份都创建了一个对应的工作表，因为 index 参数设置为 0，所以新创建的工作表总是排在第一位。

为了美观，使用与 openpyxl 样式相关的功能修改单元格中文字的位置，以及设置单元格填充色，代码如下：

```python
import openpyxl
from openpyxl.styles import Alignment, PatternFill, Font

for i in range(1, 13):
    sheet = wb.create_sheet(index=0, title=str(i) + '月')
    for j in range(len(calendar.monthcalendar(year, i))):
        for k in range(len(calendar.monthcalendar(year, i)[j])):
            # 此处省略无关代码

    # 单元格文字设置,右对齐,垂直居中
    align = Alignment(horizontal='right', vertical='center')
    # 单元格填充色属性设置
    fill = PatternFill("solid", fgColor="99CCCC")
    # 对单元格进行颜色填充
    for k1 in range(1, 50):
        for k2 in range(1, 50):
            sheet.cell(row=k1, column=k2).fill = fill
```

上述代码使用 Alignment 类设置单元格文字对齐方式，使用 PatternFill 类设置单元格填充样式与具体的填充色。读者如仍有疑惑，可再次阅读 4.2.3 节的内容。

除具体日期外，还需要标注日期对应着星期几，代码如下：

```python
import openpyxl
from openpyxl.styles import Alignment, PatternFill, Font

for i in range(1, 13):
    sheet = wb.create_sheet(index=0, title=str(i) + '月')
    for j in range(len(calendar.monthcalendar(year, i))):
        for k in range(len(calendar.monthcalendar(year, i)[j])):

            # 此处省略无关代码

    # 星期日开头，符合 calendar.setfirstweekday(firstweekday=6) 设置
    days = ['星期日', '星期一', '星期二', '星期三', '星期四', '星期五', '星期六']
    num = 0
    # 添加星期几相关信息
    for k3 in range(1, 8):
        sheet.cell(row=8, column=k3).value = days[num]
        # 设置样式
        sheet.cell(row=8, column=k3).alignment = align
        sheet.cell(row=8, column=k3).font = Font(u'微软雅黑', size=11)
        # 设置列宽 12
        c_char = get_column_letter(k3)
        sheet.column_dimensions[c_char].width = 12
        num += 1
    # 将日历所在单元格的行高都修改为 30
    for k4 in range(8, 14):
        sheet.row_dimensions[k4].height = 30
```

在上述代码中，将 days 列表中的内容写入对应的单元格，days 列表中内容的顺序与 calendar.setfirstweekday 方法设置的一周中的第一天要对应。

为了将图片插入工作表中，需要使用 openpyxl 库中的 Image 类。该类依赖 Pillow 图像处理库，所以在使用前需要通过 pip3 安装 Pillow 第三方库，安装命令如下：

```
pip3 install Pillow
```

安装完后，使用也非常简单，只需将图片所在路径传入 Image 类即可，代码如下：

```python
from openpyxl.drawing.image import Image

for i in range(1, 13):
    sheet = wb.create_sheet(index=0, title=str(i) + '月')
    for j in range(len(calendar.monthcalendar(year, i))):
        for k in range(len(calendar.monthcalendar(year, i)[j])):

            # 此处省略无关代码

    # 合并单元格
    sheet.merge_cells('I1:P20')
    # 添加图片
    img = Image('1.png')
    # 设置图片大小
    newsize = (200, 200)
    img.width, img.height = newsize
    # 与顶部有些距离，好看一些，顶部为I1
    sheet.add_image(img, 'I2')
```

至此，日历内容部分与图片部分就完成了，最后将年月文字添加到工作表中，代码如下：

```python
for i in range(1, 13):
    sheet = wb.create_sheet(index=0, title=str(i) + '月')
    for j in range(len(calendar.monthcalendar(year, i))):
        for k in range(len(calendar.monthcalendar(year, i)[j])):

            # 此处省略无关代码

    # 添加年份及月份
    sheet.cell(row=3, column=1).value = f'{year}年'
    sheet.cell(row=4, column=1).value = str(i) + '月'
    # 设置年份及月份文本样式
    sheet.cell(row=3, column=1).font = Font(u'微软雅黑', size=16, bold=True,
      color='FF7887')
```

```
sheet.cell(row=4, column=1).font = Font(u'微软雅黑', size=16, bold=True,
    color='FF7887')
# 设置年份及月份文本对齐方式
sheet.cell(row=3, column=1).alignment = align
sheet.cell(row=4, column=1).alignment = align
```

最后，使用 save 方法将工作簿保存到本地，这就完成了 Excel 日历生成代码的编写。

在我们的日常工作中，其实也是利用类似于编写 Excel 日历的步骤来使用 Excel 的。我们只需要掌握循环的使用、样式的变换等技巧，就可以满足任何有关 Excel 的需求。

4.3 代替与超越 Excel

Excel 常用于数据展示与数据分析，但却具有较大的局限性，如无法将多个工作簿中的数据同时进行处理，而必须先将不同工作簿中要处理的数据复制到同一个工作簿中，这个过程非常烦琐。此外，很多常见的需求每次都需要通过多步操作来实现，也没有下次遇到相同需求时直接复用此前操作的功能。

4.3.1 Pandas 概述

通过前面章节的介绍，我们了解了 xlrd、xlwt 与 openpyxl 等第三方库，但这些第三方库依旧无法代替 Excel 在数据处理方面的诸多功能，如对数据进行可视化分析等，而 Pandas 第三方库可以很完美地代替 Excel 完成除单元格样式设置外的所有功能。

Pandas 是 Python 中分析结构化数据的工具集，它基于 NumPy（提供高性能矩阵运算的第三方库），拥有数据挖掘、数据分析和数据清洗等功能，广泛应用于金融、经济、统计等不同领域。

因为 Pandas 在操作 Excel 时，依赖于 xlrd 与 xlwt，所以想要使用 Pandas 操作 Excel，除安装 Pandas 外，还需要安装 xlrd 与 xlwt。

要理解 Pandas，就必须先理解 Series 和 DataFrame。

Series 是一种类似于一维数组的对象，它由一组数据（可支持各种 NumPy 数据类型），以及一组与之相关的数据标签（索引）组成，如图 4.9 所示，图中每一列、每一行都是 Series 对象，类似于工作表中的一行或一列。

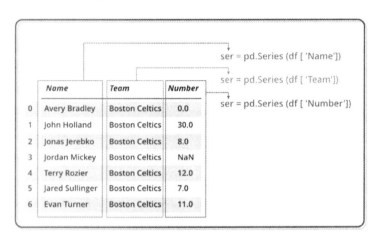

图 4.9

DataFrame 是 Pandas 中的一个表格型的数据结构，由一组有序的列构成，其中每一列都可以是不同的值类型。DataFrame 既有行索引也有列索引，可以看作是由 Series 组成的字典，如图 4.10 所示。DataFrame 类似于工作簿中的一个工作表。

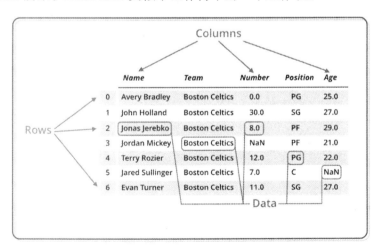

图 4.10

DataFrame 本身就是一种二维数据结构，其行与列都是 Series，多个 Series 可以组成一个 DataFrame，如图 4.11 所示。

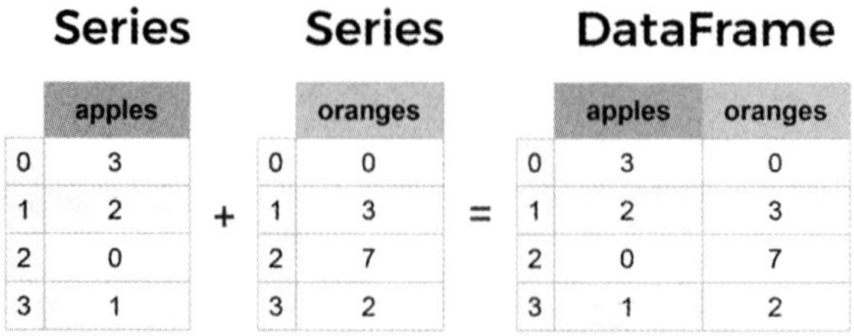

图 4.11

使用 Pandas 创建 Series 与 DataFrame，过程非常简单，首先介绍创建 Series 的方法，代码如下：

```
import pandas as pd
# 实例化 Series 对象
s1 = pd.Series([1,2,3], index=[1,2,3], name='s1')

print(s1) # 输出 Series 对象
print(s1.index) # 输出 Series 对象的索引
print(s1[1]) # 输出 Series 对象中索引为 1 的值

# 输出：
# 1    1
# 2    2
# 3    3
# Name: s1, dtype: int64
# Int64Index([1, 2, 3], dtype='int64')
# 1
```

上述代码中，将列表作为参数传入 pd.Series 即可实例化 Series 对象，通过 index 参数可以指定 Series 对象中元素的索引，通过 name 参数可以指定 Series 对象的名称。

创建 DataFrame 对象同样很简单，代码如下：

```
# 创建 Series 对象
s1 = pd.Series([1, 2, 3], index=[1, 2, 3], name='A')
s2 = pd.Series([10, 20, 30], index=[1, 2, 3], name='B')
```

```
s3 = pd.Series([100, 200, 300], index=[1,2,3], name='C')
# 使用 Series 对象实例化 DataFrame 对象
df = pd.DataFrame([s1, s2, s3])
print(df)

# 输出:
#      1    2    3
# A    1    2    3
# B   10   20   30
# C  100  200  300
```

在上述代码中，首先创建 Series 对象，然后通过 Series 对象构建 DataFrame 对象。观察输出结果可以发现，DataFrame 对象中的每一行就是对应的 Series 对象。

如果 Series 对象想成为 DataFrame 对象中的列，那么应该怎么做呢？使用字典形式实例化 DataFrame 对象即可，代码如下：

```
# 通过字典形式构建 DataFrame 对象
df2 = pd.DataFrame({
    s1.name: s1,
    s2.name: s2,
    s3.name: s3
})
print(df2)

# 输出:
#    A   B    C
# 1  1  10  100
# 2  2  20  200
# 3  3  30  300
```

观察上述代码的输出结果可知，DataFrame 对象中的每一列由 Series 对象构成。

4.3.2 Pandas 自动操作 Excel

Pandas 可以将工作簿读取成 DataFrame 对象进行操作，也可以将 DataFrame 对象直接生成为工作簿。

通过 read_excel 方法可以轻松读取工作簿中相应工作表的数据，最基本的使用方法如下：

```
filepath = 'people.xlsx'
# 读出工作簿中名为 Sheet1 的工作表
people = pd.read_excel(filepath, sheet_name='Sheet1')
```

如果不想从第一行开始读取工作表中的数据，可以使用 header 参数跳过指定行数。如果工作表中前几行本身就没有数据，则不需要使用 header 参数，因为 Pandas 会自动跳过空行；但如果工作表中前几行有数据，想要跳过这几行数据，则需要使用 header 参数，代码如下：

```
# header=2 表示从第 3 行开始，相当于跳过了前 2 行
people1 = pd.read_excel(filepath, header=2, sheet_name='Sheet1')
```

如果只想读取工作表中的部分数据，可以使用 skiprows 参数跳过开头几行数据，效果与 header 参数类似。此外，还可以使用 usecols 参数指定要读取列的范围，代码如下：

```
# skiprows 跳过开头几行，usecols 表示使用哪些列的数据
people3 = pd.read_excel(filepath, sheet_name='Sheet1', skiprows=4,
usecols='E:H')
```

Pandas 会将读取的工作表转为 DataFrame 对象，此时会产生 DataFrame 默认的索引，如果不想使用默认索引，可以通过 index_col 参数指定某列为 DataFrame 的索引。此外，还可以通过 dtype 参数设置读取 DataFrame 对象中对应列的数据类型。示例代码如下：

```
# 指定 id 列为索引，dtype 设置某一列数据的类型
people2 = pd.read_excel(filepath, sheet_name='Sheet1', index_col='id',
  dtype={'gender': str, 'birthday': str})
```

如果不设置 dtype 参数，Pandas 在遇到 NaN 数据（空数据）时会将其类型转为 64 位浮点型，在后续操作时，就无法将其指定为 64 位整型。为了避免出现这种情况，通常会先将数据类型指定为字符串型。

Pandas 可以将 DataFrame 对象直接保存为工作表，DataFrame 中的每一行数据会作为

工作表中的一行，代码如下：

```python
import pandas as pd

# 通过字典形式构建 DataFrame
df = pd.DataFrame({
    'id': [1,2,3],
    'name': ['张三', '李四', '王五'],
    'age': [28, 25, 30]
})
# 自定义索引
df = df.set_index('id')
df.to_excel('people.xlsx')
```

在上述代码中，首先通过字典形式构建 DataFrame 对象，与 4.3.1 节中介绍的不同，这里直接通过字符串与列表构建一个字典并将字典传入 DataFrame 类，从而实例化 DataFrame 对象，相比于先构建 Series 对象再构建 DataFrame 对象的形式，这个方法更简单。

DataFrame 构建完成后，通过 set_index 方法自定义索引，然后通过 to_excel 方法将 DataFrame 对象保存为 people.xlsx 工作簿，效果如图 4.12 所示。如果不自定义索引，在生成工作表时，DataFrame 默认的索引会作为独立的一列数据保存在工作表中。

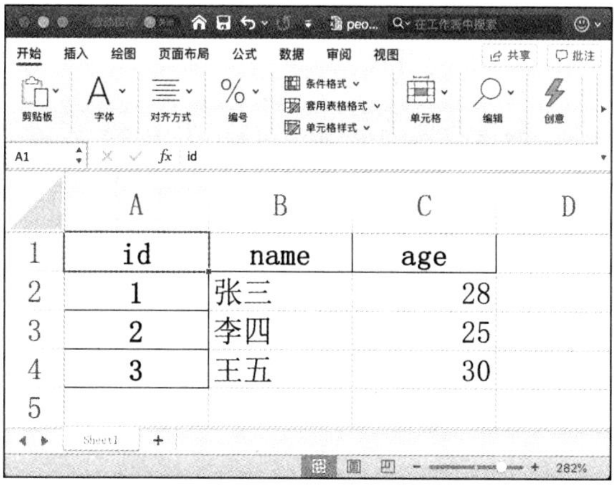

图 4.12

简单总结，Pandas 将工作簿中的数据读入并利用读入数据构成 DataFrame 对象，然后通过 Pandas 提供的各种方法操作 DataFrame，最后将 DataFrame 写入工作簿，其实就是利用 Pandas 对 DataFrame 的支持来代替 Excel 软件的各种操作。

下面我们进行实际操作，如图 4.13 所示，利用 Pandas 将左表的形式转为右表的形式。

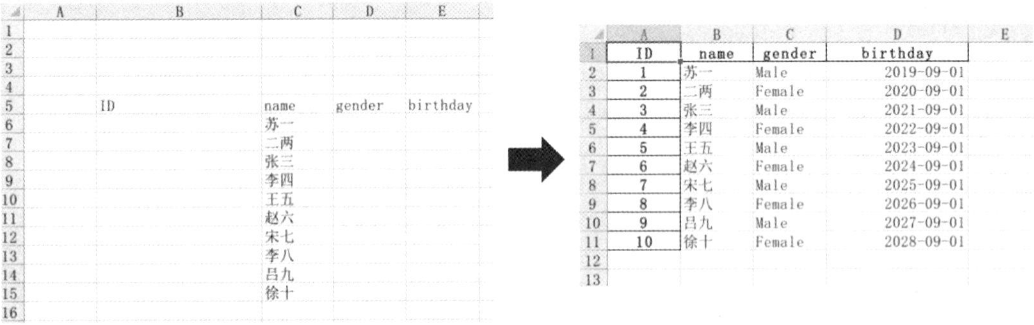

图 4.13

首先将左表中的数据读入，代码如下：

```
import pandas as pd

# 读入工作簿，people.xlsx 为图 4.13 中的左表
people = pd.read_excel('people.xlsx', skiprows=4, usecols='B:E', dtype=
    {'ID': str, 'gender': str, 'birthday': str})
```

通过 read_excel 方法读入工作簿；使用 skiprows 参数跳过前 4 行，即从第 5 行开始读取数据；使用 usecols 参数限制读取列的范围，只读取 B～E 列的数据；此外，还通过 dtype 参数读取指定数据的数据类型。这里没有使用 sheet_name 参数，Pandas 会默认读取工作簿中的第一个工作表。

将工作表读取成 DataFrame 对象后，就可以对其进行各种操作，代码如下：

```
from datetime import date, timedelta

# 开始日期
startday = date(2019,7,1)
```

```
for i in people.index:
    # 累加 ID
    people.at[i, 'ID'] = i + 1
    # 判断性别
    people.at[i,'gender'] = 'Male' if i % 2 == 0 else 'Female'
    # 计算生日时间
    people.at[i,'birthday'] = date(startday.year + i, startday.month,
     startday.day)

# inplace 表示就地修改 DataFrame，不必再重新创建一个新的 DataFrame 来存储修改后的状态
people.set_index('ID', inplace=True)
people.to_excel('people2.xlsx')
```

在上述代码中，通过 for 循环操作 DataFrame 对象中的每一行，通过 at 属性定位出每一行中相应的元素并进行操作；随后通过 set_index 方法设置 ID 为 DataFrame 的索引，该方法中多了 inplace 参数，该参数表示就地修改 DataFrame 对象，不必再重新创建一个新的 DataFrame 来存储修改后的 DataFrame；最后通过 to_excel 方法将 DataFrame 保存为名为 people2.xlsx 的工作簿。

Pandas 很多方法中都有 inplace 参数，该参数表示就地模式，在就地模式下操作数据不再需要申请额外内存，也无须将数据迁移过去，这减少了数据迁移产生的资源消耗，提高了 Pandas 处理数据的速度。简而言之，能使用就地模式就使用就地模式。

如果需要对工作表中的某一列进行相同的修改，比如要在图 4.14 中的左表的“money”列添加 3000 元，在 Pandas 中可以很方便地实现。

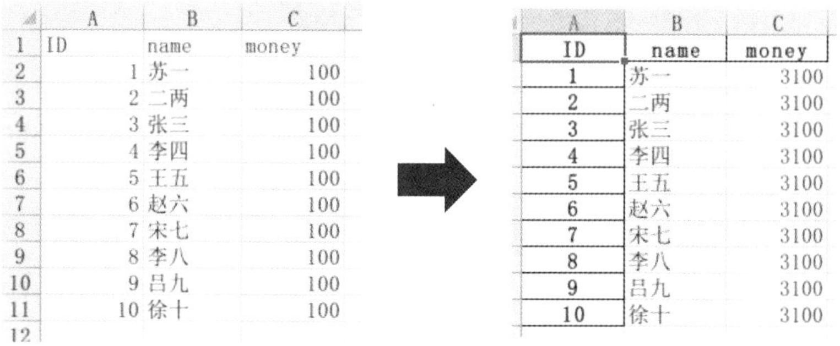

	A	B	C
1	ID	name	money
2	1	苏一	100
3	2	二两	100
4	3	张三	100
5	4	李四	100
6	5	王五	100
7	6	赵六	100
8	7	宋七	100
9	8	李八	100
10	9	吕九	100
11	10	徐十	100
12			

A	B	C
ID	name	money
1	苏一	3100
2	二两	3100
3	张三	3100
4	李四	3100
5	王五	3100
6	赵六	3100
7	宋七	3100
8	李八	3100
9	吕九	3100
10	徐十	3100

图 4.14

下面通过 3 种不同方法分别向工作表的"money"列添加 1000 元，代码如下：

```
import pandas as pd

peoples = pd.read_excel('people006.xlsx', index_col='ID')

# 加工资
def add_1000(x):
    return x + 1000

# Series 对象加 1000
peoples['money'] = peoples['money'] + 1000
# apply 会逐个元素地调用函数
peoples['money'] = peoples['money'].apply(add_1000)
# apply 会逐个元素地调用匿名函数
peoples['money'] = peoples['money'].apply(lambda x:x+1000)

people.to_excel('people2.xlsx')
```

上述代码使用 3 种不同方法修改了"money"列中的数据，其中最简单的方法就是直接加 1000 元，Series 对象会将加法操作作用在所有的元素中。此外，还可以使用 apply 方法，该方法会使 Series 对象中的元素逐一调用相应的方法。在使用完 3 种方法后，图 4.14 中左表的"money"列就添加上了 3000 元。在这里，我们之所以每次只添加 1000 元，是为了演示这 3 种不同的修改方法。

4.3.3　使用 Pandas 实现工作表中的数据排序

Pandas 可以通过 sort_values 方法实现数据排序，而如果要对工作表中的数据进行排序，只是多了读入工作表中的数据这一步。

利用 Pandas 对图 4.15 所示的表进行排序。

	A	B	C	D
1	ID	名称	工资	靠谱
2	1	Kathy Torres MD	9000	Yes
3	2	Kyle Woodward	5000	No
4	3	Megan Simmons	4000	Yes
5	4	Judith Merritt	8000	No
6	5	Raymond Dorsey	2000	Yes
7	6	Nancy Hernandez	6000	No
8	7	Robert Harris	12000	Yes
9	8	Amy Miller	9000	No
10	9	Natasha Webb	10000	Yes
11	10	Keith Arias	8000	No

图 4.15

假设要对公司员工的工资进行排序，并找出工资最高的那个员工，示例代码如下：

```
import pandas as pd

peoples = pd.read_excel('pandas3.xlsx', index_col='ID')
# sort_values 方法表示按值排序
peoples.sort_values(by='工资', inplace=True, ascending=False)
print(peoples)

# 排序结果
'''
              名称       工资   靠谱
ID
7     Robert Harris   12000   Yes
9     Natasha Webb    10000   Yes
1     Kathy Torres MD  9000   Yes
8     Amy Miller       9000   No
4     Judith Merritt   8000   No
10    Keith Arias      8000   No
6     Nancy Hernandez  6000   No
2     Kyle Woodward    5000   No
3     Megan Simmons    4000   Yes
5     Raymond Dorsey   2000   Yes
'''
```

在上述代码中，通过 sort_values 方法实现排序。其中，by 参数指定工作表中要排序的列；inplace 参数为 Ture，表示排序操作就地执行；ascending 参数用于指定排序的方式，False 表示从大到小排列。

现在要将员工中做事情不靠谱且工资较高的几个人开除，如何通过排序找到这几个人呢？只需通过 sort_values 方法对多列进行排序即可，代码如下：

```
import pandas as pd

peoples = pd.read_excel('pandas3.xlsx', index_col='ID')
# 多列排序
peoples.sort_values(by=['靠谱', '工资'], ascending=[True, False], inplace=True)

print(peoples)

# 排序结果
'''
              名称        工资    靠谱
ID
8        Amy Miller      9000    No
4     Judith Merritt     8000    No
10      Keith Arias      8000    No
6    Nancy Hernandez     6000    No
2     Kyle Woodward      5000    No
7     Robert Harris     12000    Yes
9     Natasha Webb     10000    Yes
1    Kathy Torres MD     9000    Yes
3     Megan Simmons     4000    Yes
5    Raymond Dorsey     2000    Yes
'''
```

上述代码中，by 与 ascending 参数传入对应顺序的列表，Pandas 会先对"靠谱"这一列数据进行从小到大的排序。因为 No 对应的 ASCII 码比 Yes 对应的 ASCII 码小，所以这一列的 ascending 需要设置为 True，实现从小到大排序，从而让"不靠谱"的人排到前面。在此基础上，再让 Pandas 对"工资"这一列数据进行从大到小排序。

从排序结果来看，很明显，Amy Miller 等 5 个人要被开除。

4.3.4　使用 Pandas 实现 Excel 数据过滤

Pandas 的过滤机制非常简单，现在希望对图 4.16 中的数据进行筛选、过滤，只需要分数大于或等于 60 分的女性数据，以及分数在 50～90 分且年龄在 20～30 岁的男性数据，如何通过 Pandas 过滤出满足需求的数据呢？

	A	B	C	D	E
1	ID	名称	分数	年龄	性别
2	1	Samantha Montoya	83	22	F
3	2	Ivan Montgomery	23	16	F
4	3	Mr. Nathan Price DDS	66	24	M
5	4	Kelsey Andersen	90	32	F
6	5	Allen Smith		31	M
7	6	Richard Martinez	78	18	M
8	7	Mark Dominguez	71	26	M
9	8	William Leonard	86	25	F
10	9	Richard Roy	97	20	M
11	10	Craig Davis	43	16	F

图 4.16

观察图 4.16 中的数据，"Allen Smith" 的 "分数" 为空，属于缺失数据。在进行数据处理时，通过 Pandas 的 dropna 方法将缺失数据对应的行删除，避免影响后续操作。

```
import pandas as pd

peoples = pd.read_excel('pandas4.xlsx', index_col='ID')
# 检查peoples DataFrame 中是否有NaN
print(peoples.isnull().any())

# 输出
'''
名称      False
分数      True  # 该列存在 NaN
年龄      False
性别      False
dtype: bool
```

```
'''

# 清除 NaN 的行
peoples.dropna(inplace=True)
```

上述代码中，工作表中单元格内容为空，数据通过 Pandas 读入并利用读入数据构成 DataFrame 对象后，就会成为 NaN。利用 peoples.isnull().any 方法可以判断 DataFrame 中每一列是否为 NaN，如果是，则会输出 True，随后利用 Pandas 的 dropna 方法将缺失数据对应的行删除，避免影响后续操作。

空数据处理完成后，接着过滤出分数大于或等于 60 分的女性数据，代码如下：

```
# 分数及格的女性（大于或等于 60 分）
pass_womans = peoples[(peoples['性别'] == 'F') & (peoples['分数']>=60)]
print(pass_womans)

# 输出
'''
         名称         分数   年龄 性别
ID
1    Samantha Montoya   83.0   22  F
4    Kelsey Andersen    90.0   32  F
8    William Leonard    86.0   25  F
'''
```

上述代码中，peoples 对象直接利用中括号语法将对应的条件写入其中，通过小括号隔离不同条件，通过 "&" 符号（"&" 符号表示多个条件需同时满足）连接多个条件，至此可以看出使用 Pandas 过滤数据是非常简单的。

过滤完满足条件的女性数据后，接着过滤 50～90 分的 20～30 岁的男性数据。这里除可以使用上述过滤方式外，还可以使用 loc 属性，该属性会将满足条件的数据保留，代码如下：

```
def score_50_to_90(a):
    return 50 <= a < 90

def age_20_to_30(a):
```

```
        return 20 <= a < 30

# 50~90 分的 20~30 岁的男性
mans_50_to_90 = peoples[peoples['性别'] == 'M'].loc[peoples['分数'].apply
 (score_50_to_90)].loc[peoples['年龄'].apply(age_20_to_30)]
print(mans_50_to_90)

# 输出
'''
              名称        分数  年龄 性别
ID
3   Mr. Nathan Price DDS  66.0   24  M
7        Mark Dominguez  71.0   26  M
'''
```

上述代码中,首先通过中括号语法过滤出性别为 "M" 的数据,在此基础上,利用 loc 属性将满足条件的数据保留,从而完成数据过滤。

4.3.5 使用 Pandas 实现 Excel 数据拆分

如果想将工作表中某些列的数据拆分成多列,如图 4.17 所示,Full Name 一列要拆分成 "姓氏" 与 "名字" 两列,如何通过 Pandas 实现呢?

	A	B
1	ID	Full Name
2	1	Samantha Montoya
3	2	Ivan Montgomery
4	3	Mr. Nathan Price DDS
5	4	Kelsey Andersen
6	5	Allen Smith
7	6	Richard Martinez
8	7	Mark Dominguez
9	8	William Leonard
10	9	Richard Roy
11	10	Craig Davis

图 4.17

在 Pandas 中，可以使用 str.split 方法对列进行拆分，该方法默认以空格为拆分标识，代码如下：

```
import pandas as pd

peoples = pd.read_excel('pandas5.xlsx', index_col='ID')

# 将 Full Name 拆分成"姓氏"列与"名字"列
df = peoples['Full Name'].str.split(expand=True)
# 创建"姓氏"列
peoples['姓氏'] = df[0]
# 创建"名字"列
peoples['名字'] = df[1]
print(peoples)

'''
              Full Name       姓氏         名字
ID
1      Samantha Montoya   Samantha    Montoya
2      Ivan Montgomery    Ivan    Montgomery
3    Mr. Nathan Price DDS     Mr.       Nathan
4      Kelsey Andersen    Kelsey    Andersen
5         Allen Smith     Allen       Smith
6      Richard Martinez   Richard    Martinez
7       Mark Dominguez    Mark    Dominguez
8      William Leonard    William     Leonard
9         Richard Roy    Richard        Roy
10        Craig Davis     Craig       Davis
'''
```

上述代码通过 str.split 方法对列中的数据进行拆分，此外，还将 expand 参数设置为 True，这会返回包含拆分后的数据的 DataFrame 对象；如果设置为 False，则会返回 Series 对象，Series 对象中的每个元素都是一个列表，列表中包含拆分的结果。

通过 str.split 方法完成拆分后，将拆分后的数据作为 peoples 对象中的新的列。

4.3.6 使用 Pandas 实现多表联合操作

在日常工作中，时常会遇到需要多个工作表联合操作的情况。例如，要过滤工作表 A 中的数据，但过滤条件在工作表 B 中，如果这些工作表都在同一个工作簿中，那么 Excel 提供了相应的方法进行操作；但如果这些工作表分布于不同的工作簿中，Excel 就无能为力了，此时只能先将不同工作簿中的工作表整理到一个新的工作簿中，然后再进行操作，因此整个过程非常烦琐。

使用 Pandas 则无须担心多个工作簿、多个工作表的情况，Pandas 可以轻松将多个工作簿中的任意工作表读入，然后一同处理。

下面通过具体的例子来理解如何使用 Pandas 实现多表联合操作。

假设现在有 3 个工作簿，依次为 student、score 和 age，每个工作簿中各有一个工作表，每个工作表中均有 ID 这一列，3 个工作表中每一行数据都是相互对应的，如图 4.18 所示，现在需要获取年龄大于 20 岁且分数大于 60 分的学生姓名。

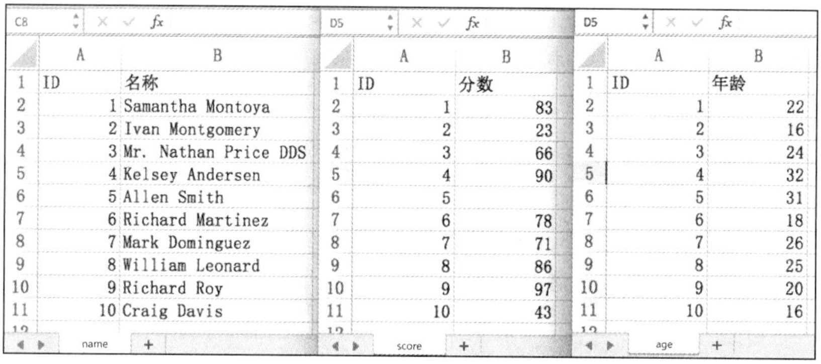

图 4.18

从图 4.18 中可以看出，3 个工作表在不同的工作簿中，如果要使用 Excel 完成操作，只能手动将其复制到同一个工作表中再一同操作。如果不同工作表的数据格式有差异，如 ID 顺序不同或数据缺失，手动合并数据的操作就很烦琐，而通过 Pandas 的方式可以更加灵活地操作工作表。

现在需要获取年龄大于 20 岁且分数大于 60 分的学生姓名，首先需要合并 3 个工作簿中的工作表，代码如下：

```python
import pandas as pd

# 学生姓名表
students = pd.read_excel('students.xlsx', sheet_name='name')
# 分数表
score = pd.read_excel('score.xlsx', sheet_name='score')
# 年龄表
age = pd.read_excel('age.xlsx', sheet_name='age')

# 合并
# fillna 方法将 NaN 都填充为 0
table = students.merge(score, how='left', on='ID').fillna(0)
# 将"分数"列中的数据设置为整型
table['分数'] = table['分数'].astype(int)

table2 = table.merge(age, how='left', on='ID').fillna(0)
table2['年龄'] = table2['年龄'].astype(int)
print(table2)

# 输出结果
'''
   ID                名称  分数  年龄
0   1    Samantha Montoya  83  22
1   2    Ivan Montgomery   23  16
2   3  Mr. Nathan Price DDS  66  24
3   4    Kelsey Andersen   90  32
4   5         Allen Smith    0  31
5   6    Richard Martinez   78  18
6   7     Mark Dominguez   71  26
7   8    William Leonard   86  25
8   9        Richard Roy   97  20
9  10         Craig Davis   43  16
'''
```

上述代码中，先将不同工作簿对应的工作表读入，随后通过 merge 方法将工作表横向两两合并。观察"students.merge(score, how='left', on='ID').fillna(0)"代码，在合并时，students 在左边，而 score 在右边，如果不使用 how 参数指定合并方式，那么 students 与 score 两个 DataFrame 会取交集合并，而这里将 how 参数设置为 left，即左合并，在合并时，无论 students 中是否存在与 score 对应的值，它都将会被保留。

观察图 4.18，students 工作簿中的 name 表与 score 工作簿中的 score 表都具有对应的值，此时无论是使用交集合并还是使用左合并，其效果都相同。如果 name 表中有 15 个学生姓名，此时采用交集合并，合并后的 DataFrame 只有 10 行；如果采用左合并，因为 students 在左边，所以合并后的 DataFrame 依旧有 15 行，只是后 5 行姓名对应的分数为空。

此外，how 参数还可以设置为 right，即右合并，与左合并类似，只是以右表为主。

除 how 参数外，在使用 merge 方法时还设置了 on 参数，该参数用于设置合并的列，students 与 score 两者都有 ID 列，所以指定 ID 列作为合并列。

如果 students 与 score 中不存在相同名称的列，可以使用 left_on 指定左表用于合并的列，以及使用 right_on 指定右表用于合并的列，代码如下：

```
# 在读取时，将 ID 设置为 index，此时读入的 DataFrame 对象中就不存在名为 ID 的列
students = pd.read_excel('students.xlsx', sheet_name='name', index_col='ID')
score = pd.read_excel('score.xlsx', sheet_name='score', index_col='ID')

# DataFrame 中没有名为 ID 的列就无法使用 on=ID，可使用 left_on 与 right_on
table = students.merge(score, how='left', left_on=students.index, right_on=score.index).fillna(0)
print(table)
```

上述代码中，在读入工作表时，将 ID 设为了 DataFrame 的索引（index），因为 DataFrame 中没有名为 ID 的列，所以无法使用 on=ID，此时可以使用 left_on 与 right_on 的方式代替。

合并 3 个工作簿中的工作表后，就可以轻松过滤出满足条件的内容，代码如下：

```
pass_womans = table2[(table2['年龄'] >= 20) & (table2['分数']>=60)]
print(pass_womans['名称'])
```

如若对上述代码存有疑惑，可再次阅读 4.3.4 节。

4.3.7 使用 Pandas 对 Excel 数据进行统计运算

Pandas 中可以轻松通过 sum、mean 等方法对 DataFrame 中的数据进行统计运算，想要用好这些方法，需要理解一个重要的参数：axis 参数。

因为工作表只是一个二维表格，所以这里主要讨论 axis 参数在二维 DataFrame 中设置不同值的含义。在二维 DataFrame 中，axis 参数可以设置为 0 或 1，通常会认为 axis=0 表示对二维 DataFrame 中的行进行操作，axis=1 表示对二维 DataFrame 中的列进行操作，但是真的是这样吗？我们观察如下代码：

```
In [1]: import pandas as pd

In [2]: df = pd.DataFrame([
   ...:     [1,1,1,1],
   ...:     [2,2,2,2],
   ...:     [3,3,3,3]
   ...: ], columns=['col1', 'col2', 'col3', 'col4'])

In [3]: df
Out[3]:
   col1  col2  col3  col4
0     1     1     1     1
1     2     2     2     2
2     3     3     3     3

In [4]: df.mean(axis=1)  # mean 方法用于求某一行或列的平均数
Out[4]:
0    1.0
1    2.0
2    3.0
dtype: float64

In [5]: df.drop('col4', axis=1)  # drop 方法用于删除某一行或列
Out[5]:
```

```
   col1  col2  col3
0    1     1     1
1    2     2     2
2    3     3     3
```

上述代码构建了一个二维 DataFrame，并将列命名为 col1～col4，随后调用 mean 方法求取平均数，设置 axis=1。从结果看，mean 方法是对 DataFrame 中的每一行都求取了平均数，axis 参数为 1 时表示操作二维 DataFrame 的行。

随后，代码调用了 drop 方法删除 DataFrame 的 col4 列，此时 axis 参数也为 1。从结果上看，axis 参数为 1 时应该表示操作二维 DataFrame 的列。

这就会有一个问题，axis=1 到底是操作行还是操作列？其实，将 axis=1 认为是操作行或操作列都不准确，axis 参数在二维 DataFrame 中的作用应该理解为：axis=0 将作用于每列中的所用行，axis=1 将作用于每行中的所有列，如图 4.19 所示。

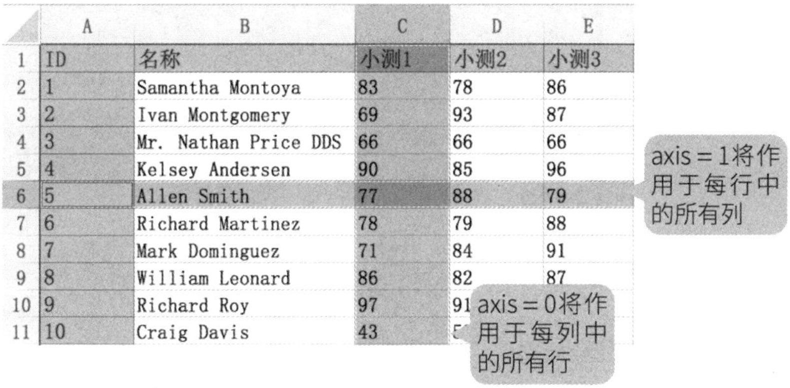

图 4.19

回顾一开始的代码，mean 方法中 axis 参数为 1，表示对每一行中的所有列的数据求和，然后求平均；而 drop 方法中 axis 参数为 1 也是相同的作用，只是 drop 方法传入了对应的列名 col4，此时对每一行中所有列做操作前会先判断是否为 col4 列，只有"是"才执行删除操作。从结果看，drop 方法似乎直接删除了 col4 列，其实 drop 方法是先遍历了每一行，然后才将每一行中名为 col4 的列删除。

理解 axis 参数后，对图 4.19 中的工作表进行求和、求平均运算，代码如下：

```
peoples = pd.read_excel('pandas7.xlsx', index_col='ID')

column_names = ['小测1', '小测2', '小测3']

# 对每一行中的每一列进行求和操作
row_sum = peoples[column_names].sum(axis=1)
# 对每一行中的每一列进行求平均操作
row_mean = peoples[column_names].mean(axis=1)

total = '总分'
average = '平均分'
peoples[total] = row_sum
peoples[average] = row_mean
column_names += [total, average]

# axis 默认值为 0，对每一列中的每一行进行求平均操作
col_mean = peoples[column_names].mean()
col_mean['名称'] = 'Summary'
# append 方法添加新的一行，ignore_index 为 True 表示忽略 index
peoples = peoples.append(col_mean, ignore_index=True)

print(peoples)

# 输出结果
'''
                 名称     小测1   小测2   小测3   总分    平均分
0     Samantha Montoya  83.0  78.0  86.0  247.0  82.333333
1     Ivan Montgomery   69.0  93.0  87.0  249.0  83.000000
2   Mr. Nathan Price DDS 66.0  66.0  66.0  198.0  66.000000
3     Kelsey Andersen   90.0  85.0  96.0  271.0  90.333333
4         Allen Smith   77.0  88.0  79.0  244.0  81.333333
5     Richard Martinez  78.0  79.0  88.0  245.0  81.666667
6     Mark Dominguez    71.0  84.0  91.0  246.0  82.000000
7     William Leonard   86.0  82.0  87.0  255.0  85.000000
8         Richard Roy   97.0  91.0  90.0  278.0  92.666667
9         Craig Davis   43.0  58.0  63.0  164.0  54.666667
10            Summary   76.0  80.4  83.3  239.7  79.900000
'''
```

此外，Pandas 还提供了很多类似的统计计算方法，如下：

```
dataframe.count()           # 非空元素计算
dataframe.min()             # 最小值
dataframe.max()             # 最大值
dataframe.idxmin()          # 最小值的位置
dataframe.idxmax()          # 最大值的位置
dataframe.quantile(0.1)     # 10%分位数
dataframe.sum()             # 求和
dataframe.mean()            # 均值
dataframe.median()          # 中位数
dataframe.mode()            # 众数
dataframe.var()             # 方差
dataframe.std()             # 标准差
dataframe.mad()             # 平均绝对偏差
dataframe.skew()            # 偏度
dataframe.kurt()            # 峰度
dataframe.describe()        # 一次性输出多个描述性统计指标
```

4.3.8　使用 Pandas 实现数据的可视化

Excel 软件可以利用数据做出各种图表，Pandas 也可以，而且更加灵活，并支持更多种图表。Pandas 绘制图表依赖于 Matplotlib 第三方库，Matplotlib 是 Python 中知名的数据可视化库，常用于 2D 图像的绘制，是大多数 Python 数据可视化库的基础库，需要通过 pip3 进行安装：

```
pip3 install matplotlib
```

Pandas 绘图方法对 Matplotlib 常用绘图方法进行了简化，通过 Pandas 可以更加轻松地绘制常见的图表，但简化的代价就是丧失了一定的灵活性。

因为 Pandas 本身就使用 Matplotlib 进行绘图，所以 Pandas 产生的绘图对象可以直接被 Matplotlib 操作。

本节介绍如何通过 Pandas 绘制柱状图、折线图与散点图这 3 种基本图表。

使用如图 4.20 所示的数据绘制柱状图与折线图,图中只展示了部分数据。

	A	B	C	D
1	ID	名称	分数	年龄
2	1	Samantha Montoya	83	22
3	2	Ivan Montgomery	23	16
4	3	Mr. Nathan Price DDS	66	24
5	4	Kelsey Andersen	90	32
6	5	Allen Smith	84	31
7	6	Richard Martinez	78	18
8	7	Mark Dominguez	71	26
9	8	William Leonard	86	25
10	9	Richard Roy	97	20
11	10	Craig Davis	43	16
12	11	Jennifer Lewis	90	22
13	12	Jennifer Maldonado	87	21

图 4.20

首先来绘制柱状图,因为在 Matplotlib 库中绘制柱状图本身就是一个简单的操作,所以 Pandas 没有对其进行再次封装,我们直接使用 Matplotlib 绘制即可,代码如下:

```
import pandas as pd
import matplotlib.pyplot as plt

students = pd.read_excel('pandas8.xlsx')
name = '名称'
score = '分数'
age = '年龄'
# sort_values 方法排序,inplace 表示原地修改;ascending=False,表示从大到小
students.sort_values(by=score, inplace=True, ascending=False)
# 绘制柱状图
plt.bar(students[name], students[score], color='orange')

# 设置标题
plt.title('Students Score', fontsize=16)
# 设置 x 轴与 y 轴名称
plt.xlabel('Name')
plt.ylabel('Score')
# x 轴中要显示的名字太长,利用 rotation 将其旋转 90°,方便显示
plt.xticks(students[name], rotation='90')
# 紧凑型布局
```

```
plt.tight_layout()
plt.show()
```

上述代码中，通过 plt.bar 方法绘制柱状图，其中 students[name]为 x 轴，students[score] 为 y 轴。随后，分别设置标题、x 轴与 y 轴名称，x 轴要显示学生名称，因为学生名称太长，所以使用 plt.xticks 方法重新绘制 x 轴坐标，并将学生名称旋转 90° 后再显示。

观察代码可以发现，在绘制柱状图时，标题、x 轴与 y 轴名称都使用英文，如果要显示成中文，需要引入相应的字体，因为 Matplotlib 默认字体是不支持中文的。

读者可以自行下载支持中文的字体，也可以直接使用本机字体。在 Windows 操作系统中，字体存放在 C:\Windows\Fonts 中；在 macOS 操作系统中，字体存放在/Library/Fonts 中。这里直接使用下载的字体，代码如下：

```
# Font Properties 文字属性
from matplotlib.font_manager import FontProperties
# 传入字体路径，实例化对应的字体，SimHei.ttf 表示黑体
myfont = FontProperties(fname='SimHei.ttf')
# 指定渲染字体
plt.title('学生分数', fontproperties=myfont, fontsize=16)
plt.xlabel(name, fontproperties=myfont)
plt.ylabel(score, fontproperties=myfont)
plt.xticks(students[name], rotation='90')
plt.tight_layout()
plt.show()
```

上述代码中，通过实例化 FontProperties 类获取字体对象，在设置标题、x 轴与 y 轴名称时都通过 fontproperties 参数指定字体对象，最终效果如图 4.21 所示。

接着绘制折线图，Pandas 对折线图的绘制方法进行了简化，代码如下：

```
import pandas as pd
import matplotlib.pyplot as plt
students = pd.read_excel('pandas8.xlsx')
name = '名称'
score = '分数'
age = '年龄'
```

```python
# 指定默认字体，正常显示中文标签
plt.rcParams['font.sans-serif']=['SimHei']
# 解决负号 "-" 显示为方块的问题
plt.rcParams['axes.unicode_minus']=False

# 绘制折线图
students.plot(y=[score, age])
plt.title('学生分数', fontproperties=myfont, fontsize=16, fontweight='bold')
# 重新绘制 x 轴坐标
plt.xticks(students.index)
plt.show()
```

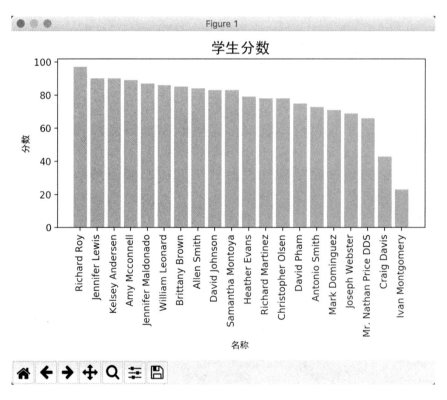

图 4.21

上述代码中，Pandas 读取工作表中的数据构成 DataFrame 对象，随后直接调用 plot 方法便可绘制出折线图。需要注意的是，DataFrame 列名是中文，为了正常显示，需要修改 Matplotlib 默认字符集。与此前实例化 FontProperties 对象不同，Pandas 封装后的 plot 方法没有 fontproperties 参数，要改变字体，只可通过 Matplotlib 提供的方法进行全局修改。具体而言，就是使用 plt.rcParams 将 font.sans-serif 设置为要使用的字体，这里依旧使用 SimHei，Matplotlib 会根据设置自动在系统字体库中获取名为 SimHei 的字体，具体细节参考本节扩展内容。

最终，绘制出的折线图如图 4.22 所示。

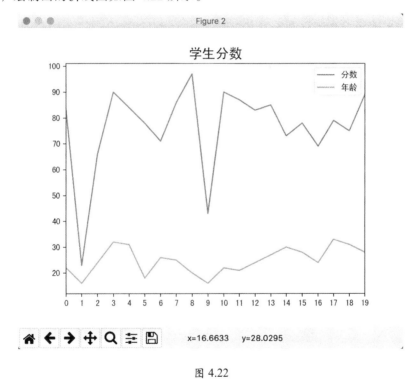

图 4.22

最后绘制散点图，散点图通常用于判断绘制值之间的关系，这里使用学生体重与身高数据来绘制散点图。散点图的绘制非常简单，代码如下：

```
students = pd.read_excel('pandas8_2.xlsx')
name = '名称'
```

```
weight = '体重'
height = '身高'

# 绘制散点图
students.plot.scatter(x=weight, y=height)
plt.title('学生体重', fontsize=16, fontweight='bold')
plt.xlabel(weight)
plt.ylabel(height)
plt.show()
```

通过 students.plot.scatter 方法绘制散点图,其中 x 轴为体重数值,y 轴为身高数值。散点图的标题、x 轴与 y 轴名称都是中文,但因为前面将 Matplotlib 默认字体替换了,所以不再需要通过 fontproperties 参数手动指定字体,具体效果如图 4.23 所示。

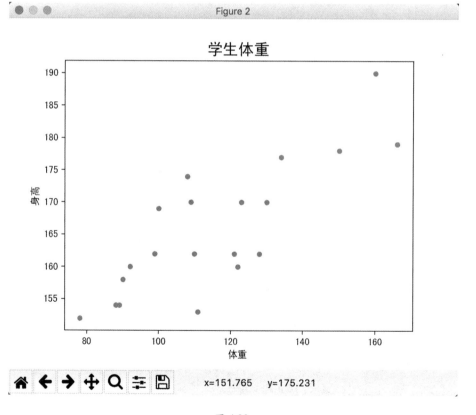

图 4.23

Pandas 还支持很多图表，限于篇幅，本节无法一一介绍，读者可以阅读与 Pandas 可视化相关的文档，掌握 Pandas 支持绘制的所有图表。

如果在使用 Pandas 绘制图表时感觉不够灵活，可以直接使用 Matplotlib 绘制图表。Matplotlib 支持更多图表，读者可通过 Matplotlib 官网学习更多相关知识。

扩展内容

Matplotlib 默认字体不支持中文，很多初学者在绘制图表时频频受阻。为了更好地解决这个问题，读者需要简单了解 Matplotlib 在载入字体时的默认行为。

首先，通过 matplotlib_fname 方法找到当前 Python 环境中 Matplotlib 库配置文件的目录，代码如下：

```
In [1]: import matplotlib

In [2]: matplotlib.matplotlib_fname()
Out[2]: '/Library/Frameworks/Python.framework/Versions/3.7/lib/python3.7/site-packages/matplotlib/mpl-data/matplotlibrc'
```

根据 matplotlib_fname 方法输出的内容可知配置文件所在的路径，进入 mpl-data 文件夹，可以发现该文件夹下存在 fonts/ttf 目录，而该目录中保存了 Matplotlib 默认可以使用的字体文件。Matplotlib 会利用这些字体文件及系统中已有的字体生成*.json 格式的配置文件，并存放在缓存目录中，当用户使用 Matplotlib 时会自动载入该配置文件，具体的代码逻辑在 matplotlib/font_manager.py 中。

为了让 Matplotlib 支持中文，首先要将缓存目录下的*.json 配置文件删除，不同系统的缓存目录不同，具体如下（username 表示系统当前用户名）。

Linux：/.cache/matplotlib/

Windows：C:\Users\username.matplotlib

macOS：/Users/username/.matplotlib/

将缓存目录中名为 fontlist-v*.json 的配置文件删除，然后将下载好的字体安装到系统字体中。以 macOS 操作系统为例，直接将 SimHei.ttf 字体文件拖入字体册中即可，SimHei 字体表示黑体，如图 4.24 所示。

图 4.24

安装完字体后，在代码中依旧使用 SimHei。

再次使用 Matplotlib 时会生成新的 fontlist-v*.json 配置文件，此时就可以在代码中使用安装好的字体，具体如下：

```
import pandas as pd
import matplotlib.pyplot as plt

# 指定默认字体
plt.rcParams['font.sans-serif']=['SimHei']
# 解决负号 "-" 显示为方块的问题
plt.rcParams['axes.unicode_minus']=False
```

本章小结

- 使用 xlrd 库读取工作表，使用 xlwt 库将数据写入工作表。如果要修改工作表，需要借助 xlutils 库。Pandas 对 Excel 的操作依赖于 xlrd 与 xlwt。
- openpyxl 库可以轻松实现工作表的读写与样式操作。
- 通过 openpyxl 的只读、只写模式可以在低内存消耗下操作大型工作表。
- Pandas 可以代替 Excel 大多数功能，并在数据分析方面更优于 Excel。

第 5 章
Word 文档自动化

第 4 章系统介绍了 Python 自动化操作 Excel 表格，本章将介绍如何利用 Python 实现 Word 文档自动化。

如果仔细观察自己手头的工作，不难发现，很多时候使用 Word 软件编写的内容其样式都具有一定的相似性，如何让这部分重复的工作自动化地完成呢？

在 Python 中，可以使用 python-docx 库来自动化操作 Word 文档，首先需要通过 pip3 安装该库，命令如下：

```
pip3 install python-docx
```

为了避免歧义，本书中 Word 表示 Word 软件本身，Word 文档表示 Word 软件中的文档。

5.1 读写 Word 文档

自动化 Word 文档的第一步就是自动化读取与自动化写入这两个操作，本节将介绍如何通过 python-docx 轻松实现对 Word 文档数据的读取与写入。

5.1.1 快速创建 Word 文档

与 Excel 工作簿类似，Word 文档也有两种不同的文件格式，分别是 2003 版或更早之前的版本使用的*.doc 文件格式，以及 2007 版及之后的版本使用的*.docx 文件格式。*.docx 文件格式基于 XML（Extensible Markup Language，可扩展标记语言），在相同数据量下，其占用空间更小，兼容性更高。

python-docx 只支持操作*.docx 文件格式的 Word 文档，虽然 Word 有*.doc 与*.docx 两种文件格式，但目前使用的 Word 文档绝大多数是*.docx 文件格式的。

如果遇到*.doc 文件格式的 Word 文档，可以将其中的内容复制、粘贴到*.docx 文件格式的新文件中，再进行处理。但如果遇到很多*.doc 文件格式的 Word 文档该怎么办？5.1.2 节将会详细介绍。

首先介绍如何通过 python-docx 创建一个新的空白 Word 文档，代码如下：

```
from docx import Document

# 创建文档对象
document = Document()
# 保存文档对象，扩展名只可使用*.docx
document.save('new.docx')
```

上述代码中，通过*.docx 文件格式来使用 python-docx 第三方库，并通过 import 关键字将 Document 文档对象导入；随后调用 Document 方法创建文档对象，该文档对象对应着一个 Word 文档；最后调用 save 方法传入具体的路径，将文档对象保存到本地。需要注意的是，在保存 Word 文档时，其扩展名必须使用*.docx。

5.1.2 *.doc 文件格式转为*.docx 文件格式

如果希望将大量的*.doc 文件格式的 Word 文档转为*.docx 文件格式，可以使用 pypiwin32 第三方库，该库可以调用 Windows 操作系统中的方法实现对*.Word 文档的操作，但该库只可在 Windows 操作系统中安装与使用。

首先通过 pip3 安装 pypiwin32，命令如下：

```
pip3 install pypiwin32
```

安装完成后，通过 win32com 使用 pypiwin32 第三方库，实现将 Word 文档的文件格式由 *.doc 转为 *.docx，代码如下：

```python
from win32com import client

# *.doc 文件格式的 Word 文档的路径
doc_path = 'exist.doc'
docx_path = 'new_exist.docx'

# 获取 Word 应用程序对象
Word = client.Dispatch('Word.Application')
# 打开对应的 Word 文档
doc = Word.Documents.Open(doc_path)
# 另存为 *.docx 文件格式，参数 12 表示 *.docx 文件格式
doc.SaveAs(docx_path, 12)
# 关闭原来的 Word 文档
doc.Close()
# 退出 Word 软件
Word.Quit()
```

上述代码中，导入 win32com 中的 client 对象并调用其中的 Dispatch 方法，将 Word 应用程序的唯一名称作为参数传入。在安装 Word 时，Word 相关的程序会将该名称注册到 Windows 注册表中，该名称默认值为 Word.Application。

Dispatch 方法会利用 Windows 操作系统中的方法调用 Word 应用程序，从而实现使用 Word 应用程序相关功能的目的。

在获取了 Word 应用程序对象后，通过 Word.Documents.Open 方法打开 *.doc 格式的 Word 文档，这相当于直接通过 Word 打开 *.doc 文件格式的 Word 文档；随后调用 SaveAs 方法将文档另存为 *.docx 文件格式的 Word 文档，SaveAs 方法需要传入新文件的具体路径及文件格式；最后将原本 Word 文档关闭并退出 Word。

上述代码只演示了如何将一个 Word 文档的 *.doc 文件格式转为 *.docx 文件格式，如果需要将大量的 *.doc 文件格式的 Word 文档进行格式转换，应该怎么做呢？使用 Python 中的循环（while 语句或 for 语句）即可。

5.1.3 读取 Word 文档中的段落

Word 文档中存在段落、图片、表格等多种不同类型的数据，本节介绍如何读取 Word 文档中的段落数据。

现在要读取如图 5.1 所示的 Word 文档中的内容。

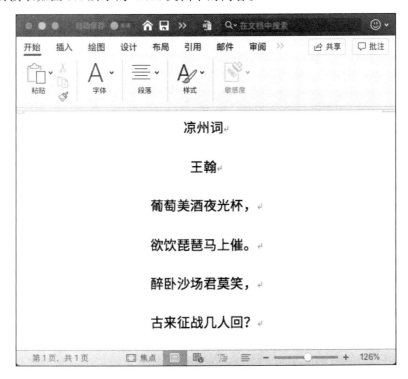

图 5.1

从图 5.1 中可以看出，Word 文档中的内容是王翰的《凉州词》，其诗名、作者以及诗句都为独立的一段，读取代码如下：

```
from docx import Document

doc = Document('exist.docx')
# 遍历 Word 文档中的段落
for p in doc.paragraphs:
```

```
    # 输出 Word 文档中的段落内容
    print(p.text)

# 输出
'''
凉州词
王翰
葡萄美酒夜光杯,
欲饮琵琶马上催。
醉卧沙场君莫笑,
古来征战几人回?
'''
```

上述代码中,使用 Document 方法获取文档对象,如果要读取已存在的 Word 文档,只需要将 Word 文档对应的路径作为 Document 方法的参数传入即可。

在获取文档对象后,遍历该对象的 paragraphs 属性对象,paragraphs 属性对象中的 text 属性便是对应段落的内容。

简单而言,我们只需明确如下概念即可。

(1)利用 Document 方法获取 Word 文档对象。

(2)Paragraph 对象表示 Word 文档中的段落对象。

(3)Paragraph 对象中的 text 对象表示段落中具体的文本内容。

5.1.4 读取 Word 文档中的表格

Word 文档中除段落外,最常见的就是表格类型的数据,如图 5.2 所示。图中的表格显示了近 5 年主流编程语言的流行度,其中第 4 位便是 Python。在 2018 年至 2019 年两年间,除 Python 外,其他主流语言流行度都在下降。

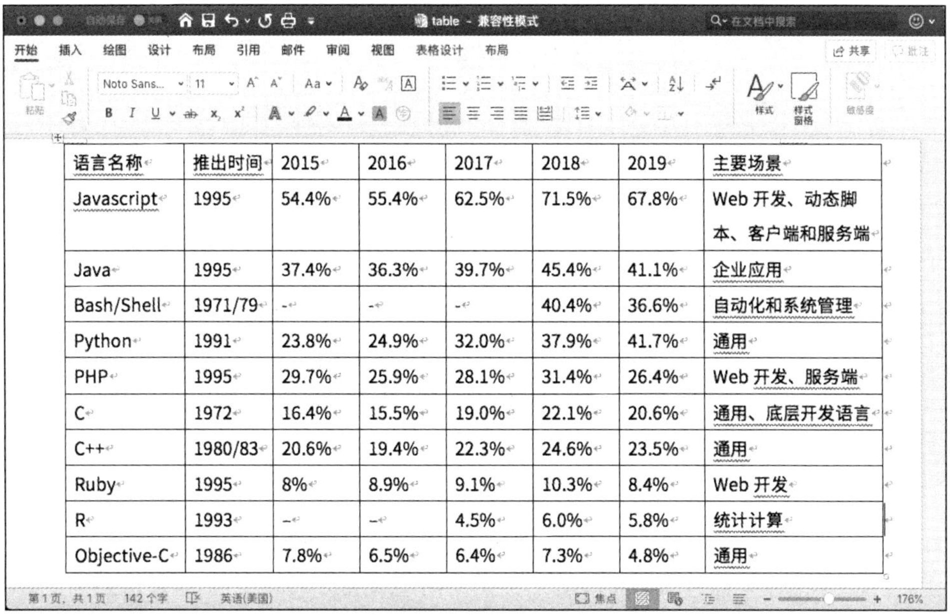

第 5 章　Word 文档自动化

图 5.2

如何读取图 5.2 中的表格数据呢？可以通过 python-docx 提供的 tables 属性读取，代码如下：

```
from docx import Document

doc = Document('table.docx')
# 获取 Word 文档中的所有表格
tables = doc.tables
# 选择第一个表格
table = tables[0]

values = []

# 遍历表格中的每一行
for row in table.rows:
    # 遍历每一行中的单元格
    for cell in row.cells:
        # 将单元格中的内容添加到 list 中
```

```
        values.append(cell.text)
    value = ' '.join(values)
    print(value)
    values = []

# 输出
'''
语言名称  推出时间  2015  2016  2017  2018  2019  主要场景
Javascript  1995  54.4%  55.4%  62.5%  71.5%  67.8%  Web 开发、动态脚本、客户端和服务端
Java  1995  37.4%  36.3%  39.7%  45.4%  41.1%  企业应用
Bash/Shell  1971/79  -  -  -  40.4%  36.6%  自动化和系统管理
...
'''
```

上述代码中，通过 Document 方法获取 Word 对象后，紧接着从 Word 对象中获取 tables 属性对象，该属性对象会包含当前 Word 文档中所有 Table 对象。因为图 5.2 中的 Word 文档只有一个表格，所以直接取首个表格进行操作即可。

在获取了具体的 Table 对象后，就可以通过遍历形式获取单元格中的数据了。具体而言，就是使用双层循环，外循环遍历表格中的每一行，内循环遍历每一行中的单元格，在获取了单元格对象后，通过 text 属性获取其中具体的内容。

有时需要对比两个非常相似的表格以找到不同之处，此时要怎么做呢？

这里复制一份图 5.2 中的 Word 文档，并将 Python 在 2019 年的流行度改为 1%，如果只靠人眼找出两份 Word 文档间的差异，是较为困难且累人的。

要解决这个问题，可以先将两个 Word 文档中的表格内容读入二维列表中，然后对列表中的内容进行对比，最终找到两个表格不同之处所对应的行号与列号。

虽然我们自身可以编写代码来比较列表之间的差异，但更推荐使用 deepdiff 第三方库，该库可以高效地比较不同对象的内容，并返回差异的内容，以及差异的位置。首先通过 pip 安装 deepdiff 第三方库，安装命令如下：

```
pip install deepdiff
```

安装完成后，编写比较两个表格的代码，代码如下：

```python
from docx import Document
from deepdiff import DeepDiff

def get_doc_values(path):
    '''获取表格中的内容,返回二维数组'''
    doc = Document(path)
    tables = doc.tables
    table = tables[0]
    all_values = []
    for row in table.rows:
        values = []
        for cell in row.cells:
            values.append(cell.text)  # 将表格中单元格的值添加到 values 列表中
        all_values.append(values)  # 构成二维列表
    return all_values

table1 = get_doc_values('table.docx')
table2 = get_doc_values('table_modify.docx')

# 比较列表差异
ddiff = DeepDiff(table1, table2)
print(ddiff)

# 输出
'''
{'values_changed': {'root[4][6]': {'new_value': '1%', 'old_value': '41.7%'}}}
'''
```

上述代码定义了 get_doc_values 方法来获取 Word 文档表格中的内容,该方法的逻辑与读取 Word 文档表格的逻辑类似。

首先调用 get_doc_values 方法获取不同 Word 文档中的表格数据,然后直接通过 deepdiff 库中的 DeepDiff 方法获取两个列表间的差异。从输出结果可知,差异之处在第 5 行第 7 列(root[4][6]以 0 为开始下标),原本的值为 41.7%,新的值为 1%。

通过这种方式,更多的 Word 文档表格比较任务都可以在短时间内轻松完成。

5.1.5 将文字写入 Word 文档

了解了如何读取 Word 文档中的数据后,本节接着介绍如何将数据写入 Word 文档中。

先从写入文字类型数据开始,python-docx 提供了 add_paragraph 方法将文字类型数据以段落形式添加到 Word 文档中,代码如下:

```
from docx import Document

doc = Document()
# 添加标题
doc.add_heading('一级标题', level=1)
# 添加段落
p2 = doc.add_paragraph('第二个段落')
# 将新段落添加到已有段落之前
p1 = p2.insert_paragraph_before('第一个段落')

p3 = doc.add_paragraph('新段落')
# 追加内容
p3.add_run('加粗').bold = True
p3.add_run('以及')
p3.add_run('斜体').italic = True

doc.save('new1.docx')
```

上述代码中,通过 Document 方法获取 Word 文档对象;随后调用 add_heading 方法添加标题,标题的等级可以通过 level 参数指定;接着通过 add_paragraph 方法添加普通段落,如果想将内容添加到已有段落之前,可以调用 insert_paragraph_before 方法。

除通过 add_paragraph 方法将内容一次性添加至 Word 文档外,还可以通过 add_run 方法以追加形式添加内容。除此之外,追加的内容可以通过不同的属性设置其样式,具体效果如图 5.3 所示。

图 5.3

5.1.6 将图片写入 Word 文档

python-docx 提供了 add_picture 方法将图片添加到 Word 文档中,代码如下:

```
from docx import Document
from docx.shared import Inches

doc = Document()
# 添加图片
doc.add_picture('1.png', width=Inches(1.25))
doc.save('new2.docx')
```

在通过 Document 方法获取 Word 文档对象后,直接调用 add_picture 方法将图片路径作为参数传入。此外,还可以通过 width 或 height 参数设置插入 Word 文档中的图片大小,并通过 Inches 类来指定具体的大小,该类的度量单位是英寸。

5.1.7 将表格写入 Word 文档

首先，python-docx 提供了 add_table 方法来创建空表格。此外，通过 style 属性还可以设置表格样式，具体代码如下：

```python
from docx import Document

doc = Document()
# 创建table
table = doc.add_table(rows=3, cols=4)
# 设置table样式
table.style = 'Table Grid'
# 第一种方法：先获取行，再获取该行中对应的单元格
row = table.rows[0]
row.cells[0].text = '第一行第一列'

# 第二种方法：直接指定行号与列号
cell = table.cell(0, 1)
cell.text = '第一行第二列'

doc.save('new3.docx')
```

上述代码中，通过 add_table 方法添加 3 行 4 列的表格，并设置表格样式为基本网格样式（与 Word 文档样式相关的具体内容可以阅读 5.2 节），随后通过两种不同的方法向表格中添加数据。

第一种方法先通过 rows 属性获取对应的行，然后通过 cells 属性获取该行中对应的单元格，并对其 text 属性进行赋值，从而完成向表格中添加数据的目的。

第二种方法更简单，直接通过 cell 方法将行号与列号作为参数传入，从而获取对应位置的单元格对象，然后向该单元格对象的 text 属性赋值。需要注意，python-docx 库中涉及的行号与列号都以 0 作为开始下标。

如果想将图片添加到表格中，又将如何操作呢？

要将图片类型的数据添加到表格中，需要通过追加添加的方式实现，代码如下：

```
# 获取表格中的单元格对象
cell = table.cell(1, 0)
# 获取单元格中的段落对象
p = cell.paragraphs[0]
# 获取追加对象
run = p.add_run()
run.add_picture('1.png', width=Inches(1.25))
```

上述代码中,首先通过 table.cell 方法获取表格中的单元格对象;然后通过 paragraphs 属性获取单元格中的段落对象,单元格中可以有多个段落,所以 paragraphs 属性返回的是一个数组,如果单元格为空,则取第一个段落对象即可;随后调用 add_run 方法为该段落对象创建追加对象;最后追加对象调用 add_picture 方法完成图片的添加,效果如图 5.4 所示。

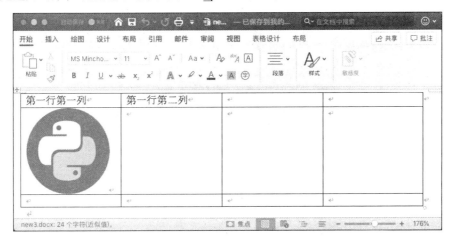

图 5.4

5.1.8 插入有序列表与无序列表

有序列表与无序列表都可以通过 add_paragraph 方法插入 Word 文档中,它们需要通过 style 参数设置其样式,代码如下:

```
from docx import Document

doc = Document()
```

```
style = 'List Number' # 有序列表
doc.add_paragraph('有序列表1', style=style )
doc.add_paragraph('有序列表2', style=style )
doc.add_paragraph('有序列表3', style=style )

style = 'List Bullet' # 无序列表
doc.add_paragraph('无序列表1', style=style)
doc.add_paragraph('无序列表2', style=style)
doc.add_paragraph('无序列表3', style=style)

doc.save('new_list.docx')
```

上述代码中，使用 add_paragraph 方法将 style 参数设置为 List Number，完成有序列表的插入；以相同的方式，使用 add_paragraph 方法将 style 设置为 List Bullet，完成无序列表的插入，具体效果如图 5.5 所示。

图 5.5

5.2 修改 Word 文档样式

Word 支持很多样式，通过不同的样式可以帮助用户突出 Word 文档中的不同内容。python-docx 支持 Word 中的部分样式，虽然不是所有样式，但也足以满足各种场景的使用需求。

5.2.1 文本格式

想要通过 python-docx 控制 Word 文档样式，首先需要理解文本格式与样式的概念，本节先讨论文本格式。

python-docx 将文本格式分为块对象与内联对象两种。

1. 块对象

块对象一般包括标题、段落、图片、表格、有序列表与无序列表。块对象的属性指定了块对象所在的位置，如缩进、段落之间的段间距等，常用的属性有 alignment（对齐方式）、index（缩进）、pace（行间距）等。示例代码如下：

```
from docx import Document
from docx.enum.text import WD_ALIGN_PARAGRAPH

doc = Document()

p1 = doc.add_paragraph('水平居中对齐')
# 设置段落水平居中对齐
p1.paragraph_format.alignment = WD_ALIGN_PARAGRAPH.CENTER

p2 = doc.add_paragraph('左对齐')
# 设置段落左对齐
p2.paragraph_format.alignment = WD_ALIGN_PARAGRAPH.LEFT

p3 = doc.add_paragraph('右对齐')
# 设置段落右对齐
p3.paragraph_format.alignment = WD_ALIGN_PARAGRAPH.RIGHT

doc.save('new.docx')
```

上述代码为不同的段落设置了 alignment 属性，该属性会影响段落的对齐方式，代码中创建了 3 个段落并分别设置成水平居中对齐、左对齐与右对齐。

2. 内联对象

块对象的所有内容都包含在内联对象中，一个块对象由一个或多个内联对象组成。内联对象一般包括文字、句子、段落等，通常通过内联对象的相关属性来指定字体的样式，如粗体、斜体、大小等。示例代码如下：

```
from docx import Document
from docx.shared import Pt

p4 = doc.add_paragraph()
run = p4.add_run('内联对象')
font = run.font
# 设置字体大小
font.size = Pt(35)
# 设置字体为斜体
font.italic = True
doc.save('new.docx')
```

上述代码创建了新的段落，其内容通过 add_run 方法以追加的形式添加，并且获取相应的追加对象，通过追加对象的 font 属性可以对追加内容的字体样式进行相应设置。

python-docx 还支持很多文本格式，这里只做一个简单介绍，更多与文本格式相关的内容读者可以阅读 python-docx 官方文档。

5.2.2 Word 文档样式

Word 文档中常见的样式有段落样式、字符样式、表格样式等，python-docx 库将样式定义在 styles 属性中，但它并不包含 Word 中所有的样式。

下面简单使用 python-docx 的 styles 属性定义样式，代码如下：

```
from docx import *
from docx.shared import Pt

doc = Document()
# 获取 python-docx 支持的所有样式
styles = doc.styles
```

```
# 选取 style 并设置 style 中的段落格式
style = styles["Heading 1"]
p_format = style.paragraph_format
# 设置左缩进
p_format.left_indent = Pt(25)
# 使用样式
p = doc.add_paragraph('使用 style 设置段落样式', style=style)
doc.save('use_style.docx')
```

上述代码中，先将 python-docx 库支持的所有样式赋值给 styles 变量；然后从中选择 Heading 1 样式；接着使用其中的 paragraph_format 属性，该属性可以设置段落的布局特征，这里设置了段落的左缩进；最后将定义好的样式用于具体的段落中。此外，样式对象只需定义一次便可多次使用。

从上述代码中可以知道，在使用某种样式时需要指定样式对应的名称，但用户在刚开始使用时怎么知道，Word 中的某种样式在 python-docx 库中对应的名称呢？

解决该问题的方法其实很简单，只需要将 python-docx 库中支持的样式与对应的样式名称全部输出，然后从中挑选合适的样式即可。

这里将 python-docx 库中支持的所有表格样式输出，代码如下：

```
from docx import Document
from docx.enum.style import *

doc = Document()
styles = doc.styles

for style in styles:
    # 过滤表格样式
    if style.type == WD_STYLE_TYPE.TABLE:
        # 输出当前样式的样式名
        doc.add_paragraph(f"表格样式名称：{style.name}")
        # 创建表格并指定为当前样式
        table = doc.add_table(3, 3, style=style)
        # 将内容添加到第一行
        cells = table.rows[0].cells
```

```
        cells[0].text = '第一列内容'
        cells[1].text = '第二列内容'
        cells[2].text = '第三列内容'
        doc.add_paragraph('\n')
doc.save('show_all_table_style.docx')
```

上述代码中，通过 for 循环遍历 python-docx 库中支持的所有样式，在循环逻辑中，通过 if 判断并过滤所有表格样式；随后通过 add_paragraph 方法将当前表格样式所对应的样式名称以段落形式生成在 Word 文档中；最后创建表格并指定表格样式，通过这种方式即可知道样式名称与具体样式间的关系，如图 5.6 所示。从图 5.6 中可以看出，python-docx 库支持的表格样式总共有 18 页之多。

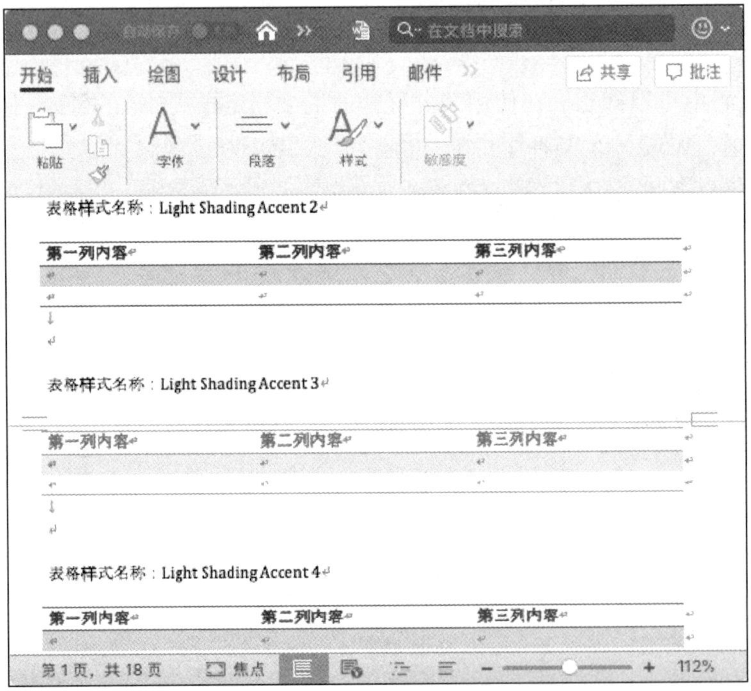

图 5.6

知道了具体样式与样式名称后，就可以通过 python-docx 库构建具有复杂样式的 Word 文档了。但本书并不建议读者这样做，因为这需要编写大量的代码来指定对应的样式，代码会显得繁杂且容易出错。本书更建议使用 Word 模板的形式来构建具有复杂样式的 Word

文档。当然，将两者结合起来是最优的使用方式，读者可以阅读 5.3 节了解与 Word 模板相关的内容。

5.3 使用 Word 模板

Word 模板指包含固定格式设置和版式设置的 Word 文件，通过模板文件，可以快速生成美观的 Word 文档，而不再需要重新设置各种样式的参数。

运行 Word，在新建界面就可以看见 Word 默认提供的多种 Word 模板，如图 5.7 所示。

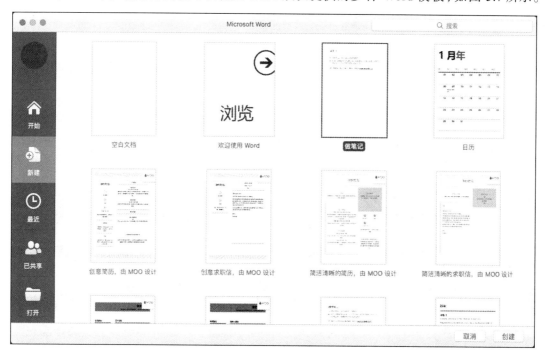

图 5.7

5.3.1 创建 Word 模板文件

对于不同的使用情景，Word 默认提供的各种模板文件并不能满足所有要求，此时可以自行创建一个符合自身需求的模板文件。

下面创建一个入职证明 Word 模板,它用于证明新员工成功入职。其创建过程主要分为如下几步。

(1)创建一个普通的空白 Word 文档,在 Word 文档中输入相应的内容,如图 5.8 所示。

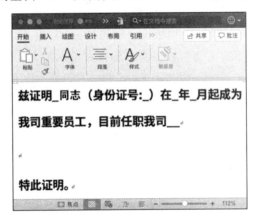

图 5.8

(2)选中 Word 文档中的部分内容,如图 5.9 所示,选中"同志"一词前的下画线"_",然后在"插入"选项卡中创建一个域。WPS 与 Word 都具有该功能。

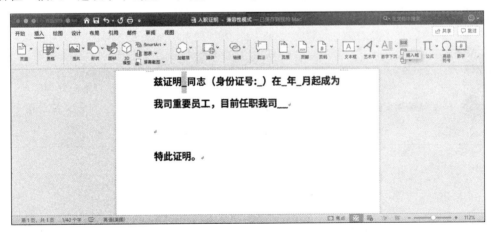

图 5.9

在 Windows 中,"域"按钮的位置有所差别,如图 5.10 所示。

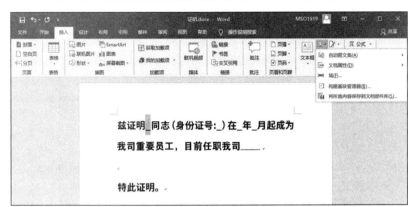

图 5.10

(3)在"域"对话框的"域名"列表框中选择"MergeField",观察"域代码"提示,在"MERGEFIELD 字段名称[开关]"处输入自定义的字段名称,这里为"MERGEFIELD name",如图 5.11 所示。

图 5.11

在"域"对话框的"域名"列表框中选择"MergeField",然后在"域名"文本框中输入对应的名称,最后单击"确定"按钮,如图 5.12 所示。

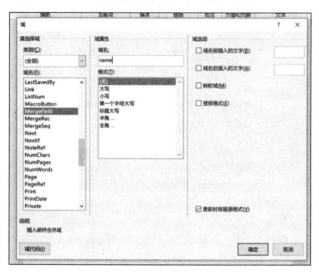

图 5.12

(4)至此,带有"《》"符号的域在 Word 模板中创建成功。然后,以类似的方式将正文中的下画线都替换成域,如图 5.13 所示。

图 5.13

5.3.2 使用 Word 模板文件

Word 模板只是模板，还需要人为向其填充数据，5.3.1 节中使用域创建自定义 Word 模板的目的就是让程序来填充内容。

这里通过 docx-mailmerge 第三方库将数据填充到 Word 模板文件中，不过在使用前，需要先安装 docx-mailmerge 库，命令如下：

```
pip3 install docx-mailmerge
```

docx-mailmerge 库在安装完成后即可使用，代码如下：

```
from mailmerge import MailMerge

template = '入职证明.docx'

doc = MailMerge(template)

# 将内容添加到 Word 模板文件中，参数名与 Word 模板中的域名相同
doc.merge(name='二两',
        id='12345672345',
        year='2020',
        month='9',
        department_name='平台技术部',
        job_name='高级工程师')

doc.write('入职证明_new.docx')
```

上述代码中，一开始实例化了 MailMerge 类，并传入 Word 模板文件路径作为参数，以及获取 Word 模板文件的实例对象，然后使用 merge 方法将内容填充到 Word 模板文件中。需要注意的是，merge 方法的参数名的设定取决于 Word 模板文件的域名，二者必须相同，这样才能将对应的内容填充到 Word 模板文件的对应位置中，具体效果如图 5.14 所示。

此外，Word 模板文件的内容可以通过 Word 填充任意样式，域本身也可以添加相应的样式。docx-mailmerge 库只会将内容填充到对应的域中，对 Word 模板的样式不会产生影响。

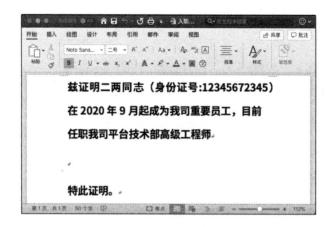

图 5.14

当需要创建复杂样式的 Word 文档时,可以先利用 Word 创建具有这种样式的 Word 模板文件,然后通过代码将内容自动填充到 Word 文档中。此外,通过这种方式还可以批量生成具有美观样式但内容又有所差异的 Word 文档,读者可阅读 5.3.3 节了解具体细节。

5.3.3　快速生成千份劳动合同

有一个 Excel 表格,其中记录了 1000 位求职者的姓名,现在需要为每位求职者生成相应的合同,并将合同中乙方的名字填写为求职者的姓名,该工作应如何完成呢?

回顾前面的知识,不难想到,第一步当然是将合同文件转为 Word 模板文件,将要填写信息的位置转为域。注意域只能使用英文命名。用户可以根据自身的需求为不同的域设置不同的样式,如图 5.15 所示。

接着编写从 Excel 文件中读取姓名并生成 1000 份合同的代码,代码如下:

```python
import pandas as pd
from mailmerge import MailMerge

# 读取求职者基本信息 Excel 表
job_seekers = pd.read_excel('求职者.xlsx')
template = '合同.docx'
doc = MailMerge(template)
```

```python
# 将数据填写到Word文档中
def merge(name):
    doc.merge(owner='二两',  # 甲方
        party_b=name,  # 乙方,求职者姓名
        # 合同年月日
        year='2020',
        month='9',
        day='28')
    doc.write(f'合同/{name}_合同.docx')

# 循环遍历求职者姓名
for i, name in job_seekers['name'].items():
    merge(name)

print('done!')
```

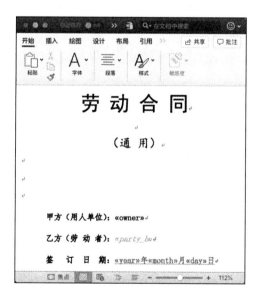

图 5.15

上述代码中，通过 Pandas 库的 read_excel 方法读取 Excel 工作簿中的数据，并通过 for 循环处理 name 列，获取的每个姓名都通过 merge 方法处理，merge 方法会将数据填写到合同文件中。部分生成的合同文件如图 5.16 所示。

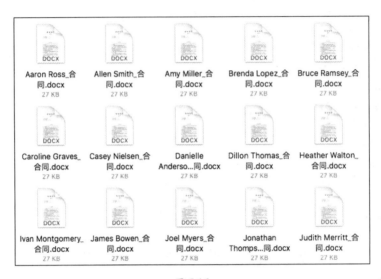

图 5.16

5.4 自动生成数据分析报告

数据分析报告生成是常见的工作任务，如何将大量数据快速转为有价值的数据分析报告呢？

首先，需要审视数据分析的流程，将数据分析流程抽离成一个个单独的步骤；然后通过程序将每一步都实现出来；最后将整个流程串在一起。

需要注意的是，不同人面临的业务与数据都不相同，所以这里无法给出一个可以直接使用的案例代码，但基本操作都是相同的。读者只需要思考自己在进行数据分析时所需的步骤，然后通过这些基本操作拼接出需要的自动化代码即可。

本节通过一些学生的成绩数据来生成简单的数据分析报告，读者只需关注其中的基本操作即可。

5.4.1　处理 Excel 数据

学生成绩数据如图 5.17 所示。整个数据分析报告中的数据源自图 5.17 中的 Excel 工作表，数据分析报告需要给出分数排在第一位的学生姓名及分数，此外还需要通过表格与柱状图展示出学生分数的排列情况。

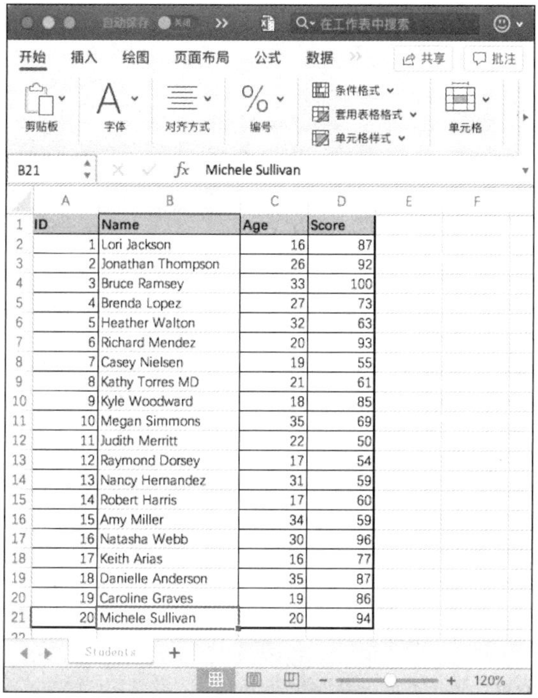

ID	Name	Age	Score
1	Lori Jackson	16	87
2	Jonathan Thompson	26	92
3	Bruce Ramsey	33	100
4	Brenda Lopez	27	73
5	Heather Walton	32	63
6	Richard Mendez	20	93
7	Casey Nielsen	19	55
8	Kathy Torres MD	21	61
9	Kyle Woodward	18	85
10	Megan Simmons	35	69
11	Judith Merritt	22	50
12	Raymond Dorsey	17	54
13	Nancy Hernandez	31	59
14	Robert Harris	17	60
15	Amy Miller	34	59
16	Natasha Webb	30	96
17	Keith Arias	16	77
18	Danielle Anderson	35	87
19	Caroline Graves	19	86
20	Michele Sullivan	20	94

图 5.17

这里首先生成学生成绩从大到小排列的柱状图，代码如下：

```
import pandas as pd
import matplotlib.pyplot as plt

students = pd.read_excel('student_score.xlsx')
# 就地排序
students.sort_values(by='Score', inplace=True, ascending=False)
# 绘制柱状图
```

```python
plt.bar(students['Name'], students['Score'], color='orange')

plt.title('Student Score', fontsize=16)
plt.xlabel('Name')
plt.ylabel('Score')
# 重铺 x 轴标签
plt.xticks(students.Name, rotation='90')
# 紧凑型布局
plt.tight_layout()
# 保存图片
plt.savefig('student_score.png')
```

上述代码中，通过 Pandas 库的 read_excel 方法读入工作表中的数据，然后通过 sort_values 方法对 Score 列进行排序，接着使用 matplotlib.pyplot 的 bar 方法对排序后的 DataFrame 进行柱状图的绘制，并设置该柱状图的标题、x 轴标签和 y 轴标签。随后，为了达到美观的效果，重铺 x 轴的标签，将 x 轴显示的学生姓名旋转 90°，通过 savefig 方法将生成的柱状图保存起来。有关 Pandas 绘图方面的内容，读者可以阅读 4.3.8 节。

柱状图绘制完成后，接着获取分数排在第一位的学生信息。因为在绘制柱状图时已经通过 sort_values 方法对数据进行了排序，所以直接获取排在第一位的学生数据即可。

需要注意的是，用 sort_values 方法进行排序后的数据的下标并没有改变，此时直接通过下标获取的仍是原本排在第一位的数据，但这并不是我们需要的。此时要么通过绝对位置获取数据，要么重新排列数据的下标，再通过下标获取数据，代码如下：

```python
# 数据虽然被排序，但数据下标并没有改变，直接通过下标获取的依旧是原本的数据
print('原始下标: ', students['Name'][0])
# 方法一：通过 iloc 方法获取绝对位置
print('绝对位置: ', students.iloc[0, :]['Name'])
# 方法二：对下标重新排序再取其中的第一位
students.reset_index(drop=True, inplace=True)
print('重新排列后的下标', students['Name'][0])


# 输出
'''
原始下标: Lori Jackson
```

绝对位置：Bruce Ramsey
重新排列后的下标 Bruce Ramsey
'''

5.4.2 生成美观的数据分析报告

处理完 Excel 工作表数据后，就可以根据处理结果来生成数据分析报告了。因为 Excel 工作表中的数据比较简单，所以直接使用 python-docx 库来生成数据分析报告即可，代码如下：

```python
from docx import Document

doc = Document()
doc.add_heading('数据分析报告', level=0)
# 绝对定位，获取分数排在第一位的学生信息
first_student = students.iloc[0, :]['Name']
first_score = students.iloc[0, :]['Score']

p = doc.add_paragraph('分数排在第一位的学生是')
# 设置为粗体
p.add_run(str(first_student)).bold = True
p.add_run(',分数为')
p.add_run(str(first_score)).bold=True

p1 = doc.add_paragraph(f'总共有{len(students["Name"])}名学生参加了考试，学生考
    试总体情况：')
# 添加表格
table = doc.add_table(rows=len(students["Name"])+ 1, cols=2)
# 设置表格样式
table.style = 'LightShading-Accent1'
table.cell(0, 0).text = '学生姓名'
table.cell(0, 1).text = '学生分数'
# 添加数据到表格中
for i, (index, row) in enumerate(students.iterrows()):
    table.cell(i+1, 0).text = str(row['Name'])
    table.cell(i+1, 1).text = str(row['Score'])
# 添加图片
doc.add_picture('student_score.png')
```

```
doc.save('student_score_analyze.docx')
print("Done!")
```

上述代码中,首先构建新的 Word 文档对象,随后通过 iloc 方法获取 DataFrame 中排在第一位的学生信息,接着将该学生的信息通过 add_paragraph 方法与 add_run 方法添加到段落中。

通过 add_table 方法添加表格并设置相应的样式,随后通过遍历 DataFrame 的形式将 DataFrame 中的数据写入 Word 文档的表格中,最后使用 add_picture 方法将此前通过 Matplotlib 库生成的柱状图载入,并通过 save 方法保存整个 Word 文档,效果如图 5.18 所示。

图 5.18

本章小结

- 使用 python-docx 库实现对 Word 文档不同对象（文字、图片、表格、有序列表与无序列表）的读写操作。

- python-docx 支持多种 Word 文档样式，可以通过 styles 属性使用这些样式。

- 使用 Word 模板文件与 docx-mailmerge 库可以轻松生成具有复杂样式的 Word 文档。

- Pandas 库与 python-docx 库配合使用，可以轻松生成美观的数据分析报告。

第 6 章
PPT 文件自动化

在日常工作中，PPT 制作是常见的工作，如果制作创意类 PPT，则无法通过自动化的形式生成，因为创意本身具有随机性，而自动化解决的是重复性工作，两者有所冲突。

本章将介绍如何批量生成具有一定美感且内容又不相同的 PPT，让你从重复的工作中抽离出来。

与 Excel、Word 等文件类似，PPT 文件也分为两个不同的文件格式，分别是*.ppt 文件格式与*.pptx 文件格式，*.ppt 是 2003 版及以下版本的 PPT 软件生成的格式，*.pptx 是 2007 版及以上版本的 PPT 软件生成的格式。相比于*.ppt 文件格式，*.pptx 文件格式在相同的数据量下占用空间更小，兼容性更高。

在 Python 中，可以使用 python-pptx 库实现 PPT 文件的自动化操作。首先，需要通过 pip3 安装该库，命令如下：

```
pip3 install python-pptx
```

需要注意的是，python-pptx 只支持*.pptx 文件格式的 PPT 文件。为了避免歧义，下面使用 PPT 表示 PPT 软件，使用 PPT 文件表示 PPT 软件中操作的文件。

6.1 读写 PPT 文件

我们从最基本的读写 PPT 文件开始介绍，本节将介绍如何通过 python-pptx 库实现对 PPT 文件数据的读与写操作。

6.1.1 快速创建 PPT 文件

一个 PPT 文件通常由多个幻灯片组成，每个幻灯片都有相应的布局。通过 python-pptx 库创建 PPT 文件的过程其实就是创建一个空的 PPT 文件，然后不断向其中添加具有某种布局的幻灯片的过程。

PPT 支持多种布局的幻灯片，而不同操作系统中默认布局样式的种类也有所不同，可以通过"开始"→"新建幻灯片"查看操作系统默认支持多少种布局。在 macOS 操作系统中，PPT 默认支持 11 种布局，如图 6.1 所示。

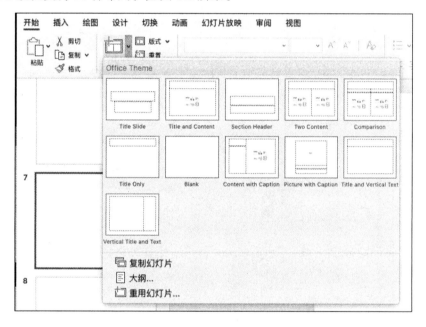

图 6.1

python-pptx 库同样支持这些幻灯片布局样式，下面使用该库创建一个 PPT 文件，具体代码如下：

```
from pptx import Presentation

# PPT 文件对象
PPT = Presentation()
# 遍历所有的布局
```

```
for layout in ppt.slide_layouts:
    # 为该 PPT 文件添加使用某种布局的幻灯片
    slide = ppt.slides.add_slide(layout)
# 保存 PPT 文件
ppt.save('show_all_layout.pptx')
```

上述代码通过 Presentation 方法获取 PPT 文件对象；然后通过 for 循环遍历 PPT 文件对象的 slide_layouts 属性，该属性存放着当前操作系统中 PPT 默认支持的所有幻灯片布局；随后通过 slides.add_slide 方法向 PPT 文件中添加某种布局的幻灯片；最后通过 save 方法保存整个 PPT 文件。

打开该 PPT 文件，可以发现已创建了 11 页幻灯片，每一页幻灯片都具有默认的布局，如图 6.2 所示。

图 6.2

6.1.2 向幻灯片中插入文字

使用 python-pptx 库向 PPT 文件插入文字，其操作是非常简单的，只需获取对应的占

位符对象,然后将要插入的文字赋值给占位符对象的 text 属性即可。示例代码如下:

```python
from pptx import Presentation

ppt = Presentation()

# 幻灯片布局,选择第一种默认布局
slide_layout = ppt.slide_layouts[0]
# slide 对象为一页幻灯片,一个 PPT 文件中可以有多页幻灯片
slide = ppt.slides.add_slide(slide_layout)
# 取本页幻灯片的 title 占位符
title = slide.shapes.title
# 向 title 文本框中插入文字
title.text= '我是标题'
# 取出本页幻灯片第二个文本框
subtitle = slide.placeholders[1]
# 向第二个文本框插入文字
subtitle.text = '正文框'

# 添加第二页幻灯片,采用不同的布局
slide_layout = ppt.slide_layouts[1]
slide = ppt.slides.add_slide(slide_layout)
# 以同样的方式向第二页幻灯片插入文字
title = slide.shapes.title
title.text = '我是标题2'
subtitle = slide.placeholders[1]
subtitle.text = '正文框2'
ppt.save('write_text.pptx')
```

上述代码中,一开始先通过 Presentation 方法获取 PPT 文件对象,然后通过 slides.add_slide 方法添加具有第一种默认布局的幻灯片,从而获取 slide 幻灯片对象。从幻灯片对象中可以获取本幻灯片具有的占位符对象,如通过 slide.shapes.title 获取幻灯片中的标题占位符,通过 placeholders 列表获取幻灯片对应位置的占位符,通过向占位符对象的 text 属性赋值实现将文字插入 PPT 文件的目的,如图 6.3 所示。

图 6.3

还有一种方法是完全通过占位符对象向 PPT 文件插入文字，代码如下：

```
from pptx import Presentation

# 创建 PPT 对象
ppt = Presentation()
# 选择布局
layout = ppt.slide_layouts[0]
# 添加幻灯片
slide = ppt.slides.add_slide(layout)
# 获取本幻灯片中所有的占位符
placeholders = slide.shapes.placeholders
# 插入文字
placeholders[0].text = '第一个文本框'
placeholders[1].text = '第二个文本框'
# 保存文件
ppt.save('write_text2.pptx')
```

上述代码中每一步都有具体的注释，这里不再详细解释。

在 python-pptx 库中，一页幻灯片被当作 slide 对象，幻灯片中的元素被当作占位符对象。

简单总结，python-pptx 库操作 PPT 文件可以分为以下 3 步。

（1）创建 PPT 文件对象和布局对象。

（2）创建 slide 幻灯片对象并为其设置布局。

（3）对 slide 幻灯片对象中的元素进行各种操作。

如何将新的文字追加到已有文字之后呢？其实也很简单，示例代码如下：

```python
from pptx import Presentation

# 读入已存在的 PPT 文件
ppt = Presentation('write_text.pptx')

# 第一页幻灯片
slide0 = ppt.slides[0]
# 获取第一页幻灯片所有的占位符
placeholder = slide0.shapes.placeholders
# 在第二个占位符对象中添加新段落
new_paragraph = placeholder[1].text_frame.add_paragraph()
# 追加新文字
new_paragraph.text = '追加的新文字'
ppt.save('write_text3.pptx')
```

上述代码中，一开始通过 Presentation 方法读入已存在的 PPT 文件来构建 PPT 对象，然后通过 slides 属性获取当前 PPT 文件中已存在的幻灯片，紧接着通过 shapes.placeholders 属性获取当前幻灯片中所有的占位符，然后通过 text_frame.add_paragraph 方法在对应占位符对象中添加新的段落对象，并将追加的文字赋值给该段落对象的 text 属性，最后调用 save 方法来保存，从而完成文字追加的操作，效果如图 6.4 所示。

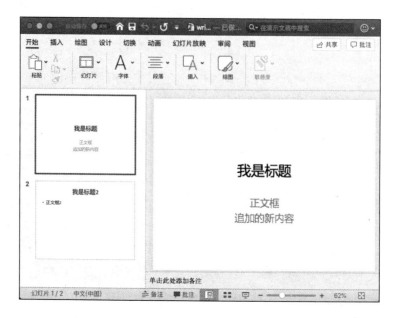

图 6.4

6.1.3 向幻灯片中插入新文本框

6.1.2 节的内容是在已布局的幻灯片中添加文字，如果添加了一张空白幻灯片，幻灯片默认不包含占位符对象，那么如何向其添加文字呢？

可以先通过 add_textbox 方法向幻灯片中添加新的文本框对象，然后向文本框对象中添加文字，代码如下：

```
from pptx import Presentation
from pptx.util import Inches

ppt = Presentation()
# 空白布局
layout = ppt.slide_layouts[6]
# 添加空白布局的幻灯片
slide = ppt.slides.add_slide(layout)
# 预设位置以及大小
left = Inches(5)
```

```
top = Inches(5)
width = Inches(5)
height = Inches(5)
# left、top 为相对位置,width、height 为文本框大小
textbox = slide.shapes.add_textbox(left, top, width, height)
textbox.text = '这是一个新的文本框'
# 添加新段落
new_paragraph = textbox.text_frame.add_paragraph()
new_paragraph.text = '文本框中第二段内容'
ppt.save('add_new_text.pptx')
```

上述代码在一开始创建了没有任何布局的空白幻灯片,因为没有布局,所以 slide 对象默认没有包含任何占位符对象,此时无法通过 shapes.placeholders 形式向幻灯片中添加文字。

为了添加文字,可以通过 shapes.add_textbox 方法向幻灯片中添加新的文本框,该文本框大小以及与位置相关的属性是通过 Inches 类的实例指定的。

创建了新的文本框对象后,只需向该对象的 text 属性赋值即可。此外,还可以通过 text_frame.add_paragraph 方法在文本框中创建新的段落对象,通过对段落对象的 text 属性赋值,也可以实现在新文本框中添加新内容的目的,最终效果如图 6.5 所示。

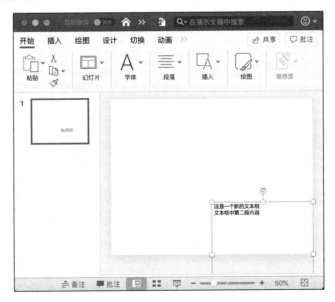

图 6.5

6.1.4 向幻灯片中插入图片

除可以向 PPT 文件中插入文字外，还可以插入其他类型的数据，如图片、形状、表格等，本节介绍如何向 PPT 文件中插入图片。

python-pptx 库提供了 add_picture 方法，通过该方法可以轻松将图片插入某张幻灯片中。示例代码如下：

```python
from pptx import Presentation
from pptx.util import Inches

# 实例化 PPT 对象
ppt = Presentation()
# 空白布局
layout = ppt.slide_layouts[6]
# 添加幻灯片
slide = ppt.slides.add_slide(layout)
# 定义图片添加的位置
left = Inches(0)
top = Inches(0)
# 定义插入图片的大小
width = Inches(2)
height = Inches(2)
img_path = 'header.jpeg'
# 将图片插入幻灯片
pic = slide.shapes.add_picture(img_path, left, top, width, height)
ppt.save('add_image.pptx')
```

与插入文字的代码类似，插入图片的过程依旧可以分为 3 步：首先，创建 PPT 文件对象并指定布局；然后，创建新的幻灯片；最后定义图片插入位置以及图片插入后显示的大小，定义好后通过 add_picture 方法便可将图片元素插入当前幻灯片中，效果如图 6.6 所示。

图 6.6

6.1.5 向幻灯片中插入形状

PPT 支持很多形状，通过这些形状可以构建出具有不同美感的 PPT 文件，在 PPT 的"插入"选项卡中单击"形状"按钮，便可浏览 PPT 支持的形状，如图 6.7 所示。

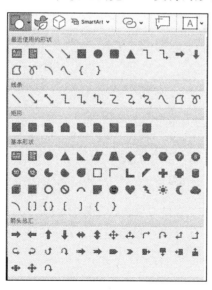

图 6.7

python-pptx 库提供了 add_shape 方法，通过该方法可以轻松将对应的形状插入某张幻灯片中，代码如下：

```python
from pptx import Presentation
from pptx.enum.shapes import MSO_SHAPE
from pptx.util import Inches

ppt = Presentation()
layout = ppt.slide_layouts[6]
slide = ppt.slides.add_slide(layout)

# 定义要插入形状的位置
left = Inches(1)
top = Inches(2)
# 定义要插入形状的大小
width = Inches(1.8)
height = Inches(1)
# 插入形状
shape = slide.shapes.add_shape(MSO_SHAPE.PENTAGON, left, top, width, height)
# 在形状中添加文字
shape.text = '第1步'

for i in range(2, 6):
    # 移动位置
    left = left + width - Inches(0.3)
    # 插入形状
    shape = slide.shapes.add_shape(MSO_SHAPE.CHEVRON, left, top, width, height)
    shape.text = f'第{i}步'

ppt.save('add_shape.pptx')
```

上述代码中，首先创建 PPT 文件对象，并在其中添加幻灯片，然后通过 shapes.add_shape 方法将 PENTAGON 对应的形状插入，最后通过 for 循环将 CHEVRON 形状插入当前幻灯片中的不同位置，效果如图 6.8 所示。

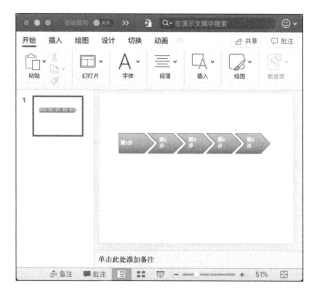

图 6.8

python-pptx 库可以插入 PPT 支持的所有形状，形状的名称可以通过微软 PPT 官网查询。

另一种更直观的方式就是将形状的名称与形状本身插入 PPT 文件中，然后打开 PPT 文件查看，代码如下：

```
from pptx import Presentation
from pptx.enum.shapes import MSO_SHAPE
from pptx.util import Inches

ppt = Presentation()
# 定义插入图片的位置
left = Inches(0)
top = Inches(0)
# 定义插入图片的大小
width = Inches(5)
height = Inches(5)

for member in MSO_SHAPE.__members__:
    try:
```

```
        layout = ppt.slide_layouts[6]
        slide = ppt.slides.add_slide(layout)
        # 添加形状
        shape = slide.shapes.add_shape(member.value, left, top, width, height)
        shape.text = member.name
    except:
        # 报错后会执行的内容
        print(member.name, member.value)

ppt.save('show_all_shape.pptx')
```

上述代码遍历 MSO_SHAPE 类中的 __members__ 属性,该属性中存放着 python-pptx 库支持的所有形状对象,每个形状对象都具有 name 属性和 value 属性。通过 shapes.add_shape 方法将形状对象的 value 属性填入,然后将对应的形状插入幻灯片中,至此即可直观地看出形状名称与形状的具体样式,最终效果如图 6.9 所示。

图 6.9

此外,代码中还使用了 try…except…语句用于捕捉异常,当 try 代码块执行报错时,except 代码块中的代码将被执行。

6.1.6 向幻灯片中插入表格

有时需要在幻灯片中插入表格来展示一些数据，python-pptx 库提供了 add_table 方法来实现表格的插入，代码如下：

```python
from pptx import Presentation
from pptx.util import Inches

ppt = Presentation()

layout = ppt.slide_layouts[6]
slide = ppt.slides.add_slide(layout)

rows = 2
cols = 2
left = Inches(3.5)
top = Inches(4.5)
width = Inches(6)
height = Inches(0.8)

# 添加表格，获取表格类
table = slide.shapes.add_table(rows, cols, left, top, width, height).table

# 第一列宽度
table.columns[0].width = Inches(2.0)
# 第二列宽度
table.columns[1].width = Inches(4.0)

table.cell(0, 0).text = '第一行第一列'
table.cell(0, 1).text = '第一行第二列'
table.cell(1, 0).text = '第二行第一列'
table.cell(1, 1).text = '第二行第二列'

ppt.save('add_table.pptx')
```

上述代码中，通过 shapes.add_table 方法向幻灯片中插入表格并获取表格对象；接着通过表格对象的 columns 属性设置列的宽与高，这里分别设置了第一列与第二列的宽；最后通过 cell 方法获取表格中的某一个单元格，并对其 text 属性赋值，最终效果如图 6.10 所示。

从图 6.10 中可以看出，表格第二列的宽度确实是第一列宽度的 2 倍。

图 6.10

6.2 自动化生成 250 页电影 PPT 文件

6.1 节介绍了如何将不同类型的数据写入 PPT 文件，但如果要完成布局比较复杂的 PPT 文件，单纯通过代码实现还是会显得烦琐，如 PPT 文件中不同幻灯片的布局需要设计，以及幻灯片中元素的位置需要记录等。

我们其实可以通过 PPT 母版来简化该过程。

6.2.1 PPT 母版

PPT 母版与 Word 模板文件非常类似，可以将 PPT 母版理解成一个 PPT 文件的模板，在创建好 PPT 母版后，可以快速将具体的内容添加到母版中，并且该母版具有相应的样式，不再需要编写代码来设置样式。

下面演示如何通过 PPT 创建 PPT 母版文件。

（1）打开一个新 PPT 文件，如图 6.11 所示。

图 6.11

（2）打开幻灯片母版列表，选择第一个母版，如图 6.12 所示。

（3）删除该母版中默认的样式，让其成为空白幻灯片，如图 6.13 所示。

图 6.12

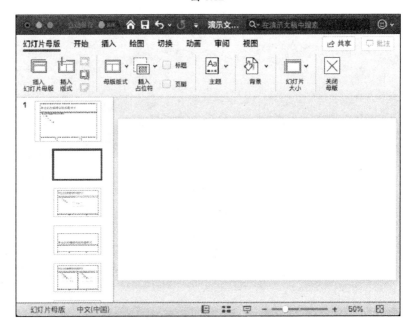

图 6.13

（4）依次选择"幻灯片母版"→"插入占位符"，可以看到 PPT 提供的多种类型的占位符，如图 6.14 所示。

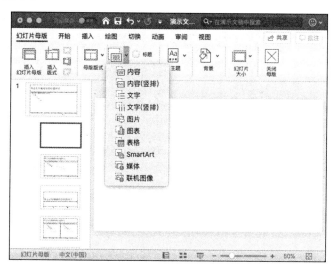

图 6.14

（5）选择"内容"类型的占位符并插入幻灯片中，不同类型的占位符自身都有默认样式，清空默认内容与默认样式，填写自己的内容并定义自己的样式，如图 6.15 所示。

图 6.15

（6）按相同的方式向幻灯片中插入多个占位符，并修改其默认内容与样式。要注意插入占位符的顺序，在编写代码时，应通过插入顺序来操作不同的占位符。如图 6.16 所示，我们创建了一个用于展示电影信息的母版。

图 6.16

图 6.16 中，占位符创建的顺序依次为"电影名称"→"图片"→"评分"→"简介"，该顺序在编程时会用到，需要引起注意。

至此，一页幻灯片母版就设计好了，读者可以通过相同的方式在其他幻灯片上进行设计，也可以从互联网上获取其他具有美观样式的 PPT 母版文件。

6.2.2 生成 250 页电影 PPT 文件

在本节，我们从豆瓣电影中获取了评分最高的 250 部（Top250）电影，如何自动化获取 Top250 电影信息数据，读者可以阅读第 9 章，这里直接使用已获取的数据，分别有电影的编号、名称、评分、电影描述及电影图片，部分描述信息格式如下：

```
编号:['1']名称:['肖申克的救赎']评分:['9.7']电影描述:['希望让人自由。']
编号:['2']名称:['霸王别姬']评分:['9.6']电影描述:['风华绝代。']
编号:['3']名称:['阿甘正传']评分:['9.5']电影描述:['一部美国近现代史。']
编号:['4']名称:['这个杀手不太冷']评分:['9.4']电影描述:['怪蜀黍和小萝莉不得不说的故事。']
编号:['5']名称:['美丽人生']评分:['9.5']电影描述:['最美的谎言。']
...
```

电影图片以电影"编号+名称"的形式放置在相应的文件夹中。

要将电影信息数据写入幻灯片并形成一个美观的 PPT 文件,首先需要处理好原始的电影信息数据,其次就是设计美观的 PPT 母版。PPT 母版在 6.2.1 节中已经创建,这里直接编写相应的代码。

首先实现读入并整理电影信息数据的代码逻辑,具体代码如下:

```python
import os

movie_dir = 'top250'

def get_movie_info():
    '''将电影信息数据读入并整理成一个列表'''
    movies_info = []

    with open(os.path.join(movie_dir, 'douban_movie_top250.txt'), encoding=
    'utf-8') as f:
        # 一行行读入文件中的内容
        for line in f.readlines():
            # 以'符号作为分割符,将一行文字分割成多份
            l = line.split("'")
            mf = {} # movie info 电影信息数据
            mf['index'] = l[1] # 编号
            mf['title'] = l[3] # 名称
            mf['score'] = l[5] # 评分
            try:
                # 电影描述
                mf['desc'] = l[7]
```

```
        except:
            # 有些电影没有描述
            mf['desc'] = ''
        # 电影图片路径
        mf['img_path'] = os.path.join(movie_dir, 'Top250_movie_images',
            f"{mf['index']}_{mf['title']}.jpg")
        movies_info.append(mf)
    return movies_info
```

上述代码定义了 get_movie_info 方法来读入电影信息数据并将其整理成一个列表返回，该方法的代码逻辑并不复杂，首先打开相应路径中的文件，完整的路径通过 os.path.join 方法拼接而成，在读入文件数据时使用 utf-8 格式编码（更多细节可阅读本节的扩展内容）。

具体而言，读取文件数据的过程就是，通过 for 循环将文件中的数据一行行读入，每一行数据通过 "'" 符号进行切分，然后从切分后的数据中获取相关的内容，接着构建一个字典并将内容存放到字典中，然后将字典对象添加到列表中。整个文件读完后，就会产生一个记录着所有数据的列表，将其返回即可。

为了让读者更直观地理解上述代码，这里展示使用 "'" 符号切分后的数据的样式，代码如下：

```
# 一行电影描述
In [1]: line = "编号:['1']名称:['肖申克的救赎']评分:['9.7']电影描述:['希望让人自
   由。']"
# 按 "'" 符号切分
In [2]: l = line.split("'")
# split 方法返回切分结果列表
In [3]: print(type(l), l)
<class 'list'> ['编号:[', '1', ']名称:[', '肖申克的救赎', ']评分:[', '9.7', ']
    电影描述:[', '希望让人自由。', ']']
# 从相应的位置取出需要的信息
In [4]: l[1]
Out[4]: '1'
```

```
In [5]: l[3]
Out[5]: '肖申克的救赎'

In [6]: l[5]
Out[6]: '9.7'

In [7]: l[7]
Out[7]: '希望让人自由。'
```

上述代码中，通过 split 方法对一行电影描述文字进行切分，该方法会返回切分后的结果列表。split 方法中，传入的参数就是切分的标识，代码中的标识为"|"符号。

在完成电影信息数据的读取后，接着就可以编写生成电影 PPT 文件的相关代码。具体而言，就是将创建好的 PPT 母版文件读入，然后使用 PPT 母版中幻灯片的布局来创建新的幻灯片，并将数据按规律插入对应的占位符对象中，代码如下：

```python
def create_ppt(movies_info):
    '''创建电影 PPT 文件'''
    # 读入 PPT 母版文件构建 PPT 对象
    ppt = Presentation('PPT 母版文件.pptx')
    # 获取母版个数
    num = len(ppt.slide_layouts)
    print(num)
    layout = ppt.slide_layouts
    # 遍历所有电影信息数据
    for mf in movies_info:
        # 安装母版中第一个幻灯片的布局并创建新幻灯片
        slide = ppt.slides.add_slide(layout[0])
        # 当前幻灯片中所有的占位符
        placeholders = slide.shapes.placeholders
        for i, pl in enumerate(placeholders):
            if i == 0:
                # "编号 + 名称"，插入第 1 个占位符对象中
                pl.text = mf['index'] + mf['title']
```

```
        elif i == 1:
            # 占位符对象中插入图片，插入幻灯片中第 2 个占位符
            pl.insert_picture(mf['img_path'])
        elif i == 2:
            # 评分插入第 3 个占位符对象中
            pl.text = mf['score']
        elif i == 3:
            # 电影描述插入第 4 个占位符对象中
            pl.text = mf['desc']
ppt.save('豆瓣Top250 电影.pptx')
```

上述代码定义了 create_ppt 方法来创建电影 PPT 文件，该方法接收 movies_info 电影信息数据列表，其实就是 get_movie_info 方法返回的结果。

在 create_ppt 方法中，一开始将 PPT 母版文件读入，构建出 PPT 文件对象，然后获取 PPT 母版文件中幻灯片的布局，紧接着通过 for 循环遍历所有电影信息数据。

对于 PPT 母版文件中的第一个幻灯片布局，每一次遍历都会向 PPT 文件对象中添加具有这个布局的幻灯片，然后获取该幻灯片中占位符的个数，这些占位符就是 6.2.1 节创建的"电影名称""图片""评分""简介"。

遍历幻灯片中的占位符对象，然后根据在创建 PPT 母版文件时占位符的创建顺序，向占位符对象中添加相应的数据，如第一个占位符是填写"电影名称"的内容占位符，所以向该占位符对象中填入电影的编号加名称数据，其他占位符对象以相似的方式填入数据。

至此，我们定义了 get_movie_info 方法用于读取电影信息数据，定义了 create_ppt 方法将读取的电影信息数据用于电影 PPT 文件的生成，最后将两个方法调用即可，代码如下：

```
if __name__ == "__main__":
    movies_info = get_movie_info()
    create_ppt(movies_info)
```

运行上述代码，会生成如图 6.17 所示的 PPT 文件。

更加复杂的 PPT 文件也可以使用"PPT 母版文件+数据"的形式生成。

第 6 章　PPT 文件自动化

图 6.17

在生成 250 页电影 PPT 文件的过程中，需要将电影信息数据读入，其中涉及如下代码：

```
with open(os.path.join(movie_dir, 'douban_movie_top250.txt'),
encoding='utf-8') as f:
    pass
```

上述代码通过 open 方法打开文件，并通过 encoding 参数将读入数据的格式转为 utf-8 格式。什么是 utf-8 格式？要理解它，就需要简单介绍与字符编码相关的概念。

附录 A.1 中介绍了计算机只能存储二进制数据，我们常用的十进制数字可以轻松转为二进制数字，那么文字如何转化呢？计算机是如何存储英文，又是如何存储中文的呢？

在 20 世纪 60 年代，有人提出了一个名为 ASCII 编码的字符编码规则，它指定了英文字母与二进制的对应关系。通过该关系表，就可以将英文单词存储成二进制数据，ASCII 编码一直沿用至今。

· 201 ·

ASCII 编码一共规定了 128 个字符对应的二进制编码，除了 A、B、C 等大小写字母，还指定了英文句点（.）、空格等特殊字符对应的二进制编码。在英文世界，ASCII 编码已经足够使用了，但世界上还有很多种语言，如中文、日文、韩文等，因此，ASCII 编码根本不够用，如果通过 ASCII 编码的方式打开写有中文的文件，就会出现乱码的情况（一些无法阅读的无序文字）。

为了统一世界上所有的文字，业内出现了一个名为 Unicode 的字符集。Unicode 是一个很大的字符集合，它可以容纳 100 多万个符号，每个符号都对应着唯一的编码。例如，"编程"的"编"字对应的 Unicode 编码为 111111100010110，转为更易读的十六进制，表示为 7F16。

Unicode 字符集统一了世界上所有的文字编码，但也存在严重的问题，即 Unicode 在通过 15 位二进制来表示一个数时，需要耗费大量的计算机空间。一个英文字母在 ASCII 编码规则下只需占用 1 字节，而在 Unicode 字符集中需要占用 2 字节，也导致了 Unicode 字符集被提出后并没有得到大范围推广。

随着互联网的普及，统一字符的编码方式迫在眉睫，此时 utf-8 编码出现了，utf-8 是当前最为广泛使用的一种基于 Unicode 的实现方式。

这里需要注意一个概念，Unicode 是一个字符集，它提出了字符与编码的对应关系，但并没有将其实现；而 ASCII、utf-8 是依据某种映射关系实现的具体编码规则，而 utf-8 依据的就是 Unicode。

utf-8 的特点就是采用可变长编码方式，在 Unicode 中，中文需要 2 字节，英文也需要 2 字节，这造成大量的空间资源浪费；而 utf-8 在遇到中文时采用 2 字节来存储信息，遇到英文时采用 1 字节存储信息。

在 Linux /macOS 操作系统中，可以使用 file 命令来查看某文件使用的编码方式，命令如下：

```
# file gen_top250_ppt.py
gen_top250_ppt.py: Python script text executable, UTF-8 Unicode text
```

在 Windows 操作系统中，可以使用记事本打开相应的文件，依次选择"文件"→"另存为"命令，在弹出的"另存为"对话框的最下面"编码"一栏中显示了当前文件使用的编码方式。

本章小结

- 使用 python-pptx 库将数据插入 PPT 文件可分 3 步：①创建 PPT 文件对象并定义布局；②选择某一布局来创建 slide 幻灯片对象；③对 slide 幻灯片对象中的元素进行各种操作。

- 通过 python-pptx 库可以轻松地将文字、图片、形状、表格等数据插入 PPT 文件的幻灯片中。

- 通过 PPT 母版文件可以轻松地实现美观的 PPT 文件。需要注意的是，母版文件幻灯片中的占位符是有顺序的，在编写代码时需要通过对应的顺序将数据插入其中。

第 7 章
PDF 文件自动化

PDF（Portable Document Format，便携式文档格式）由 Adobe Systems 在 1993 年提出，每个 PDF 文件都可以包含文字、图像、表单、注释等各类信息。

日常接触的 PDF 文件可以分为可编辑型 PDF 文件与扫描型 PDF 文件，想知道某个 PDF 文件属于哪个类型，可以通过该 PDF 文件中的内容是否可以复制来区分，如果内容可以复制，则是可编辑型 PDF 文件，反之则是扫描型 PDF 文件。可以简单将扫描型 PDF 文件理解成由一张张图像构建而成。

本章讨论的对象为可编辑型 PDF 文件。

7.1 读取 PDF 文件内容

读取 PDF 文件中的内容是日常工作中最基本的需求，本节将讨论如何读取 PDF 文件中的文字内容、图像内容与表格内容。

7.1.1 PDF 文件原理简析

PDF 文件是日常工作中经常使用的文件格式之一，因为部分功能与 Word 文档类似，所以人们时常将 PDF 文件与 Word 文档联系在一起，但实际上 PDF 文件与 Word 文档完全不同，虽然两者在实际用途上有很多相同之处，但这只是表面现象，从实现原理层面来看，

PDF 文件与 Word 文档的差异远大于 Word 文档与 Excel 表格的差异。

为了方便理解本章后续的内容，本节将简单介绍 PDF 文件的实现原理，便于大家对 PDF 文件有进一步的理解。

PDF 文件与 Word 文档在出现之初的定位就不相同，使用 Word 文档的主要目的是方便编辑，我们可以在 Word 文档上对内容轻松地编写与修改，但在不同操作系统下或用不同的 Word 编辑软件打开同一个 Word 文档，其样式可能存在差异；而 PDF 文件则不同，使用 PDF 文件的目的是便于展示与传播，在任何操作系统下或使用任何 PDF 软件打开同一个 PDF 文件，其样式几乎没有差异。

为了加深理解，这里分别创建一个 Word 文档与一个 PDF 文件，两个文件都只包含一个居中显示的单词——LOVE。

首先对 Word 文档进行操作，2007 版之后的 Word 文档使用*.docx 文件格式，*.docx 文件格式基于 XML，整个 Word 文档其实是一个压缩包，我们将 Word 文档的*.docx 扩展名改为*.zip 扩展名，然后解压，随后打开其中的 word/document.xml 文件，该文件标记着整个 Word 文档的内容与具体的样式。其关键代码如下：

```xml
<w:p w:rsidR="00D35169" w:rsidRDefault="00D35169" w:rsidP="00D35169">
 <w:pPr>
   <w:jc w:val="center"/>
 </w:pPr>
 <w:r>
   <w:rPr>
     <w:rFonts w:hint="eastAsia"/>
   </w:rPr>
   <w:t>LOVE</w:t>
 </w:r>
 <w:bookmarkStart w:id="0" w:name="_GoBack"/>
 <w:bookmarkEnd w:id="0"/>
</w:p>
```

*.docx 文件格式的 Word 文档通过 XML 来描述样式与标记内容。观察上述代码，不难猜出部分标签的作用，其中<w:jc>标签控制内容居中显示，<w:rFonts>标签指定使用的

字体，<w:t>标签包裹具体的内容。

通过 XML 描述文本信息，可让 Word 文档易于编辑与修改，但通过不同软件打开 Word 文档时，可能会出现不同的样式。

那么 PDF 文件又是什么情况呢？通过纯文本编辑器打开 PDF 文件，浏览 PDF 文件的源码，其源码几乎不可阅读。为了方便理解，这里将内容同样为"LOVE"的 PDF 文件源码简化并改写成人类语言，其代码如下：

```
[文字开始]
    [缩放比例] 1 倍
    [文字定位] 坐标 (2020.1010, 520)
    [选择字体] 12 磅
    [绘制文字] [(L) 间距 12 (O) 间距 12 (V) 间距 12 (E)]
[文字结束]
```

在 PDF 文件的源码中，指出了当前文件的缩放比例、出现位置及绘制内容时的间距，每一步都非常明确，不同的 PDF 软件几乎没有可以"自由发挥"的空间，可以让 PDF 文件的样式非常稳定。

PDF 文件结构（物理结构）的这一特性带来了一个问题，即难以编辑。一个真实的 PDF 文件并不像上述代码那么简单，主要由四大部分构成，分别是文件头（Header）、文件主体（Body）、交叉引用表（Cross-Reference Table）和文件尾（Trailer）。具体介绍如下。

（1）文件头：描述当前 PDF 文件遵从的 PDF 规范的版本号，它出现在 PDF 文件的第一行。

（2）文件主体：由一系列 PDF 对象构成，包括页面、文字、字体、图像等，每个对象都有唯一的 ID 编号。

（3）交叉引用表：指 PDF 文件中的对象索引表，存储了不同对象间的引用关系，这些对象可以相互引用、相互包含。

（4）文件尾：声明了交叉引用表的位置并描述了文件的根对象（Catalog），如果当前 PDF 文件是加密文件，那么文件尾还会保存加密信息。

通常，PDF 软件在读取 PDF 文件内容时，首先会获取文件头中的版本号等信息，然后读取文件尾中的信息，并获取交叉引用表的地址，最后借助交叉引用表解析 PDF 文件中所有对象的包含与引用关系，并将其绘制出来。

PDF 文件结构的不同部分都有较强的依赖性，因此修改 PDF 文件中的部分内容就很容易影响其他内容，这也是 PDF 文件难以编辑的本质原因。

如果确实需要对 PDF 文件内容进行修改，建议找到 PDF 文件对应的源文件，在源文件上进行修改，它可能是 Markdown 文件、Word 文档等，修改完成后再重新生成新的 PDF 文件；直接对 PDF 文件进行修改，会对 PDF 文件原有结构造成"污染"，如果修改内容较多，就容易造成 PDF 文件布局格式混乱，以及文件太大等问题。

7.1.2 读取 PDF 文件中的文字

对 PDF 文件原理有了一定了解后，我们就可以开始编写相关的代码来获取 PDF 文件中的内容了。本节将使用 pymupdf 第三方库来获取 PDF 文件中的文字内容。

pymupdf 库可以轻松实现对 PDF 文件的读写操作，在使用前，需要先通过 pip3 进行安装，命令如下：

```
pip3 install pymupdf
```

出于历史原因，在使用 pymupdf 库时导入库名为 fitz，这一点需要注意。

pymupdf 库提供了 getText() 方法，可以将 PDF 文件中某页的文字内容提取出来，同时只需要循环遍历整个 PDF 文件，便可将所有的内容提取出来，代码如下：

```
import fitz
from pathlib import Path

pdfpath = Path('stargan.pdf')

def extract_all_document_text():
    '''
    提取 PDF 中的所有文字
```

```
    缺点：提取后的文字没有顺序
    '''

    # 打开 PDF 文件
    pdf = fitz.open(pdfpath)
    content = ''
    for page in pdf:
        text = page.getText() # 获取文字
        content += text
    with open('荷塘月色1.txt', 'w') as f:
        f.write(content)

extract_all_document_text()
```

上述代码定义了 extract_all_document_text 方法来获取 PDF 文件中的内容。在该方法中，首先通过 fitz.open 方法获取 PDF 文件对象；随后通过 for 循环遍历 PDF 文件对象，并获取 PDF 文件中的每一页；最后调用 getText 方法，将获取的文字内容存储到 TXT 文件中。

这种方式虽然简单，但可能会打乱正常的阅读顺序。打开刚刚保存的 TXT 文件会发现，文字的位置与通过 PDF 软件打开 PDF 文件的并不相同。

因为 PDF 文件结构的复杂性，不同对象间可能相互包含、引用，在面对一些复杂的 PDF 文件时，单纯地提取文字容易出现打乱正常阅读顺序的情况。

我们可以尝试利用 pymupdf 库的块提取机制来解决提取内容的顺序问题。通过提取机制，可以获取很多额外信息，其中包括每块文字的 bbox（bounding box，边界框）位置。

bbox 其实就是一个矩形框，它可以通过矩形的左上角和右下角来确定唯一的一个矩形。

利用提取机制获取的额外信息可以对每一页中获取的块进行排序，从而获取具有正常阅读顺序的文字，代码如下：

```
import fitz
from pathlib import Path

pdfpath = Path('stargan.pdf')
```

```python
def extract_all_document_text_by_block():
    '''
    提取 PDF 中的所有文字
    通过块读取的方式，实现顺序读取
    block 中有很多信息可以用于排序，从而获取正确的顺序
    '''
    pdf = fitz.open(pdfpath)
    content = []
    for page in pdf:
        blocks = page.getText('blocks')  # 获取文本块
        # 对 bbox 的 y0 坐标进行排序，以获取正常的顺序
        blocks = sorted(blocks, key=lambda x:x[1])
        content.extend(blocks)
    with open('荷塘月色2.txt', 'w') as f:
        content = '\n'.join([_[4] for _ in content])
        f.write(content)

extract_all_document_text_by_block()
```

上述代码通过 getText('blocks')方法获取文本块，该方法会返回元组对象(x0, y0, x1, y1, blocks_data, block_no, block_type)，元组中前 4 个对象可以定位出文本块对应 bbox 的位置，blocks_data 是文本框中具体的文字内容，block_no 是该文本框在当前页的序列号，block_type 是文本框的类型（图像块为 1，文本块为 0）。

因为 PDF 文件中的文字是一行行顺序排列下来的，所以文本框对应的 bbox 的左上角的 y 坐标是不同的（右下角的 y 坐标也不同），通过对文本框 y 坐标的排序，便可以获取具有正确阅读顺序的文字。

此外，pymupdf 库还提供了 page.getTextWords 方法，可以获取每页中的文字框信息，该方法会返回与 getText('blocks')方法一致的元组，只是其 bbox 位置是具体的某单个文字的位置，而 blocks_data 也仅是单个文字的内容。该方法可以对一些复杂的 PDF 文件进行内容提取。

7.1.3 从 PDF 文件中提取图像

一个 PDF 文件通常会包含图像元素，图像作为 PDF 文件中的对象也会记录在交叉引用表中。

在 pymupdf 库中，可以通过相应的方法获取交叉引用表中记录的对象 ID 编号，并将其称为 xref 整数。

如果知道了 xref 整数，就可以通过 fitz.Pimxmap(pdf, xref)方法获取相应的像素图。该方法的执行速度非常快，但无法判断已获取的像素图的原始格式（如.png、.jpg 等）。

此外，还可以通过 pdf.extractImage(xref)方法直接从 PDF 文件中提取图像的二进制数据，该方法会返回一个字典，除图像二进制数据外还会包含图像的许多元数据，如图像的格式。

虽然可以通过上述两个方法来获取图像，但问题依旧存在，那就是如何获取图像在交叉引用表中对象的 ID 编号（xref 整数）呢？

pymupdf 库提供了 pdf.getPageImageList(page_num)方法，可以从 PDF 文件中的每一页提取出与图像相关的二维列表，类似于[[xref, smask, …], [xref, smask, …]]，其中包含 xref 整数，利用前面提及的方法与 xref 整数便可以获取当前页的所有图像。

在 PDF 文件中，因为对象间可以相互包含与调用，所以在提取 PDF 文件图像时需要额外的代码逻辑来过滤重复的 xref 整数，避免重复提取。

此外，PDF 文件中某些图像可能会存在遮罩层（soft-image mask），可以利用遮罩层与原始图像相结合的形式让原始图像具有透明度，简单而言就是将遮罩层作为原始图像的 Alpha 通道来控制图像的透明度，如图 7.1 所示。

pdf.getPageImageList 方法返回的二维列表中已经包含了遮罩层信息，如果该图像存在遮罩层，则将遮罩层作为原始图像的 Alpha 通道，构建出与 PDF 文件中具有相同样式的图像。

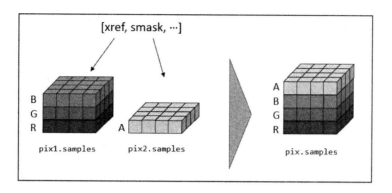

图 7.1

了解了 PDF 文件中图像的基本概念后,便可以开始编写具体的代码,代码如下:

```
import fitz
from pathlib import Path

imgdir = Path("images")

if not imgdir.is_dir():  # 文件夹不存在,则需创建
    imgdir.mkdir(parents=True)

def get_all_images(pdfpath):
    '''获取 PDF 中所有的图片'''

    pdf = fitz.open(pdfpath)

    xreflist = []
    for page_num in range(len(pdf)):
        # 获取某页所有的图片数据
        imgs = pdf.getPageImageList(page_num)
        for img in imgs:
            xref = img[0]
            if xref in xreflist:
                # 已处理过,不再处理
                continue
            # 获取图片信息
```

```python
        pix = recoverpix(pdf, img)
        if isinstance(pix, dict):  # 获取原始图像
            ext = pix['ext']  # 图像扩展名：png、jpg 等
            imgdata = pix['image']  # 图像原始数据
            n = pix["colorspace"]  # 图像颜色通道
            imgfile = imgdir.joinpath(f"img-{xref}.{ext}")  # 图像保存路径
        else:  # 获取像素图
            imgfile = imgdir.joinpath(f"img-{xref}.png")  # 图像保存路径
            n = pix.n
            imgdata = pix.getImageData()
            if len(imgdata) <= 2048:
                # 图像大小至少大于或等于2KB，否则就忽略
                continue
        # 保存图像
        with open(imgfile, 'wb') as f:
            f.write(imgdata)
        # 不再重复处理相同的 xref
        xreflist.append(xref)
        print(f'{imgfile} save')

def main():
    pdfpath = Path('gan.pdf')
    get_all_images(pdfpath)
```

上述代码中，一开始通过 fitz.open 方法获取 PDF 文件中的对象，随后通过 for 循环遍历 PDF 文件中的每一页。

在遍历每一页时，首先通过 pdf.getPageImageList 方法提取与当前页图像相关的二维列表，然后再次通过 for 循环遍历该二维列表。在该循环中，首先判断 xref 整数是否在 xreflist 列表中，如果存在，则说明此前处理过，此次循环不再处理；如果不存在，则通过 recoverpix 方法获取图像信息。

如果图像信息对应的对象的类型为 dict，则说明获取了图像的原始数据，其中包括图像原始的二进制数据、图像格式等信息；如果对象的类型不是 dict，则说明获取了图像对应的 pixmap 像素图，通过 getImageData 方法便可以从像素图中获取图像的原始数据。

如果图像大小小于 2KB，则认为该图像是 PDF 文件中人眼不可见或用于美化的图像，这类图像不必保存，而其他图像则需保存到硬盘中。保存完成后，将此次处理的 xref 整数添加到 xreflist 列表中，避免下次重复处理。

至此，读取图像的大体框架已编写完成，但获取图像信息的 recoverpix 方法还没有编写，编写该方法的代码如下：

```python
def getimage(pix):
    # 像素图色彩空间不为 4，表示没有透明层
    if pix.colorspace.n != 4:
        return pix
    tpix = fitz.Pixmap(fitz.csRGB, pix)
    return tpix

def recoverpix(pdf, item):
    '''恢复图片——处理不同类型的图像，处理遮罩层'''

    xref = item[0]
    smask = item[0] # xref 对应图像的遮罩层
    if smask == 0:
        # 没有遮罩层，直接导出图像
        return pdf.extractImage(xref)

    pix1 = fitz.Pixmap(pdf, xref)
    pix2 = fitz.Pixmap(pdf, smask)
    # 完整性判断
    if not all([
        pix1.irect == pix2.irect, # 像素图矩形相同
        pix1.alpha == pix2.alpha == 0, # 像素图都没有 Alpha 层
        pix2.n == 1 # pix2 像素图每像素只有一维
    ]):
        pix2 = None
        return getimage(pix1)

    pix = fitz.Pixmap(pix1) # 复制 pix1，用于添加 Alpha 通道
    pix.setAlpha(pix2.samples)
```

```
    pix1 = pix2 = None
    return getimage(pix)
```

recoverpix 方法主要通过 pdf.getPageImageList 方法将返回的信息进行图像恢复,一开始先提取出 pdf.getPageImageList 方法返回的 xref 整数与遮罩层,如果不存在遮罩层,则直接通过 extractImage 方法将图像导出,也不需要进行其他处理。

如果存在遮罩层,那么就需要将遮罩层作为原始图像的 Alpha 通道,达到为原始图像增加透明度的效果。在开始处理遮罩层前,首先对其完整性进行校验,通过 irect 属性判断原始图像与遮罩层的像素图矩形是否相同,irect 属性会返回当前像素图的 bbox。该属性返回 bbox 的所有角坐标都是整数,如果想获取精度更高的角坐标,可以使用 rect 属性。

在获取 bbox 角坐标后,校验两个像素图是否具有 Alpha 层(只有四维图像矩形才具有 Alpha 层,Alpha 层在第 4 维),最后校验遮罩层中的每个像素是否只有一维,只有一维的遮罩层才是正常的,因此只用该维存储透明度的信息。

代码中通过 Python 内置的 all 方法来进行判断,all 方法接收可迭代对象作为参数,list 类型的对象就是可迭代对象,只有参数中所有条件都为 True 时,all 方法才会返回 True,而加上 not 则表示参数中只要存在某个条件为 False 的情况,则整个判断为 True。

如果有任意一个条件不满足,那么直接调用 getimage 方法,该方法会根据像素图构建一个新像素图,然后将该像素图返回,此时不对遮罩层进行处理。

如果条件都满足,则创建一个新的像素图对象 pix,然后通过 setAlpha 方法将遮罩层设置为 pix 对象的 Alpha 层,以便完成对原始图像的透明度设置。setAlpha 方法接收遮罩层的 pix2.samples 属性作为参数,pix2.samples 属性可以获取由当前像素图的所有颜色和透明度值构成的矩阵,矩阵的形状为像素图宽度×高度×n(n 表示每个像素对应的维度)。因为遮罩层只是一维的,所以 pix2.samples 会返回一个与原始图像面积相同的一维矩阵。最后,通过 getimage 方法将图像返回即可,最终效果如图 7.2 所示。

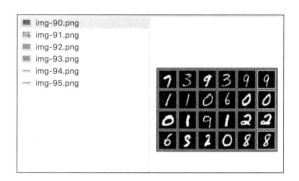

图 7.2

7.1.4 从 PDF 文件中提取表格

PDF 文件中通常会有表格元素,如何提取表格元素中的内容呢?这里的"提取"有两层含义:一是提取表格中的文字,二是提取的文字依旧保持正常的顺序。

仔细观察不同 PDF 文件中的表格,可以发现表格都存在边界,有些表格的边界是可见的,而有些表格的边界是不可见的,如图 7.3(a)(b)所示。

Preferred Model	Grammaticality %	Topicality %	Overall %
LM	15.3	19.7	15.7
MaskGAN	59.7	58.3	58.0
LM	20.0	28.3	21.7
MaskMLE	42.7	43.7	40.3
MaskGAN	49.7	43.7	44.3
MaskMLE	18.7	20.3	18.3
Real samples	78.3	72.0	73.3
LM	6.7	7.0	6.3
Real samples	65.7	59.3	62.3
MaskGAN	18.0	20.0	16.7

(a)

语言名称	推出时间	2017	2018	2019	主要场景
Javascript	1995	62.5%	71.5%	67.8%	通用
Java	1995	39.7%	45.4%	41.1	企业应用
Bash/Shell	1971/79	-	40.4%	36.6%	自动化
Python	1991	32.0%	37.9%	41.7%	通用
PHP	1995	28.1%	31.4%	26.4%	Web 开发、服务端
C	1972	19.0%	22.1%	20.6%	通用、底层开发语言
C++	1980/83	22.3%	24.6%	23.5%	通用

(b)

图 7.3

从图 7.3(a)(b)中可以看到两种不同样式的表格,其中图(a)中的表没有竖线作为单元格的分割线,此时要识别出表格中的内容就需要猜测竖线的位置;而图(b)中的表则非常标准,所有分割线都是可见的。

我们如何猜测表格中不可见边界的位置呢？

首先思考，我们如何判断图 7.3（a）中的表格里的内容是属于不同单元格的呢？看文字是否对齐即可，只要是对齐的文字，则认为它们属于同一个单元格。所以，猜测不可见边界位置的一个方法便是，利用表格中文字对齐的情况来猜测出一些水平和竖直的线条，以此作为边界。

当猜测出所有边界后，便可以计算出所有边界的交点，通过交点便可以找到对应单元格的位置。因为表格的内容都在单元格中，所以定位出单元格位置后便可提取表格中的内容。

提取表格的整体流程比较复杂，而且现实世界中不同 PDF 文件的表格样式也并不相同，如将线条图片作为表格的边界，或者多条细线作为表格的一条边界等，所以难以通过某一种方法提取所有 PDF 文件中的表格。

提取表格的操作虽然复杂，但已经有相关的库实现了上述代码逻辑及很多其他细节，我们直接使用即可。pdfplumber 库提供的 extract_table 方法可以轻松提取 PDF 文件中某页的所有表格，对于缺少边界的表格，pdfplumber 库会利用文本位置信息进行猜测，从而定位出不可见边界的位置。在使用 pdfplumber 库前需要通过 pip3 进行安装，命令如下：

```
pip3 installl pdfplumber
```

使用 pdfplumber 库提取表格的方法非常简单，代码如下：

```python
from pathlib import Path
import pdfplumber
import pandas as pd

def use_pdfplumber(pdfpath):
    pdf = pdfplumber.open(pdfpath)
    # 获取具有表格的某页 PDF
    p0 = pdf.pages[0]
    # 获取 PDF 中的表格
    try:
        table = p0.extract_table()
        df = pd.DataFrame(table[1:], columns=table[0])
        df.to_csv('table1.csv')
```

```
    except Exception as e:
        print('无法解析 PDF 中的表格')
        raise e

pdfpath = Path('编程语言.pdf')
use_pdfplumber(pdfpath)
```

上述代码中，首先通过 pdfplumber.open 方法获取 PDF 对象，然后通过 pages 属性获取 PDF 文件中的某一页（注意，pages 属性以 0 作为起始下标）。在获取了 PDF 文件中的某一页后，通过 extract_table 方法便可以获取该页中的表格。在提取表格后，通过 Pandas 库将其转为 DataFrame 类型的对象，以方便使用 Pandas 库提供的方法将表格内容导出为.csv 文件。

与 pdfplumber 库类似的库还有 camelot 库，该库同样需要安装，命令如下：

```
pip3 install camelot
```

因为 camelot 库依赖 opencv-python 库，所以还需要安装 opencv-python 库，命令如下：

```
pip3 install opencv-python
```

camelot 库提取 PDF 文件表格的代码非常简单，核心代码如下：

```
import camelot

def use_camelot(pdfpath):
    tables = camelot.read_pdf(str(pdfpath))
    tables.export('table2.csv', f='csv', compress=True)

pdfpath = Path('编程语言.pdf')
use_camelot(pdfpath)
```

上述代码中，通过 camelot.read_pdf 方法读入 PDF 文件，然后调用 export 方法将整个 PDF 文件中的表格提取成一个 ZIP 压缩包，PDF 文件中的表格将变成 ZIP 压缩包中的.csv 文件。

虽然使用 pdfplumber 库与 camelot 库可以轻松提取 PDF 文件中的表格，但是很多表格布局独特，难以通过上述方法提取。经过多次试验，pdfplumber 库与 camelot 库可以提取具有标准样式的表格，以及部分无边界但文字对齐的表格。

对于一些 PDF 文件中特殊布局的表格，首先，可以利用 pymupdf 库逐字提取，然后根据字体所在位置编写相应的过滤提取逻辑。

7.2 PDF 文件基本操作

通过 Python 还可以对 PDF 文件进行多种基本操作，如添加文字、生成目录、加密等。本节中的多种操作将通过 PyPDF4 第三方库来实现，名为 PyPDF 的库有多个，为了避免混淆，这里简单介绍这些库的关系。

最初的 PyPDF 库发布于 2005 年，2010 年停止更新。随后以 PyPDF 库为基础出现了名为 PyPDF2 的库，该库易用且相关文档丰富，被使用了很多年，但它对 Python 3 的兼容性较弱。紧接着便出现了名为 PyPDF3 的库，经过一段时间后，PyPDF3 被重命名为 PyPDF4，该库在 PyPDF2 的基础上较好地兼容了 Python 3。

PyPDF4 与 PyPDF2 在功能上相似且同样易用，但需要注意两个库并不兼容。通过 pip3 便可以安装 PyPDF4，命令如下：

```
pip3 installl PyPDF4
```

7.2.1 给 PDF 文件添加文字

通过前面内容的介绍，我们掌握了如何从 PDF 文件中读取数据，而与之对应的给 PDF 文件中添加文字也是常见的需求，通过 pymupdf 库即可实现对文字的添加。

因为 pymupdf 库对 PDF 文件的操作接近底层，所以在添加文字时需要进行相应的设置，如指定文字的插入位置、文字使用的字体等。示例代码如下：

```
import fitz

pdf = fitz.open()                          # 创建新的 PDF
page = pdf.newPage()                       # 创建新的一页 PDF
```

```
start_x = 50
start_y = 50

# [内容，字体]
texts = [['Hello PDF!',], ['你好！', 'china-ss']]

for text in texts:
    p = fitz.Point(start_x, start_y)      # 文字内容的起点
    rc = page.insertText(p,
                     text[0],
                     fontname=text[1] if len(text) == 2 else 'helv',
                     fontsize=11,
                     rotate=0)            # rotate 角度，其他可用值：90，180，270
    # 下移
    start_y += 20

pdf.save('text.pdf')
```

上述代码中，一开始通过 fitz.open 方法创建一个新的 PDF 文件，随后通过 newPage 方法在该 PDF 文件中创建新的一页，然后创建 texts 列表用于存储要添加到新 PDF 文件中的内容。texts 是一个二维列表，列表中的子列表存储着要添加的内容及该内容对应的字体，如果字体为空，则使用默认的字体。

新创建的 PDF 文件样式如图 7.4 所示。

图 7.4

pymupdf 库对字体支持有限,对于中文字体而言,china-s 表示黑体,china-ss 表示宋体,china-t 表示繁体。关于更多字体支持,读者可以阅读 pymupdf 库官方文档中有关 insertFont 方法的介绍。

因为 PDF 文件格式的复杂性,所以我们需要通过较为复杂的程序才能生成比较美观的 PDF 文件。相较于编写复杂的 PDF 文件生成程序,本书更建议通过程序生成美观的 Word 文件,然后将 Word 文件转为 PDF 文件。

7.2.2 为 PDF 文件生成大纲

在阅读较大的 PDF 文件时,大纲(也称书签)发挥着比较重要的作用,我们可以通过大纲快速地跳转到想要阅读的部分。

pymupdf 库提供了 getToC 方法与 setToC 方法操作当前 PDF 文件的大纲,其中 getToC 方法会获取当前 PDF 文件中的大纲,该方法会返回一个二维列表,形式为[[lvl, title, page, dest],…],其含义如下。

(1)lvl 表示大纲的层级数,即一级目录、二级目录等。

(2)title 表示大纲的标题。

(3)page 表示当前大纲对应的页码,即单击该大纲会跳转到 PDF 文件中的那一页。

(4)dest 表示大纲的详细信息,只有当 getToC 方法的 simple 参数为 False 时才会返回。

而 setToC 方法可以为 PDF 文件设置新的大纲,因此利用 getToC 方法与 setToC 方法便可以为 PDF 文件生成新的大纲,代码如下:

```
import fitz

pdf = fitz.open('荷塘月色.pdf')
# 获取 PDF 大纲
toc = pdf.getToC()
print(toc)
toc = []                              # 置空
```

```
toc.append([1, '夜色深', 1])        # 添加 toc
toc.append([1, '荷塘美', 2])
pdf.setToC(toc)                      # 替换 PDF 目录
print(toc)
pdf.saveIncr()                       # 如果希望保存在源文件中，需要以增量形式保存
```

上述代码依旧通过 fitz.open 方法获取 PDF 对象，然后通过 getToC 方法获取当前 PDF 文件的大纲，因为要重新生成新的大纲，所以 PDF 文件原有的大纲在输出后将会被置空。

设置大纲非常简单，直接以[lvl, title, page]列表形式添加到 toc 列表中即可，最后通过 saveIncr 方法实现增量保存，最终效果如图 7.5 所示。

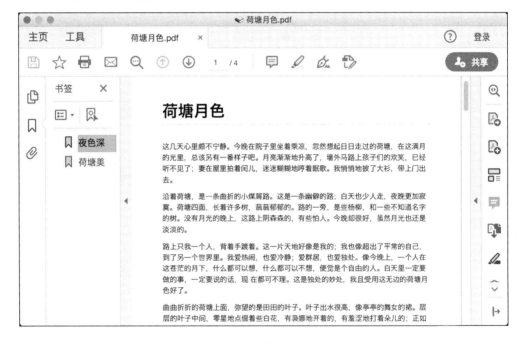

图 7.5

7.2.3　旋转 PDF 页面

有时需要对 PDF 文件中的内容进行旋转才能达到更好的阅读效果。PyPDF4 库提供了 rotateClockwise 方法，可以轻松地旋转 PDF 文件中的内容，代码如下：

```
import PyPDF4

pdfReader = PyPDF4.PdfFileReader('荷塘月色.pdf')
page = pdfReader.getPage(0)          # 获取第一页
page.rotateClockwise(90)             # 页面旋转 90°
pdfWriter = PyPDF4.PdfFileWriter()
pdfWriter.addPage(page)
with open('荷塘月色-旋转版.pdf', 'wb') as f:
    pdfWriter.write(f)
```

上述代码中，将 PDF 文件路径作为 PdfFileReader 类的实例化参数，该类会将 PDF 文件中的交叉引用表读入内存中，随后就可以通过交叉引用表读取 PDF 文件中的内容了。

实例化 PdfFileReader 类并获取 pdfReader 对象后，通过 getPage 方法便可以获取 PDF 文件中具体的某一页，最后调用 rotateClockwise 方法将页面旋转即可。

到目前为止，所有的操作都发生在内存中，为了让修改后的 PDF 文件保存到磁盘中，首先需要实例化 PdfFileWriter 类，然后调用 addPage 方法将此前修改的页面添加到其中，最后通过 open 方法以二进制形式打开一个新的 PDF 文件，并调用 pdfWriter.write 方法将内容写入该文件中，最终效果如图 7.6 所示。

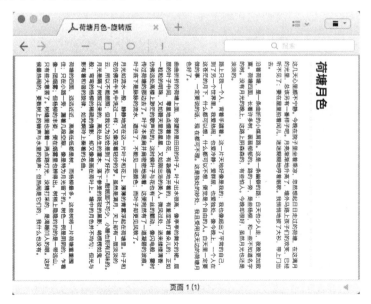

图 7.6

仔细观察旋转 PDF 文件内容的代码，可以发现利用 PyPDF4 库操作 PDF 文件可以大致分为以下 3 步。

（1）实例化 PdfFileReader 类，该类会将 PDF 文件的信息读入内存中。

（2）利用 PdfFileReader 类提供的方法对内存中的 PDF 文件信息进行修改。

（3）实例化 PdfFileWriter 类，将内存中修改后的 PDF 文件数据写入硬盘中。

其实，PyPDF4 库对 PDF 文件的大部分操作都可以分为这 3 步，所以在后续的代码编写中，这 3 个步骤会经常用到。

7.2.4 加密 PDF 文件

在分享具有机密性质的 PDF 文件时，我们希望该文件不被第三方看到，此时就需要对 PDF 文件进行加密操作。通过 PyPDF4 库可以轻松实现对 PDF 文件的加密，代码如下：

```python
import PyPDF4

pdfReader = PyPDF4.PdfFileReader('荷塘月色.pdf')
pdfWriter = PyPDF4.PdfFileWriter()
# 将内容读取并添加到pdfWriter中
for pagenum in range(pdfReader.numPages):
    pdfWriter.addPage(pdfReader.getPage(pagenum))
pdfWriter.encrypt('123456') # 加密
with open('荷塘月色-加密版.pdf', 'wb') as f:
    pdfWriter.write(f)
```

上述代码非常简单，实例化 PdfFileReader 类并通过 getPage 方法获取 PDF 文件中每一页的内容，然后将内容作为 PdfFileWriter 类中 addPage 方法的参数，其本质就是一个复制过程：将 PDF 文件信息从 PdfFileReader 类实例复制到 PdfFileWriter 类实例中，完成复制后，直接通过 PdfFileWriter 类的 encrypt 方法便可完成加密，最后将加密后的 PDF 文件保存即可，最终效果如图 7.7 所示。

图 7.7

7.2.5 合并 PDF 文件

将多个 PDF 文件合并成一个大的 PDF 文件是常见的需求，利用 PyPDF4 库可以轻松将多个 PDF 文件合并，代码如下：

```
import PyPDF4

pdfReaders = [PyPDF4.PdfFileReader('荷塘月色.pdf'), PyPDF4.PdfFileReader('编程语言.pdf')]
pdfWriter = PyPDF4.PdfFileWriter()
for pdfReader in pdfReaders:
    for pagenum in range(pdfReader.numPages):
        page = pdfReader.getPage(pagenum)
        pdfWriter.addPage(page)
# 持久化
with open('合并.pdf', 'wb') as f:
    pdfWriter.write(f)
```

上述代码中，以两个不同的 PDF 文件为参数并实例化 PdfFileReader 类，从而获取多个 PdfFileReader 类实例。将多个 PdfFileReader 类实例放置在列表中，通过 for 循环进行处理。for 循环处理的逻辑非常简单，就是将多个 PDF 文件中的每一页添加到同一个 PdfFileWriter 类实例中，然后将其持久化，以此完成多个 PDF 文件的合并。

思考一下，如何将一个 PDF 文件拆分成多个 PDF 文件？

这与合并的逻辑类似，主要区别在于，拆分 PDF 文件只需要实例化一个 PdfFileReader 类实例，在循环该实例时，只需创建不同的 PdfFileWriter 类实例并完成持久化即可。

7.2.6　给 PDF 文件添加水印

我们不希望自己创作的 PDF 文件被第三方以他人的名义随意使用，此时就可以为 PDF 文件添加水印，给 PDF 文件添加水印的本质就是将水印文件合并到 PDF 文件中。

添加水印的第一步是生成水印文件，可以通过 reportlab 库来生成水印文件。reportlab 库可以快速创建 PDF 文件，以及各种位图和矢量图，在使用前需要通过 pip3 进行安装，命令如下：

```
pip3 install reportlab
```

安装完成后便可以使用 reportlab 库，通过 reportlab 库生成水印文件的代码如下：

```python
from reportlab.pdfgen import canvas
from reportlab.lib.units import cm

def create_watermark(content):
    ''' 创建水印 '''
    file_name = "watermark.pdf"
    # 创建水印画布
    c = canvas.Canvas(file_name, pagesize = (30*cm, 30*cm))
    # 移动坐标原点[坐标系左下为(0,0)]
    c.translate(10*cm, 2*cm)
    # 设置字体
    c.setFont("Helvetica", 80)
```

```
# 指定描边的颜色
c.setStrokeColorRGB(0, 1, 0)
# 指定填充颜色
c.setFillColorRGB(0, 1, 0)
# 旋转 45°,坐标系被旋转
c.rotate(45)
# 指定填充颜色
c.setFillColorRGB(0.6, 0, 0)
# 设置透明度,1 为不透明
c.setFillAlpha(0.2)
# 绘制文本
c.drawString(3*cm, 0*cm, content)
# 设置透明度
c.setFillAlpha(0.4)
# 关闭并保存 PDF 文件
c.save()
return file_name
```

上述代码中的每一行代码都有相应的注释,这里不再详细解释。

水印文件创建好后便可以通过 PyPDF4 库将该 PDF 文件与要添加水印的 PDF 文件合并,代码如下:

```
from pathlib import Path

from PyPDF4 import PdfFileReader, PdfFileWriter

def add_watermark(input_pdf, output):
    ''' 添加水印 '''
    watermark = Path('watermark.pdf')
    if not watermark.is_file():  # 如果水印文件不存在,则创建
        create_watermark("Python")
    watermark_obj = PdfFileReader(str(watermark))
    watermark_page = watermark_obj.getPage(0)
    pdf_reader = PdfFileReader(input_pdf)
    pdf_writer = PdfFileWriter()
```

```
    # 给所有页面添加水印
    for page in range(pdf_reader.getNumPages()):
        page = pdf_reader.getPage(page)
        page.mergePage(watermark_page)
        pdf_writer.addPage(page)

    with open(output, 'wb') as out:
        pdf_writer.write(out)

add_watermark('荷塘月色.pdf', '荷塘月色-水印版.pdf')
```

上述代码通过 add_watermark 方法添加水印，该方法首先判断水印文件是否存在，如果不存在则调用 create_watermark 方法创建水印，然后将水印文件的路径作为 PdfFileReader 类的实例化参数，从而获取水印 PDF 文件的读取对象 watermark_obj。

随后通过 getPage 方法获取其中带有水印的那页 PDF 文件，并以类似的方式读入需要添加水印的 PDF 文件。循环添加水印 PDF 文件中的每一页，调用 mergePage 方法将水印页与当前页合并，并将合并的内容添加到 PdfFileWriter 类实例中，最后持久化保存即可，最终效果如图 7.8 所示。

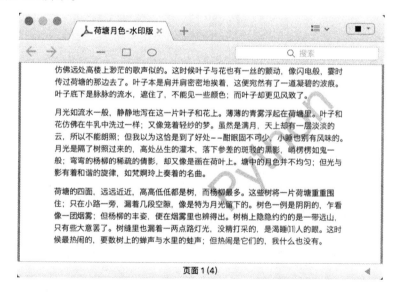

图 7.8

本章小结

- 通过对 pymupdf 库块读取的结果进行排序，可以从 PDF 文件中获取具有正常阅读顺序的内容。

- 从 PDF 文件中提取图像资源时需要考虑图像资源是否具有遮罩层，如果有，则需要注意遮罩层的还原。

- 不同 PDF 文件中的表格具有不同的样式，难以有一种统一的方法可以提取各类 PDF 文件中的表格。

- PDF 文件中缺少边界的表格可以通过"文字对齐"猜测表格边界。

- 通过 pymupdf 库的 insertText 方法可以向 PDF 文件中添加文字。

- 通过 pymupdf 库的 setToC 方法可以为 PDF 文件设置新的大纲。

- 利用 PyPDF4 库可以轻松实现对 PDF 文件的旋转、加密、合并与添加水印等基本操作。

第 8 章

自动组织文件

文件是我们在使用计算机时"打交道"最多的对象，自动化操作、组织文件可以极大地提高计算机的使用效率，本章将介绍如何使用 Python 自动化地操作文件。

8.1 文件属性与文件操作

对操作系统而言，一个文件就是一个资源，每个资源都具有相应的属性。就文件而言，文件具有创建时间、修改时间、文件大小、操作权限等不同的属性，其中操作权限对应着当前用户是否可以读写该文件。本节使用 Python 来获取文件属性并对文件进行读写操作。

8.1.1 获取文件属性

在 Python 中，可以通过 pathlib 库轻松获取文件的不同属性，首先获取文件大小的信息，代码如下：

```python
from pathlib import Path

def get_filesize(filepath):
    # 获取文件大小，单位为B
    fsize = Path(filepath).stat().st_size
    # B 转 MB
    fsize = fsize / float(1000 * 1000)
```

```
        return round(fsize, 4)

fsize = get_filesize('测试.txt')
print(f'文件大小: {fsize}MB')

# 文件大小: 14.5437MB
```

上述代码创建了 get_filesize 方法获取文件的大小，并在方法中创建了 Path 对象，以及调用了该对象的 stat 方法获取文件的属性信息，其中 st_size 属性就是文件的大小信息，该属性对应着以字节为单位的文件大小，通过除法操作，可以将其转为以 MB 为单位的值。

除 pathlib 库外，还可以使用 os.path.getsize 方法获取文件大小信息。

pathlib 库在 Python 3.4 时被引入并成为 Python 内置的标准库，在此之前，很多与文件相关的操作都需要使用 os.path 中提供的方法。

pathlib 库会通过文件所在路径将文件构建成 pathlib.Path 对象，后续对文件的操作都会通过该对象完成。相比于过去文件路径只是单纯的一个字符串，pathlib 库提供的方式更加符合面向对象的编程风格。

使用 pathlib 库获取文件创建时间与修改时间的操作同样简单，具体代码如下：

```
import time
def get_time(timestamp):
    '''格式化时间戳'''
    t = time.localtime(timestamp)
    return time.strftime('%Y-%m-%d %H:%M:%S', t)


filepath = '测试.txt'
# 文件创建时间
ctime = Path(filepath).stat().st_ctime
ctime = get_time(ctime)
# 文件修改时间
mtime = Path(filepath).stat().st_mtime
mtime = get_time(mtime)
print(f'创建时间: {ctime}, modify time: {mtime}')

# 创建时间: 2020-04-01 23:22:25, modify time: 2020-04-01 23:22:25
```

上述代码分别通过 st_ctime 属性和 st_mtime 属性获取文件的创建时间与修改时间，但获取的值都是时间戳。

时间戳是指从格林尼治时间 1970 年 01 月 01 日 00 时 00 分 00 秒起至现在的总秒数。

时间戳通常难以让人直观地了解当前具体的时间，我们通常会将其格式化为常见的时间格式。在 Python 中，可以通过 time 库来实现时间戳的格式化，首先通过 time.localtime 方法将获取的时间戳转为当前地区的时间戳，然后通过 time.strftime 方法将其格式化为相应的样式。

扩展内容

在计算机领域，1 字节转为 1KB 是以 1000 为底来转换还是以 1024 为底来转换呢？两者究竟有何区别？

因为计算机最底层使用二进制进行运算，所以计算机存储空间的大小也以二进制为基准，此时 2^{10} 表示 1024。

在计算机发展的早期，1KB 通常等于 1024B；但随着计算机的快速发展，为了方便更多人理解，国际电工委员会提议 1KB 等于 1000B。

通常硬盘厂商会按 1KB=1000B 的形式进行转换，这样 1TB 的硬盘实际上只有 1000GB；如果按 1024 为底来转换，硬盘厂商还需要为一个 1TB 的硬盘多付出 24GB，这显然会降低利润。

基于以上种种原因，所以我们在判断文件大小时，通常以 1000 为底来进行转换。

此外，以 1024 为底进行转换并没有被弃用，而是修改成另外一种符号。以 1000 为底与以 1024 为底的具体差异如下：

$$1KB = 1000B$$

$$1KiB = 1024B$$

8.1.2 读写文件

读文件与写文件是对文件最常见的操作,在本书前面的内容中已经进行了相应的介绍。

在 Python 中,可以通过内置的 open 方法打开一个文件,以此获取该文件的句柄,该句柄是否具有读写权限依赖于启动 Python 程序的用户是否有权限读写该文件。当使用 open 方法打开文件并完成操作后,需要调用 close 方法将其关闭,避免不用的文件因长期不关闭而产生的系统资源消耗。示例代码如下:

```
f = open('测试.txt', 'r')      # 打开文件
all_content = f.read()         # 读取文件中所有内容
print(all_content)
f.close()                      # 关闭文件句柄
```

上述代码中,通过 open 方法以只读的方式打开文件并获取文件句柄,然后通过 read 方法轻松获取文件中的所有内容。在获取内容后,需要调用 close 方法将文件句柄关闭。

如果读取的是一个大型文件,如十几 GB 大小的文件,此时不推荐使用 read 方法将文件内容一次读入,因为文件太大,计算机内存空间难以在短时间内存放文件的所有内容,此时应该通过 readlines 方法逐行读取,或者在使用 read 方法时传入要读取的字符数,具体代码如下:

```
f = open('测试.txt', 'r')      # 打开文件
for line in f.readlines():
    print(line)                # 输出每一行
f.close()                      # 关闭文件句柄
```

需要注意的是,通过只读方式打开的文件是无法添加新内容的,如果只读文件的文件句柄没有关闭,此时再通过 open 方法以只写方式打开文件就会出现问题,问题代码如下:

```
fr = open('测试.txt', 'r')     # 以只读方式打开文件
fw = open('测试.txt', 'w')     # 以只写方式打开文件

fw.write('新的内容')
```

```
print('读取: ', fr.read())    # 没有输出任何内容，此时是有问题的
fr.close()
fw.close()
```

为了避免出现问题，在每次对文件操作完后，最好调用 close 方法关闭该文件句柄，但这显得有些繁杂。我们可以通过 with 关键字来简化整个过程，同样以读取文件为例，代码如下：

```
# 使用with关键字，文件使用完后会被自动关闭
with open('测试.txt', 'r') as f:
    all_content = f.read()
    print(all_content)
```

with 关键字使用的基本形式为"with…as…"，通过 with 关键字来管理文件的打开，在使用完成后，with 关键字会帮助用户自动关闭当前打开的文件。

不是所有方法都可以使用 with 关键字来管理上下文的，只有上下文管理器对象才可以使用 with 关键字进行管理。任何实现了 __enter__ 方法与 __exit__ 方法的对象都可以称为上下文管理器对象，open 方法返回的文件对象就是一个上下文管理器对象。

读者在知道原理后便可以轻松模拟并使用 with 关键字的 open 方法，其代码如下：

```
class myopen():
    '''模拟使用with关键字的open方法'''
    def __init__(self, filepath, mode):
        self.filepath = filepath
        self.mode = mode

    def __enter__(self):
        print('打开文件')
        self.f = open(self.filepath, self.mode)
        return self.f

    def __exit__(self, exc_type, exc_val, exc_tb):
        print('关闭文件')
        self.f.close()
```

```
with myopen('测试.txt', 'r') as f:
    res = f.read()
    print(res)
```

上述代码中，__enter__方法创建了文件句柄，并在__exit__方法中将该句柄清理，使用 with 关键字，它会自动调用__enter__方法与__exit__方法。

有时，不同操作系统间相互传递的文件在读取时会出现乱码，如 Windows 中的文件传到 macOS 中。为了避免读出乱码的情况，在读取文件时可以将读取的内容转为 utf-8 编码，代码如下：

```
# 通过 encoding 参数指定读取时使用的编码
with open('测试.txt', 'r', encoding='utf-8') as f:
    print(f.read())
```

与读取文件类似，向文件中写入数据时也需要通过 open 方法获取文件句柄，代码如下：

```
with open('测试.txt', 'w', encoding='utf-8') as f:
    f.write('Python 自动化任务, cool~')
```

通过只读模式打开文件，可以向文件中写入新的内容，但如果文件本身存在旧内容，此时会被覆盖。如果想在保留旧内容的基础上添加新的内容，需要使用追加模式打开文件，代码如下：

```
with open('测试.txt', 'a', encoding='utf-8') as f:
    f.write('Python 自动化任务, cool~')
```

追加模式默认会将新内容添加到文件末尾，旧内容不会受到影响。

在很多时候，我们需要处理具有特定格式的文件，需要以二进制形式将文件内容读入，然后根据该文件的格式规则进行解析。以二进制形式读写文件的代码如下：

```
with open('测试2.txt', 'wb') as f:
    # 编码后, 写入
    f.write('新添加的内容'.encode('utf-8'))

with open('测试2.txt', 'rb') as f:
```

```
# 读取二进制文件
print(f.read())
# b'\xe6\x86\xb0\xe6\xb7\xbb\xe5\x8a\xa0\xe7\x8a\x84\xe5\x86\x85\xe5\
  xae\xb8'
```

上述代码中，分别以 wb 与 rb 模式打开文件，分别对应以二进制形式将内容写入文件和以二进制形式将文件内容读出。需要注意的是，在以二进制形式写入新内容时，需要对将要写入的内容进行编码。当然，如果内容本身就是二进制的，则不需要再次编码，如写入 .jpg 格式的图片数据。

如果程序需要频繁操作文件，此时需要考虑一些比较极限的情况，如程序在读取文件的同时用户又在操作该文件，此时就会出现意料之外的结果。为了避免这种情况发生，在通过 open 方法打开文件后，不要进行过多的逻辑操作。

此外，通过 wb 模式或 rb 模式打开文件时，如果文件已经存在，则旧内容会被完全覆盖。有时旧内容仍具有重要的价值，因此为了避免旧内容被无意覆盖，可以使用 x 模式，代码如下：

```
import time
with open('测试3.txt', 'x') as f:
    f.write('新添加的内容')
```

通过 x 模式打开文件时，先会判断该文件是否存在，如果文件已存在，则会抛出 FileExistsError 异常；只有当文件不存在时，才会正常执行，即创建新的文件并写入相应的内容。

8.1.3 重命名文件

对文件进行重命名是常见的需求，通过 pathlib 库的 Path.rename 方法可以轻松实现对某文件的重命名操作，代码如下：

```
In [4]: from pathlib import Path
In [8]: txtpath = Path('/Users/ayuliao/Desktop/t/1.txt')
```

```
# 将1.txt重命名为2.txt
In [10]: txtpath.rename(txtpath.parent.joinpath('2.txt'))
```

上述代码中，通过 rename 方法将 1.txt 重命名为 2.txt，2.txt 的绝对路径与 1.txt 相同，如果 1.txt 不存在，rename 方法会抛出异常。其实，文件重命名的过程也可以看作是移动文件的过程，即 rename 方法传入要移动的位置。

8.1.4 删除文件

在编写程序时，为了避免不需要的文件对代码逻辑产生影响，通常可以将其删除。pathlib 库提供了 unlink 方法与 rmdir 方法来删除文件，但两个方式的使用场景有所不同。示例代码如下：

```
In [1]: from pathlib import Path

In [2]: txtpath = Path('/Users/ayuliao/Desktop/t/1.txt')

# 删除文件时使用
In [5]: txtpath.unlink()

In [6]: emptydirpath = Path('/Users/ayuliao/Desktop/t/test')

# 删除空目录时使用
In [7]: emptydirpath.rmdir()
```

Path.unlink 方法等价于 os.remove 方法，用于删除已存在的文件；Path.rmdir 方法等价于 os.rmdir 方法，用于删除空的目录，如果目录非空，该方法会抛出异常。

在很多时候，为了避免误删文件，在删除文件时都不会将文件真正删除，而是制造出放入垃圾桶的效果，放入垃圾桶的文件经过一段时间后再由其他脚本将其真正删除。这样我们在误删文件后，就可以从垃圾桶中将文件恢复。

我们可以创建一个新的文件夹"垃圾桶"，在删除时，使用 Path.rename 方法将要删除的文件移动到垃圾桶文件夹中，代码如下：

```
In [1]: from pathlib import Path

In [2]: txtpath = Path('/Users/ayuliao/Desktop/t/1.txt')

# 垃圾桶文件夹路径
In [8]: trashpath = Path('/Users/ayuliao/Desktop/t/trash/')

# 将文件移动到垃圾桶，完成删除
In [10]: txtpath.rename(trashpath.joinpath(txtpath.name))

In [12]: !tree /Users/ayuliao/Desktop/t/trash/
/Users/ayuliao/Desktop/t/trash/
└── 1.txt

0 directories, 1 file
```

8.1.5 监控文件变化

有时需要对某个目录中的所有文件进行监控，当目录本身或目录中的文件发生改变时，程序需要做出相应的操作，例如，程序依赖于某些配置文件，当配置文件改变时，在不重启程序的情况下载入文件中的新内容。

在 Python 中，通过 watchdog 第三方库可以轻松实现监控目录的功能。首先通过 pip3 安装 watchdog 库，命令如下：

```
pip3 install watchdog
```

watchdog 库的使用可以简单分为以下 4 步。

（1）定义被监听文件在变动后要执行的方法，代码如下：

```
def on_created(event):
    print(f"创建了{event.src_path}。")

def on_deleted(event):
    print(f"注意，{event.src_path}被删除了。")
```

```python
def on_modified(event):
    print(f"{event.src_path}被修改。")

def on_moved(event):
    print(f"文件从{event.src_path}移动到了{event.dest_path}")
```

上述代码中定义了 4 个方法，分别对应文件的创建、删除、修改和移动。

（2）创建事件处理器。当被监听文件发生变动时，事件处理器会被调用，而事件处理器会根据文件变动的类型调用对应的方法，具体代码如下：

```python
from watchdog.events import PatternMatchingEventHandler  # 事件处理器

# 要处理文件的匹配规则，*表示匹配所有文件
patterns = '*'
# 不需要处理文件的匹配规则
ignore_patterns = ''
# 是否只监听常规文件，不包含文件夹，False 表示文件夹也要监听
ignore_directories = False
# 设置为True，表示区分路径大小写
case_sensitive = True
# 创建事件处理器
evnet_handler = PatternMatchingEventHandler(patterns,
                                            ignore_patterns,
                                            ignore_directories,
                                            case_sensitive)

# 绑定对应的方法
evnet_handler.on_created = on_created
evnet_handler.on_deleted = on_deleted
evnet_handler.on_modified = on_modified
evnet_handler.on_moved = on_moved
```

上述代码中，实例化 PatternMatchingEventHandler 类获取事件处理器，该处理器会根据相应的匹配规则匹配满足条件的文件，匹配规则使用正则表达式表示。上述代码中创建的事件表达式会处理所有类型的文件。

实例化事件处理器后，将第一步定义的方法与事件处理器绑定，当事件处理器被触发时，这些方法就会被调用。

（3）创建观察者对象，该对象会监听对应的目录，当目录发送变动时，会触发相应的事件处理器，代码如下：

```python
from watchdog.observers import Observer  # 导入观察者

# 要监听的路径
path = "d1"
# 是否要监听当前目录的子目录中文件发生的变化，True 表示子目录的变化也监听
recursive = True
# 创建观察者
observer = Observer()
# evnet_handler 事件处理器
observer.schedule(evnet_handler, path, recursive=recursive)
# 启动事件处理器
observer.start()
```

上述代码中，实例化 Observer 类获取观察者对象，用于监听 d1 目录（相对路径）。recursive 参数设置为 True，表示该目录下子目录的变化也要监听。在为 d1 目录设置了观察者对象后，如果该目录发生变化，则会调用 evnet_handler 事件处理器。

（4）监听键盘中断指令，当按"Ctrl+C"或"Command+C"组合键时，停止整个程序，代码如下：

```python
try:
    while True:
        time.sleep(1)
except KeyboardInterrupt:    # 按"Ctrl+C"或"Command+C"组合键退出程序
    observer.stop()          # 停止观察者
    observer.join()
```

当 watchdog 库相关程序运行时，在 d1 目录下创建名为 1.txt 的文件，随后创建 2.txt，然后将 2.txt 移动到其他目录中，接着将 1.txt 重命名为 3.txt，最后将 3.txt 删除。整个流程操作完成后，watchdog 库相关程序输出如下内容：

```
创建了 d1/1.txt。
d1 被修改。
创建了 d1/2.txt。
d1 被修改。
注意，d1/2.txt 被删除了。
d1 被修改。
文件从 d1/1.txt 移动到了 d1/3.txt
d1 被修改。
注意，d1/3.txt 被删除了。
d1 被修改。
```

观察输出内容，d1 目录中无论是创建操作还是删除操作，watchdog 库都认为 d1 目录本身发生了修改。此外，如果将监控目录中的文件移动到其他不被监控的目录时，watchdog 库会认为该文件被删除，具体可以观察 2.txt 移动到其他目录时的输出结果。

至此，对 watchdog 库的使用已介绍完毕。watchdog 库在运行的过程中，除非人为中断，否则程序会一直运行。为了避免 watchdog 库影响程序的正常逻辑，通常会开启一个新的线程来运行 watchdog 库相关的逻辑。

8.2 文件路径

操作系统需要通过文件路径来判断文件的位置，但不同的操作系统间文件路径的构建规则存在差异。为了编写可以跨平台使用的 Python 程序，本节讨论文件路径相关的内容。

8.2.1 不同操作系统间路径的差异

Windows 操作系统与类 UNIX 系统间文件路径的规则是存在差异的。在 Windows 操作系统中，文件与文件的间隔用反斜杠 "\" 连接；而在 macOS 或 Linux 这类类 UNIX 操作系统中，文件与文件间的间隔用正斜杠 "/" 连接。示例如下：

```
# Windows 路径使用反斜杠
C:\Users\ayuliao
```

```
# macOS 路径使用正斜杠
/Users/ayuliao
```

因为不同系统路径存在差异,所以在编写程序时,路径相关的内容就不能使用硬编码的形式,而应该使用 Python 内置的 pathlib 库来实现路径的拼接,代码如下:

```
from pathlib import Path

# 硬编码是错误的写法,不同系统间的路径差异导致这段代码不可使用
path = '/Users/ayuliao/Desktop/'
print(f'硬编码的路径: {path}')

path2 = Path().joinpath('Users', 'ayuliao', 'Desktop')
print(f'软编码的路径: {path2}')

'''
硬编码的路径: /Users/ayuliao/Desktop/
软编码的路径: Users/ayuliao/Desktop
'''
```

8.2.2 绝对路径与相对路径

要讨论文件路径,绝对路径与相对路径的概念是无法绕开的,而要理解绝对路径与相对路径,就需要先理解根目录。

在操作系统中,通常通过文件系统来管理文件来说,整个文件系统如同一棵倒立的大树,可以称为目录树。目录树最上层的目录就是目录树的根,称为根目录;在它之下的目录都称为子目录,如图 8.1 所示。

在 Windows 操作系统对应的文件系统中,不同的盘有对应的根目录,如 C 盘的根目录就是 C 盘;而在类 UNIX 操作系统中,根目录通常用正斜杠 "/" 来表示。

无论是绝对路径还是相对路径,都有对应的参照点,从而定义出绝对与相对。

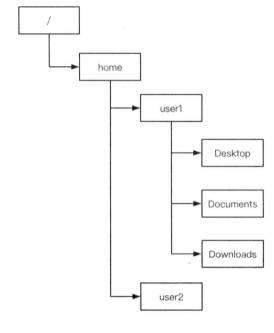

图 8.1

绝对路径的参照点就是根目录，对于一个文件，它到根目录的完整路径就是该文件在文件系统中的绝对路径。例如，C:\Users\ayuliao\Desktop\1.txt，该路径是相对于 C 盘根目录的路径，它就是 1.txt 文件的绝对路径。

相对路径的参照点是当前所在的目录，对于一个文件，它相对于当前所在目录的所在的路径就是该文件的相对路径。如何定义当前所在目录呢？每个在计算机中运行的程序都有一个当前的工作目录，以命令行程序为例，打开的命令行软件必然在某个目录下，某个文件相对于当前所在的这个目录的路径就是该文件的相对路径。

通过图 8.2 可以直观地理解绝对路径与相对路径。

图 8.2 中使用了 cat 命令查看文件中的内容，第一次查看使用了 1.txt 的绝对路径，它的参照点是系统根目录，macOS 操作系统是类 UNIX 操作系统，其根目录是"/"；第二次查看使用了 1.txt 的相对路径，因为当前程序的工作目录是/Users/ayuliao/Desktop/，1.txt 文件相对于该路径的路径为 t/1.txt。

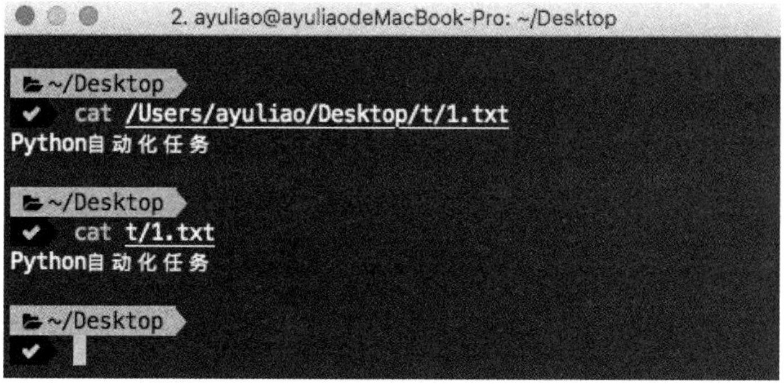

图 8.2

通过 pathlib 库可以判断当前路径是否为绝对路径，代码如下：

```
In [4]: from pathlib import Path

In [7]: txtpath = Path('/Users/ayuliao/Desktop/t/1.txt')

In [8]: txtpath.is_absolute()  # 判断是否为绝对路径
Out[8]: True
```

8.2.3 创建文件夹

Python 中有多种创建文件夹的方式，这里介绍常见的两种方式。

首先，可以通过 os 库的 makedirs 方法创建新的文件夹，如果待创建文件夹的父文件夹不存在，那么父文件夹也会被同时创建，代码如下：

```
In [1]: import os

In [2]: os.makedirs('d1/d2/d3')

In [3]: !tree d1
d1
└── d2
    └── d3
```

```
2 directories, 0 files
```

上述代码中,通过 os.makedirs 方法在当前目录下创建了新的文件夹 d1/d2/d3,通过 tree 命令可以查看新文件夹的目录结构。

此外,还可以通过 pathlib 库达到类似的效果,代码如下:

```
In [4]: from pathlib import Path

In [5]: Path('d4/d5/d6').mkdir(parents=True)

In [6]: !tree d4
d4
└── d5
    └── d6

2 directories, 0 files
```

上述代码中,首先实例化 Path 对象,然后调用 mkdir 方法,因为待创建的文件夹 d6 的父文件夹 d5 与 d4 都不存在,为了避免抛出异常,d5 与 d4 需要一同创建,此时需要将 parents 参数设置为 True。

8.2.4 与文件路径相关的常用操作

在编写程序时,某些与文件路径相关的操作是要经常遇到的,本节将介绍这些常见操作的实现方式。

(1)通过 Path.exists 方法判断文件是否存在,代码如下:

```
In [4]: from pathlib import Path

In [8]: txtpath = Path('/Users/ayuliao/Desktop/t/1.txt')

# 对应路径下文件是否存在,True 表示存在
```

```
In [10]: txtpath.exists()
Out[10]: True
```

（2）获取当前程序运行时所在的目录，再通过相对路径的方式构建出需要的路径。通过这种方式获取的路径具有很好的平台兼容性，代码如下：

```
In [28]: nowpath = Path.cwd()  # 获取当前程序的工作目录

In [30]: nowpath
Out[30]: PosixPath('/Users/ayuliao/Desktop')

# 相对于当前工作目录
In [31]: codepath = nowpath.joinpath('..', 'code')

In [32]: codepath
Out[32]: PosixPath('/Users/ayuliao/Desktop/../code')
```

（3）通过 Path.is_dir 方法判断文件路径对应的是否为文件夹，与之类似，可以通过 Path.is_file 方法判断文件路径对应的是否为文件，代码如下：

```
In [4]: from pathlib import Path

In [8]: txtpath = Path('/Users/ayuliao/Desktop/t/1.txt')

# 对应路径下文件是否为文件夹，False 表示不是文件夹
In [11]: txtpath.is_dir()
Out[11]: False

# 对应路径下文件是否为文件，True 表示是文件
In [12]: txtpath.is_file()
Out[12]: True
```

（4）通过 Path.samefile 方法判断两个文件路径对应的文件是否相同，该方法要求对比的两个文件路径所对应的文件是存在的，代码如下：

```
In [4]: from pathlib import Path

In [8]: txtpath = Path('/Users/ayuliao/Desktop/t/1.txt')
```

```
In [18]: txtpath2 = Path('/Users/ayuliao/Desktop/t/')

# 判断 txtpath 与 txtpath2 对应文件路径的文件是否相同
In [18]: txtpath.samefile(txtpath2)
Out[18]: False
```

（5）通过 Path 对象对应的属性获取文件名、文件扩展名、文件所在目录等信息，代码如下：

```
In [4]: from pathlib import Path

In [8]: txtpath = Path('/Users/ayuliao/Desktop/t/1.txt')

In [23]: txtpath.name         # 获取文件名
Out[23]: '1.txt'

In [24]: txtpath.suffix       # 获取文件扩展名
Out[24]: '.txt'

In [25]: txtpath.parent       # 获取文件所在目录
Out[25]: PosixPath('/Users/ayuliao/Desktop/t')
```

（6）处理文件夹中的所有文件，包括文件夹中的子文件夹包含的文件，代码如下：

```
from pathlib import Path

def findallpyfile(dir):
    # 以递归的形式遍历 dir 文件夹，找寻满足*.py 条件的文件
    for p in dir.rglob('*.py'):
        # 深度
        depth = len(p.relative_to(dir).parts)
        print(p.name, depth)

findallpyfile(Path.cwd())
```

上述代码创建了 findallpyfile 方法，该方法接收 Path 对象作为参数并通过 rglob 方法

以递归的形式遍历整个文件夹。rglob 方法接收相应的匹配模式作为参数，这里接收*.py 参数，表示寻找文件扩展名为.py 的文件。

通过 for 循环处理 rglob 方法返回的文件，在循环中，使用 p.relative_to 方法获取路径 p 与路径 dir 之间的相对路径。因为 dir 文件夹是 p 的父目录，所以两者相对路径的间隔数就是路径 p 的深度。最后，通过 print 方法将 p 路径对应的文件名输出。

（7）通过 iterdir 方法获取当前文件夹下的所有文件，但该方法无法以同样的方式处理当前目录下子文件夹中的文件。通过 iterdir 方法可以轻松计算出当前目录中不同类型文件的个数，代码如下：

```
from pathlib import Path
from collections import Counter

gen = []
# 遍历当前文件夹中的文件
for i in Path.cwd().iterdir():
    gen.append(i.suffix)  # 将文件类型添加到 list 中

# 计算重复内容的个数
print(Counter(gen))
```

8.3 压缩文件操作

通过压缩软件可以将文件压缩成体积更小的文件，从而实现节省磁盘空间与加快网络传输的目的，这种被压缩过的文件通常称为压缩文件。.zip 与.tar.gz 是两种常见的压缩文件类型，Python 中提供了 zipfile 与 tarfile 内置库来分别实现对两种压缩文件的不同操作，本节将介绍两者的用法。

扩展内容

因为计算机底层只能存储二进制数据，所以文件的本质也是一些二进制数据，而压缩文件的本质就是通过更少的二进制数据来表示原始的二进制数据。

压缩软件压缩文件的基本原理就是查找文件中重复或符合某种规律的二进制数据，然后通过更少的二进制数据去表示它，这类似于构建了一个字典，使用一段简短的数据表示一段符合某种规律的数据，从而达到压缩文件大小的效果。

8.3.1 压缩文件

压缩是压缩文件最常见的用法，本节将通过 zipfile 库与 tarfile 库实现对某个文件夹的压缩操作。

首先实现.zip 格式的压缩文件，代码如下：

```
import zipfile
from pathlib import Path

path = 'test'
newzip = zipfile.ZipFile('new.zip', 'w')

# 压缩所有文件
for p in Path(path).rglob('*'):
    newzip.write(p, compress_type=zipfile.ZIP_DEFLATED)

newzip.close()
print('done!')
```

上述代码实例化 zipfile.ZipFile 类，构建出了 ZipFile 对象，实例化时需要指定压缩后获取的压缩文件名与模式。

与读写文件时设置的模式类似，ZipFile 类支持只读（r）、只写（w）、独占写入（x）、追加写入（a）这 4 种模式。因为要创建全新的压缩文件，所以设置为只写模式（w）即可。

创建压缩文件的具体代码逻辑很简单，通过 Path.rglob 方法递归遍历待压缩目录中的所有文件，然后通过 ZipFile 对象的 write 方法将递归遍历获取的结果写入压缩文件中即可。注意，要将 compress_type 参数设置为压缩类型。

.tar.gz 格式的压缩文件可以通过类似的形式构建，代码如下：

```python
import tarfile
from pathlib import Path

path = 'test'
# 创建压缩包
tar = tarfile.open('new.tar.gz', 'w:gz')

for p in Path(path).rglob('*'):
    tar.add(p)

tar.close()
print('done!')
```

上述代码中，通过 tarfile.open 方法获取 tarfile 对象，然后通过该对象的 add 方法便可创建.tar.gz 格式的压缩文件。

tarfile.open 方法除支持 w:gz 模式外，还支持多种模式，不同模式分别对应不同压缩算法，如 w:gz 模式采用 gzip 算法构建压缩文件，w:bz2 模式采用 bzip2 算法构建压缩文件，w:xz 模式采用 lzma 算法构建压缩文件。不同的压缩算法各有千秋，感兴趣的读者可以自行研究、学习。

8.3.2　解压缩文件

与压缩对应的操作便是解压，依旧从.zip 格式的压缩文件开始，通过 zipfile 库可以轻松对.zip 格式的文件进行解压，代码如下：

```python
from pathlib import Path
import zipfile

# 解压的目标路径
target_path = Path.cwd()
zippath = Path('test.zip')
# 创建 ZipFile 对象
```

```
zip_file = zipfile.ZipFile(zippath)
# 解压
zip_file.extractall(target_path)
zip_file.close()
print('done!')
```

上述代码中,解压的核心逻辑只有两步,首先构建 ZipFile 对象,然后调用 extractall 方法将解压后文件存放的路径作为参数传入,即可完成解压。

但有时我们只希望解压部分内容,此时可以调用 extract 方法对个别文件进行解压,代码如下:

```
from pathlib import Path
import zipfile

# 解压的目标路径
target_path = Path.cwd()
zippath = Path('test.zip')
# 创建 ZipFile 对象
zip_file = zipfile.ZipFile(zippath)
# 需要被解压的文件
need_unzip = ['1.txt', '2.txt']
# 返回 zip 文件中包含的所有文件和文件夹列表
names = zip_file.namelist()
print(names)
for fn in names:
    # 判断需解压的文件是否包含在 fn 中
    files = [f for f in need_unzip if f in fn]
    if files:
        print(fn)
        # 解压某个文件
        zip_file.extract(fn, target_path)

zip_file.close()
print('done!')
```

上述代码构建了 need_unzip 列表,列表中的文件就是需要被解压的文件,随后通过 ZipFile 对象的 namelist 方法获取当前压缩文件中所有文件和文件夹的列表,然后通过 for

循环遍历处理这些文件。如果当前遍历处理的文件在列表中，那么就通过 extract 方法对其进行解压。

.tar.gz 格式的压缩文件也可以通过类似形式进行解压，代码如下：

```python
import tarfile

path = 'new.tar.gz'
target_path = '.'

tar = tarfile.open(path, 'r:gz')
# 获取压缩文件中所有文件的名称
file_names = tar.getnames()
print(f'tar zip files name: {file_names}')

# 解压
tar.extractall(target_path)
print('done!')
```

上述代码中，通过 open 方法获取 tarfile 对象，该方法使用 r:gz 模式打开压缩文件。如果想要解压部分文件，可以先通过 getnames 方法获取压缩文件中所有的文件名，然后利用 for 循环进行对应的操作，这里直接通过 extractall 方法解压整个压缩文件。

8.3.3 破解加密压缩文件

有时我们会遇到加密压缩文件，如图 8.3 所示，在不知道密码的前提下，可以尝试对其进行破解，具体思路就是通过程序重复尝试密码文件中不同的密码，直到找到正确的密码为止。

图 8.3

破解并不是万能的，为了提高破解成功的概率，通常需要收集相关的信息，通过这些信息整理出可能的密码组合，如网站域名、人名、手机号、生日等不同信息的组合。

破解加密压缩文件的代码如下：

```python
import zipfile

zippath = 'test.zip'
pwd_path = 'passwd.txt'
targetpath = '.'
zip = zipfile.ZipFile(zippath)

def unzip(pwd):
    try:
        # 解压，pwd为解压时使用的密码
        zip.extractall(path=targetpath, pwd=pwd.encode('utf-8'))
        print(f'密码为：{pwd}')
        return True
    except:
        return False

with open(pwd_path, 'r') as f:
    for pwd in f.readlines():
        # 除去字符串两端空格
        pwd = pwd.strip()
        if unzip(pwd):
            break # 找到密码后退出
```

上述代码的逻辑比较简单，首先通过 open 方法打开密码文件，随后通过 readlines 方法逐行读取其中的内容即密码，然后将密码传入 unzip 方法，该方法会调用 ZipFile 对象的 extractall 方法对加密压缩文件进行解压。

如果输入的密码错误，extractall 方法会抛出异常，通过 try…except…进行包裹，让程序可以多次尝试，直到试出正确的密码。如果整个密码文件都尝试完毕，依旧没有正确的密码，那么加密压缩文件的破解即为失败。

本章小结

- 通过 pathlib 库代替 os 库来进行文件相关的操作。

- 使用 pathlib.Path 中的方法进行文件路径相关的操作，如重命名、删除文件、创建文件夹等。

- 绝对路径与相对路径的本质差异在于参照点不同，绝对路径以系统根目录作为参照点，而相对路径以程序当前工作目录作为参照点。

- 利用 watchdog 库可以轻松实现对目录变化的监控。

- 使用 zipfile 库与 tarfile 库可以实现文件的压缩与解压。

- 可以通过重复尝试密码文件中的各种密码形式对加密压缩文件进行破解。

第 9 章

浏览器自动化

浏览器是常用的软件，通过浏览器，我们可以访问各种网站，浏览各类文章，观看各种视频，等等。

在日常工作中，我们需要通过浏览器访问公司网站进行相应的操作，如登录公司后台网站处理用户数据、添加文章等。本章将介绍如何通过 Python 自动化地操作浏览器，减少对浏览器的重复操作。

市面上有多款浏览器软件，不同浏览器之间存在差异，但大体功能都相似。本章以 Chrome 浏览器为例进行介绍，建议读者安装 Chrome 浏览器来复现书中介绍的操作。

9.1 自动获取网站信息

通过浏览器，我们可以浏览互联网上不同网站的各种资讯。在这个过程中，浏览器是如何获取网站信息的呢？这其中又发生了什么？我们是否可以通过 Python 自动获取网站上的信息呢？本节将讨论如何通过 Python 自动获取网站上的信息。

9.1.1 浅析 HTTP

打开浏览器，然后打开一个网站，观察浏览器中网站网址的位置，我们发现网址总以 http 或 https 开头，如图 9.1 所示，这表示当前网站使用了 HTTP（Hyper Text Transfer Protocol，超文本传输协议）或 HTTPS（Hyper Text Transfer Protocol over Secure Socket Layer，以安全为目标的 HTTP）。HTTPS 在 HTTP 之上提供了加密传输信息的功能，是 HTTP 的升级版，其本质与 HTTP 没有太大差异，因此本节不过多讨论 HTTPS。

图 9.1

HTTP 是用于从 Web 服务器中传输超文本信息到本地浏览器的传输协议。

协议就是一种规范，只有当 Web 服务器和浏览器都遵循某种规范时，两者才能正常通信。

HTTP 规定了信息传输过程中的格式，这样 Web 服务器与浏览器都可以按照规范去解析数据包中的内容，从而正常地处理其中的信息。

每个网站都有相应的网址，网址有一个更术语化的名称：统一资源定位符（Uniform Resource Locator，URL），本章后续用 URL 来表示网站网址。通过 URL 可以在互联网中找到相应的网站，然后通过 HTTP 或 HTTPS 来传输网站中的内容。

在讨论 HTTP 之前，我们首先简单了解浏览器与网站大致的交互过程，理解浏览器是如何通过 URL 获取网站中的信息的。

当在浏览器中输入某个网站的网址时，整个过程可以分为如下几步。

第 1 步：浏览器向 DNS（Domain Name System，域名系统）服务器获取 URL 对应的 IP 地址。

URL 本身其实是无法获取网站信息的，只有网站对应的 IP 才可以获取网站信息。如何将 URL 转为对应的 IP 呢？这就需要使用 DNS 服务，DNS 服务器中保存了一张表，其中记录着网站域名以及与之对应的 IP 地址。通过这张表，DNS 服务便会将网站 URL 中域名对应的 IP 返回。

打开操作系统中与网络相关的设置，会看见当前正在使用的 DNS，如图 9.2 所示。

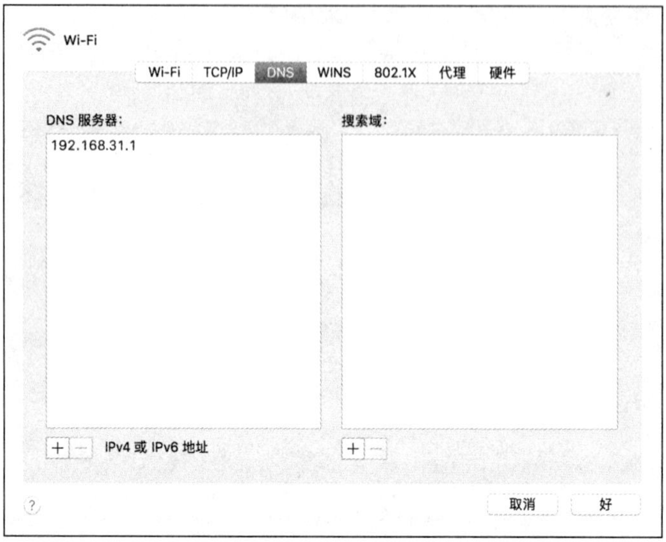

图 9.2

URL 与域名是不同的概念，URL 由域名与其他内容组成，两者的具体关系如下：

```
https://hack***.com/blog/2019/11/18/1.html
    (1)  https                   使用的网络协议
    (2)  hack***.com              网站域名
    (3)  blog/2019/11/18/1.html   网站中的资源路径
```

通过 URL 获取 IP 的本质就是通过其中的域名获取网站的 IP。

第 2 步：浏览器与对应 IP 地址的 Web 服务器进行 TCP（Transmission Control Protocol，传输控制协议）连接，默认连接端口为 80。

在获取网站 IP 后，通过 IP 就可以定位到 Web 服务器的具体位置，随后浏览器便通过 TCP 与 Web 服务器建立连接，相当于为两者建立一个管道，后续信息的交换就通过该管道进行。

Web 服务器其实就是一台计算机,只是该计算机运行着提供 Web 服务的程序,与当前使用的个人计算机没有本质差别。因为 Web 服务器要将服务提供给成千上万的用户使用,所以其性能通常会高于普通计算机。

一台计算机会有 0 ~ 65 535 个端口,端口就像计算机的门,计算机与外部进行信息交换时都需要通过这扇门,如通过微信发送消息时,这些消息数据会通过计算机的某个端口传输出去;接收外部信息也一样,Web 服务器默认会通过 80 端口来接收请求信息。当在浏览器中输入网址时,默认会连接到 Web 服务器的 80 端口。

第 3 步:TCP 连接建立后,浏览器会构建满足 HTTP 的数据包去请求 Web 服务器中的数据。其中,最常用的便是 GET 请求数据包与 POST 请求数据包,简称为 GET 请求与 POST 请求。

打开浏览器(书中都以 Chrome 浏览器为例),依次选择"设置"→"更多工具"→"开发者工具"命令,如图 9.3 所示。

图 9.3

打开"开发者工具"后，选择"Network"标签页，如图 9.4 所示，刷新网页后会发现浏览器在向 Web 服务器请求数据，其中最常见的便是 GET 请求与 POST 请求。

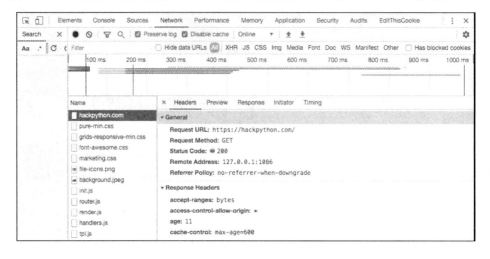

图 9.4

第 4 步：Web 服务器在接收到请求后，根据请求数据包中的参数返回满足当前请求的数据。如果请求数据包的包头中设置了 keep-alive，那么 Web 服务器在响应数据后不会立即将当前 TCP 连接断开，否则 TCP 连接会被断开。

第 5 步：浏览器接收到 Web 服务器返回的数据后，将其渲染成页面供用户浏览。

通过这 5 步，浏览器与网站的交互过程即结束。

可以发现，交互过程中网站信息的传递依赖于 HTTP 或 HTTPS。

9.1.2 构成网站内容的元素

当浏览器收到 Web 服务器响应返回的数据后，便可以根据规则将这些数据渲染成网页。这些网页具体由哪几种元素构成，并且返回的数据是如何被浏览器渲染成网页的呢？

一个网页通常由 HTML（HyperText Markup Language，超文本标记语言）、CSS（Cascading Style Sheets，层叠样式表）、JavaScript 这 3 种元素构成，其中除 HTML 是必需

的外，后面两个都不是必需的。

1. HTML

HTML 是一种用于创建网页的标准超文本标记语言，很多人将 HTML 当作网页本身，这其实是错误的。网页是一种超文本资源，而 HTML 是一种用于描述超文本的标记语言，一种是资源，一种是语言，两者并不相同，所以不能将 HTML 简单理解为网页。

网页与 HTML 虽然不同，但网页这种资源通常使用 HTML 来描述，浏览器可以读取 HTML 文件并将其渲染成网页。示例代码如下：

```
<html>
    <body>
        <h1>我是一个标题</h1>
        <p>我是一个段落</p>
    </body>
</html>
```

将上述代码保存在以 .html 结尾的文件中，然后双击文件将其打开，浏览器会将这段 HTML 代码渲染成网页，如图 9.5 所示。

图 9.5

从上面一段简短的 HTML 代码中可以看出 HTML 代码的一些基本规则，具体如下。

（1）HTML 标签是由尖括号包围的关键词，如<html>。

（2）HTML 标签通常是成对出现的，如<h1>和</h1>。

(3)标签对中的第一个标签是开始标签(也称开放标签),第二个标签是结束标签(也称闭合标签)。

HTML 的基本规则非常简单,但标签有不少,我们的目标并不是编写一个网页,所以不需要记忆这些标签。一个真实的网页中的 HTML 并不会那么简单,通过浏览器的"开发者工具"中的"Elements"标签页可以观察网页中的 HTML,如图 9.6 所示。

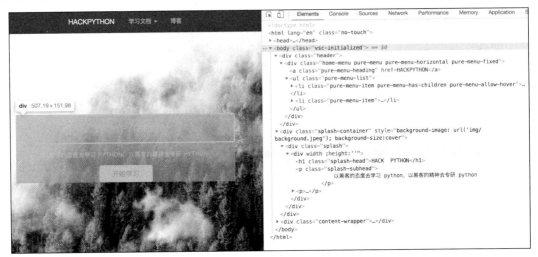

图 9.6

从图 9.6 中可以看出,一个网页的内容由 HTML 构成,在"Elements"标签页中,将鼠标指针移动到相应的区域,页面中对应的元素会被高亮显示,这表示鼠标指针当前指向的 HTML 标签被浏览器渲染成高亮部分的样式供用户浏览。

但要构建图 9.6 中的美观网页,只有 HTML 是不够的,还需要 CSS。

2. CSS

CSS 是一种用于描述 HTML 样式的计算机语言(当然,它还可以描述 XML 等其他标记语言的样式)。通过 CSS,可以轻松地美化 HTML 内容,从而构成一个美观的网页,如图 9.7 所示。

第 9 章 浏览器自动化

图 9.7

图 9.7 中有 4 个箭头，箭头 1 指向 HTML 的<div>标签，标签中有名为 class 的属性，该属性的值为 splash，CSS 代码可以通过 HTML 的 class 将样式附加到 HTML 的某个标签中；箭头 3 指向标签的 class 为 splash 的 CSS。

CSS 有相应的语法规则，这里不详细介绍。从箭头 3 指向的内容可以看出，该 CSS 代码定义了<div>标签的宽、高、位置等样式，被 CSS 修饰后的效果如箭头 2 所示，而箭头 4 则是浏览器对当前<div>标签所处位置与大小的形象展示。

如果修改图 9.7 中箭头 3 所指的 CSS 样式，如将其中的 width 与 left 删除，网页中对应内容将会变成如图 9.8 所示的效果。

观察图 9.8，箭头 1 与箭头 2 指向修改的 CSS 样式，width 与 left 属性被删除；箭头 3 指向区域宽度变窄并完全靠右；从箭头 4 指向内容也可以看出，<div>标签元素样式发生了变化。

3. JavaScript

有些网页除了有美观的样式，还有很好的交互与动态效果。例如很多图片网站，当用户在下拉网站页面时会自动加载出新的图片，此时网页中出现了新的内容，但网页本身却没有被刷新。要达到这样的效果，就需要使用 JavaScript。

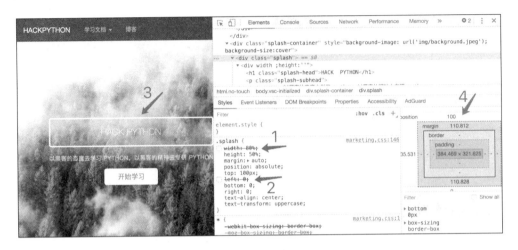

图 9.8

JavaScript 是一门编程语言，它具有非常强大的功能，让网页不但可以展示静态信息，还可以实时展示最新的信息，以及达到各种交互效果，我们常见的网页地图、网页动画效果中都有 JavaScript 的身影，本书后续将 JavaScript 简称为 JS 来表示该编程语言。

通过浏览器"开发者工具"，打开"Network"标签页，该页面可以监听到当前网页与 Web 服务器交互时接收的各种资源。此时刷新当前网页可以发现，"Network"标签页中出现很多资源，其中包括 HTML、CSS 与 JS，如图 9.9 所示。

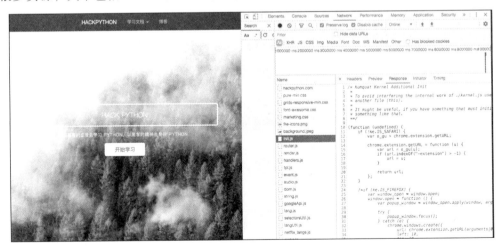

图 9.9

在图 9.9 中，我们打开了"init.js"文件的"Response"标签页，该标签页的内容就是 init.js 文件中的 JS 代码，也是 Web 服务器接收到该请求时返回的内容。

最初 JS 主要应用于网页中，但现在 JS 的作用已不再局限于此，它还可以用于 Web 服务端程序开发（Node.js）、移动端开发（React Native）和硬件开发等。与 Python 类似，JS 已发展成为一门用途广泛的编程语言。

简单总结，目前我们浏览的网页大多数由 HTML、CSS、JS 这三者构成，其中只有 HTML 是必需的。因为我们暂时不需要编写网页，所以只需要简单了解 HTML、CSS、JS 三者即可，可以将 HTML 理解成网页的骨骼，将 CSS 理解成网页的皮肤，将 JS 理解成网页的肌肉，一个网页必须有骨骼，它是网页的内容，但只有骨骼的网页并不美观，此时可以通过 CSS 构建一副"好皮囊"，使网页的样式更具美观性，接着通过 JS 构建网页的肌肉，让网页具有动态效果，此时一个美观、优雅的网页就完成了。

9.1.3 通过 requests 获取网页内容

通过前面的讨论，我们了解到在浏览网页时，浏览器会向 Web 服务器请求网页数据，其中最常见的就是 GET 请求与 POST 请求。我们可以通过 Python 的 requests 库轻松实现请求 Web 服务器获取内容的目的。

requests 库是第三方库，使用前需要先通过 pip3 进行安装，命令如下：

```
pip3 install requests
```

安装好后，通过 requests 库请求某个 URL，代码如下：

```
import requests

url = '某个URL'
# 通过get方法请求服务器获取数据
r = requests.get(url)
# 输出服务器状态码
print(r.status_code)
# 输出服务器返回的文本数据
print(r.text)
```

在上述代码中，通过 requests.get 方法请求某个 URL 对应的 Web 服务器，整个请求过程通过一个方法即可完成，非常简单。requests.get 方法返回的内容赋值给变量 r，此时变量 r 中包含了 Web 服务器返回的所有数据。

如果请求成功，Web 服务器会返回 200 作为状态码；其他数字的状态码则表示不同类型的请求失败，如 403 状态码表示当前请求资源不可用，404 状态码表示网页或文件未找到等。

在上述代码中，直接通过变量 r 的 status_code 属性便可获取此次请求的状态码。此外，通过变量 r 的 text 属性可获取此次请求获取的文本内容，通常就是网页的 HTML 内容。

如果通过上述代码获取百度网页的 HTML 内容，你会发现获取的内容与浏览器中看到的内容并不一样，这是为什么？

很多网站为了避免恶意请求，通常会判断当前请求是否来自真实的浏览器。判断某个请求是否来自真实浏览器的方式有很多种，最常见的就是通过请求头（Request Headers）中的 User-Agent 字段进行判断，百度网页就对 User-Agent 字段进行了判断。

一个请求可以分为请求头与请求体，请求头中包含着本次请求的各种信息，其部分内容如下。

（1）Accept：浏览器此次请求接收 Web 服务器返回的数据类型，如果 Web 服务器返回数据对应的类型不在此次请求的 Accept 字段中，浏览器将不对其进行处理。

（2）Accept-Encoding：浏览器此次请求接收的编码方式，通常为某种压缩方式，如 gzip、deflate 等。

（3）Connection：设置此次请求的连接状态，Connection 设置为 keep-alive，那么浏览器与 Web 服务器建立 TCP 连接后不会立即断开，当浏览器再次访问相同网页时，便可直接复用建立好的 TCP 连接。

（4）Host：请求包头域，主要用于指明请求的是哪个 Web 服务器。

（5）User-Agent：该字段记录着浏览器使用的操作系统，以及浏览器自身的名称与版本，Web 服务器会通过该信息明确此次请求的具体对象。

打开浏览器的"开发者工具",选择"Network"标签页,刷新网页,随意打开其中某个请求,可以看到"Headers"标签页,可以发现浏览器本次请求的请求头信息,如图 9.10 所示。

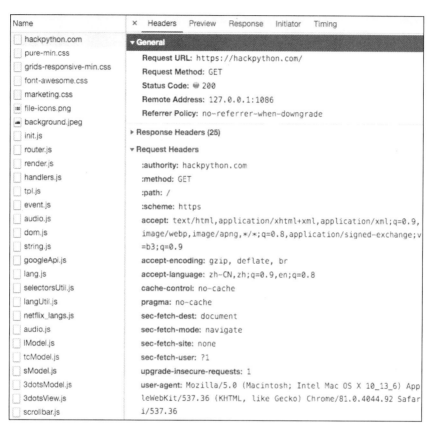

图 9.10

为了获取百度网页的信息,可以构造请求头的 User-Agent 字段,让 Web 服务器误以为用户通过真实的浏览器来访问它,代码如下:

```
import requests

url = 'https://baidu.com'
# 构建请求头字典
headers = {
```

```
        'User-Agent': 'Mozilla/5.0 (Macintosh; Intel Mac OS X 10_13_6) AppleWebKit/
            537.36 (KHTML, like Gecko) Chrome/81.0.4044.92 Safari/537.36'
}
# Get 请求
r = requests.get(url, headers=headers)
with open('baidu.html', 'w') as f:
    f.write(r.text)
```

在上述代码中,首先构建 headers 字典,字典中的内容可以直接从浏览器的"开发者工具"中获取,如图 9.10 所示,直接将请求头中的 user-agent 复制过来使用即可;随后依旧通过 requests.get 请求网页资源,但传入了 headers 参数,这表示此次请求使用 headers 变量中的数据作为请求头;请求结束后,将获取的数据写入 baidu.html 文件中。

与 GET 请求类似,通过 requests.post 方法可以构建 POST 请求,向指定 Web 服务器提交要被处理的资源。最常见的情景就是在登录网站后台时,需要将用户名、密码、验证码等信息通过 POST 请求提交给服务器处理。

下面是简单使用 requests.post 方法的示例,具体代码如下:

```
import requests

url = 'http://httpbin.org/post'

# 构建要被处理的数据
data = {
    'username': '二两',
    'password': '123456'
}
r = requests.post(url, data=data)

print(r.text)
```

上述代码中,首先将请求参数构建成字典,然后传递给 requests.post 方法的 data 参数。此外,requests.post 方法也可以接收 headers 等参数,这与 requests.get 方法在使用上没有太大差异。

9.1.4 通过 BeautifulSoup4 解析网页内容

BeautifulSoup4 是一个可以从 HTML 文件中提取数据的 Python 第三方库，使用前需要通过 pip3 进行安装，命令如下：

```
pip3 install beautifulsoup4
```

BeautifulSoup4 库默认会利用 Python 标准库中的 HTML 解析器对 HTML 数据进行解析。默认 HTML 解析器的解析效率并不高，因此可以使用一些第三方的解析器，这里推荐使用 lxml 库中的 HTML 解析器，其解析效率高且稳定。因为 lxml 库同样是第三方库，所以需要通过 pip3 进行安装，命令如下：

```
pip3 install lxml
```

下面是使用 BeautifulSoup4 库的示例。首先准备好一个名为 1.html 的 HTML 文件，其内容如下：

```
<html>
 <head>
  <title>
   我和 Python 的故事
  </title>
 </head>
 <body>
  <p class="title">
   <b>
    我和 Python 的故事
   </b>
  </p>
  <p class="story">
   我是在 2 年前接触 Python 的，在学习的过程中，我浏览了
   <a class="website" href="http://example.com/1" id="link1">
    网站 1
   </a>
   ,
```

```
      <a class="website" href="http://example.com/2" id="link2">
       网站 2
      </a>
      and
      <a class="website" href="http://example.com/2" id="link3">
       网站 3
      </a>
      等不同的网站
     </p>
     <p class="story">
      ...
     </p>
    </body>
   </html>
```

接着使用 BeautifulSoup4 库对其进行解析，初始化 BeautifulSoup4 库，代码如下：

```
from bs4 import BeautifulSoup
# 打开 HTML 文件对象
html = open('1.html')
# 载入 HTML 内容，使用 lxml 解析器进行解析
soup = BeautifulSoup(html, 'lxml')
```

上述代码中，通过 bs4 导入 BeautifulSoup，随后通过 open 方法打开 1.html 文件并将其作为 BeautifulSoup 类的参数，此外选择 lxml 作为 HTML 内容的解析器。实例化 BeautifulSoup 类的过程其实就是解析 HTML 内容的过程，实例化结束后，即可通过 BeautifulSoup 类提供的方法获取 HTML 中相应的内容。

BeautifulSoup 类的方法繁多，这里介绍较为常用的几种用法。其中最基本的用法就是根据 HTML 的标签名获取对应的标签，代码如下：

```
# 获取<title>标签
title = soup.title
print(title)
# 获取标签中的内容"我和 Python 的故事"
print(title.text)
```

```
# 获取<body>标签中第一个<b>标签
b = soup.body.b
print(b)
```

上述代码中,通过"."操作符就可以获取 HTML 内容中对应的标签对象,通过 text 或 contents 属性便可以轻松获取其中的内容。text 与 contents 属性的不同之处在于,text 属性会将标签中所有的内容构成一个字符串型的对象,而 contents 属性则会将标签中所有的内容构成 list 类型的对象。

除通过"."操作符获取 HTML 标签对象外,BeautifulSoup 库还提供了 find 方法与 find_all 方法用于过滤满足条件的 HTML 标签对象。其中,find 方法获取到第一个满足条件的标签对象后,就停止搜索;而 find_all 方法则会完整地搜索 HTML 内容,过滤出所有满足条件的标签元素。这两个方法非常常用,代码如下:

```
# 获取 HTML 中第一个<a>标签
a = soup.find('a')
print(a)

# 获取所有<a>标签
a_all1 = soup.find_all('a')
print(a_all1)

# 过滤 id 为 link1 的<a>标签
a_all2 = soup.find_all('a', id='link1')
print(a_all2)

# 过滤 class 为 website 的<a>标签
a_all3 = soup.find_all('a', class_='website')
print(a_all3)
```

find 方法的参数与 find_all 方法的类似,因为上述代码中有详细的注释,所以这里不再赘述。

9.1.5 豆瓣电影爬虫

在掌握了 requests 库与 BeautifulSoup4 库的基本使用方法后,就可以利用这两个库自动获取网站中网页的数据了。本节将利用这两个库来获取豆瓣电影 Top250 中的数据,如电影图片、电影名称、电影评分及电影描述等。

我们通常将自动爬取网页的程序称为网络爬虫,简称为爬虫,一段爬虫程序会按照一定的规则自动请求网站 Web 服务器,获取 Web 服务器返回的各种数据。

在获取豆瓣电影 Top250 网页数据前,需要先对网页结构进行分析。打开浏览器的"开发者工具"中的"Elements"标签页,在网页中选择对应的元素,该元素对应的 HTML 代码就会被筛选出来,如图 9.11 所示。

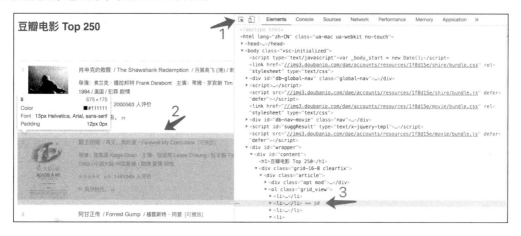

图 9.11

在图 9.11 中,箭头 2 元素对应着箭头 3 指向位置的 HTML 代码。通过简单的分析,我们可以发现,与电影相关的元素包裹在<ol>标签下的<li>标签中。

展开<li>标签,可以发现电影名称、导演、评分等各种信息,如图 9.12 所示。

一个网站通常由多个网页组成,通过上述分析,我们了解了单个网页中电影信息的位置,但单个网页只有 25 部电影信息,要获取所有的电影信息,需要多次翻页。当翻到第二页时,可以发现 URL 发生了变化,如图 9.13 所示。

第 9 章 浏览器自动化

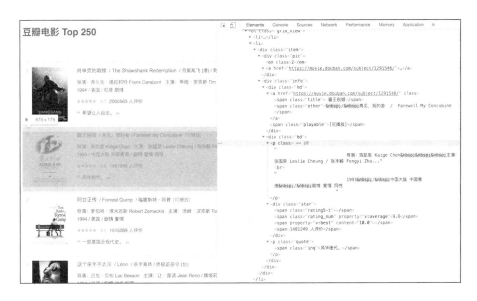

图 9.12

图 9.13

· 271 ·

如果继续翻页，可以发现 URL 变化的规律，其中"start"表示从第几部电影开始，如果当前在第二页，那么 URL 中"start"为 25；如果当前在第三页，那么 URL 中的"start"将为 50，依此类推。

至此，对豆瓣电影 Top250 网站结构的分析便结束了，下面可根据分析的结果来编写相应的代码。

首先，通过 requests 库获取对应网页的 HTML，代码如下：

```python
import requests


headers = {
    'User-Agent': 'Mozilla/5.0 (Macintosh; Intel Mac OS X 10_13_6) AppleWebKit/
    537.36 (KHTML, like Gecko) Chrome/81.0.4044.92 Safari/537.36'
}


def get_movie_info(start):
    # 根据规则，生成对应的 URL
    url = f'https://movie.douban.com/top250?start={start}'
    # 请求网页
    r = requests.get(url, headers=headers, timeout=10)
    # 获取网页 HTML
    html = r.text
    return html
```

接着利用 BeautifulSoup4 库对网页 HTML 进行解析并从中获取需要的信息，代码如下：

```python
from bs4 import BeautifulSoup

def parse_movie_info(html):
    soup = BeautifulSoup(html, 'lxml')
    # 获取 class 为 grid_view 的<ol>标签
    ol = soup.find('ol', class_='grid_view')
    # 获取<ol>标签下的所有<li>标签
    lis = ol.find_all('li')
```

```python
        res = []
        for li in lis:
            try:
                info = li.find('div', class_='info')
                # 电影标题
                title = info.find('span', class_='title').text.strip()
                # 链式调用,获取电影图片的 URL
                # 可以通过 get 方法从标签对象中获取对应属性的内容,这里从<img>标签中获取
                # src 属性中的值,即图片的 URL
                img_url = li.find('div', class_='pic').find('img').get('src')
                save_image(title, img_url)
                # 电影背景
                background = info.find('div', class_='bd').text.strip()
                # 评分
                star = info.find('span', class_='rating_num').text.strip()
                # 电影描述
                desc = info.find('span', class_='inq').text.strip()
                data = {
                    'img': img_url,
                    'title': title,
                    'background': background,
                    'star': star,
                    'desc': desc
                }
                res.append(data)
                print(f'{title}获取完成')
            except Exception as e:
                print(e)
        return res
```

在上述代码中,一开始便通过网页 HTML 实例化 BeautifulSoup,实例化的过程便是解析的过程。实例化 BeautifulSoup 后,便通过 find 方法获取 class 为 grid_view 的<ol>标签,该<ol>标签下的<li>标签存有电影的信息,直接在<ol>标签对象中调用 find_all 方法搜索<li>标签对象,该方法会遍历<ol>标签中的所有内容,从而获取<li>标签对象。

<ol>标签下会有 25 个<li>标签,每个标签都要进行相同的处理,直接通过 for 循环遍

历所有的<li>标签对象，循环中通过 find 方法获取满足条件的元素，再通过 text 属性获取元素中的内容。因为获取的内容可能存在多余空格，所以通过 strip 方法将空格删除。

在获取电影数据时，需要保存电影图片，同样通过 requests 库便可以完成，代码如下：

```python
from pathlib import Path

def save_image(name, url):
    '''保存图片'''

    # 请求图片
    r = requests.get(url, headers=headers, timeout=10)
    dirpath = Path('./images')
    if not dirpath.is_dir():  # 如果不是目录，则表明当前目录不存在
        dirpath.mkdir(parents=True)
    img = dirpath.joinpath(f'{name}.png')
    with open(img, 'wb') as f:
        # 将图片数据以二进制信息写入
        f.write(r.content)
```

图片的本质也是一些数据，它与网站 HTML 数据没有本质差别，只是图片数据是二进制形式的，所以在保存图片时首先需要以 wb 形式打开文件，然后将图片内容写入文件中，这样就完成了图片的下载。

最后，通过 for 循环反复调用 get_movie_info 方法与 parse_movie_info 方法，处理不同 URL 对应的 HTML，代码如下：

```python
import json

if __name__ == '__main__':
    data = []
    for i in range(0, 250, 25):
        html = get_movie_info(i)
        res = parse_movie_info(html)
        data.extend(res)

    with open('movies.json', 'w') as f:
```

```
            content = json.dumps(data, ensure_ascii=False, indent=4)
            f.write(content)
```

至此，自动获取豆瓣电影 Top250 的程序便编写完成。

爬虫技术是搜索引擎的根基技术，我们常用的百度搜索、必应搜索的背后都由一个个复杂的爬虫程序从互联网中获取各式各样的数据，有了这些数据，人们才能通过关键字去查询。

互联网很大，而搜索引擎是非常重要的一个入口，很多网站都希望被大家浏览，希望搜索引擎收录自己的网站并给网站不错的权重。这可以通过 SEO（Search Engine Optimization，搜索引擎优化）技术让搜索引擎的爬虫可以更好地获取自己网站的信息从而提升权重，让大家在搜索某些关键字时，自己的网站可以出现在前几页的前几行。

但有些网站并不希望被搜索引擎收录，我们通常将这些网站称为"深网"。通常一个新的网站在一开始就是一个深网，因为搜索引擎不知道该网站，也就无法将其收录其中，搜索引擎不收录，大部分用户就不知道。在互联网中，96%的网站都是深网，搜索引擎可以检索到的只是其中的一小部分。

9.2 模拟登录

当希望自动化操作公司后台或某个网站的后台时，登录是不可避免的一步操作。在登录网站时，浏览器与 Web 服务器做了什么？理解了背后的原理，在进行登录时，读者就可以做到心里有数。

9.2.1 网站登录原理

要使用某个网站的后台，通常需要输入用户名、密码、验证码等信息进行登录操作，登录的过程通常会使用 POST 请求完成，如图 9.14 所示。

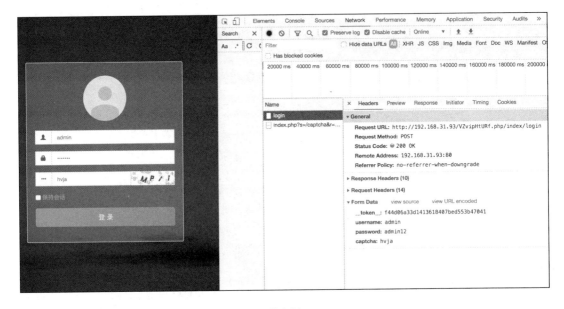

图 9.14

从图 9.14 可知，在登录时，浏览器会向 Web 服务器发起 POST 请求，请求的数据便是用户名、密码等数据。

Web 服务器收到登录请求后，会验证用户是否存在、密码是否正确，在通过所有验证后，便会将唯一的身份认证令牌返回浏览器，浏览器在下次访问网站后台时带上身份认证令牌便不再需要重复登录。

通常，Web 服务器返回的身份认证令牌会存放在浏览器的 Cookie 中，如图 9.15 所示。

从图 9.15 可以看出，在请求网站后台首页时，Request Headers（请求头）中携带了 Cookie，Cookie 中存放的 "PHPSESSID" 便是当前用户的唯一身份标识。

依次选择 "设置" → "更多工具" → "清除浏览数据" 命令，可以将 Cookies 等数据清除，如图 9.16 所示。

如果将清除浏览数据的时间范围设置为 "时间不限"，那么将数据清除后，用户大部分登录过的网站都会变成未登录状态。

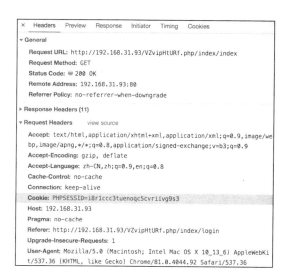 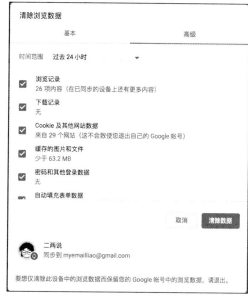

图 9.15　　　　　　　　　　　　　　图 9.16

登录网站时为什么要设置图像验证码呢？

在登录一个网站时，如果没有验证码，该网站就容易被人用程序反复恶意地进行登录。例如，一个人想登录他人的微信账号，如果微信没有做任何防护措施，他就可以反复尝试成千上万次登录，直到尝试出登录密码为止，这对 Web 服务器也会造成资源浪费，而验证码可以提高利用程序进行登录网站的门槛，毕竟计算机并不能识别图片中的字母。

9.2.2　浏览器 Cookie

Cookie 是浏览器访问 Web 服务器后由 Web 服务器产生的数据，通常在浏览器第一次访问网站时通过 Response Headers（响应头）中的 Set-Cookie 字段将数据存储在 Cookie 中，如图 9.17 所示。

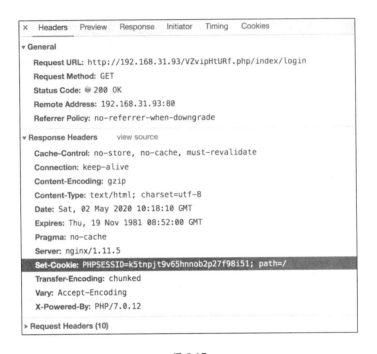

图 9.17

浏览器发现 Response Headers 中存在 Set-Cookie 字段后便会自动将其中的内容存储到 Cookie 中,以后在每次访问该 Web 服务器时,都会将 Cookie 自动添加到 Request Header 中。

Cookie 主要有以下两个作用。

(1)用户身份信息识别。当用户登录 a.com 时,a.com 的 Web 服务器会将登录后的标识返回,这些信息通常都是加密的并且对当前 Web 服务器是唯一的,浏览器在下次访问 a.com 时,会自动带上 Cookie 中的信息,通过解密这些信息便可认证当前用户的身份。

(2)记录历史信息。用户在浏览购物网站 b.com 时,将 A、B、C 这 3 件商品加入了购物车,此时这 3 件商品的数据可以存储在 Cookie 中,这样当用户关闭网站,过几天再次访问时,购物车中依旧保留着这些商品。

我们可以通过浏览器"开发者工具"中的"Application"标签页来浏览当前网站的 Cookie 信息,如图 9.18 所示。

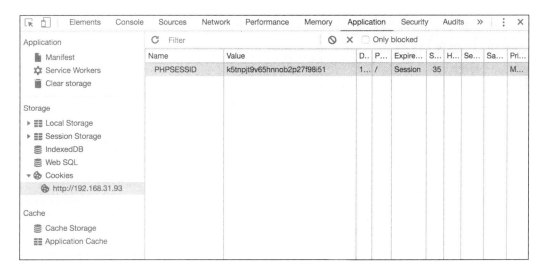

图 9.18

除可以浏览 Cookie 外,"Application"标签页还可以浏览当前网站的缓存等各种信息。

在使用 Cookie 的过程中,Cookie 的一些特点需要注意,具体如下。

(1) Cookie 是有有效期的,Web 服务器可以将 Cookie 设置成永久有效,也可以设置成在某个时间段内有效。如果该 Cookie 用于用户身份信息识别,Web 服务器通常会将其设置成某个时间段内有效,避免第三者恶意在获取 Cookie 后可以一直使用。

(2) Cookie 还满足浏览器同源策略,不同网站之间的 Cookie 无法相互操作与使用。例如,浏览器无法将网站 a.com 的 Cookie 用于 b.com。

(3) Cookie 存储空间与存储个数是有限的,Cookie 不能存储太多内容,具体的限制因浏览器不同而不同。

(4) Cookie 本身是不安全的,浏览器会将 Cookie 以文件形式保存在本地,这些文件是可以被其他程序读取或修改的,所以网站的敏感数据不能放在 Cookie 中。

既然 Cookie 是不安全的,那么为什么可以存放与用户身份认证相关的信息呢?

与用户身份认证相关的信息并不是敏感信息,其中通常只包含登录标识,有登录标识表明当前用户是已登录用户。为了避免被修改,Web 服务器通常会对数据进行加密处理,并在接收浏览器 Cookie 数据时进行解密校验，判断数据是否被修改，这些身份信息并不会包含用户密码等敏感数据。

9.2.3　requests 实现模拟登录

在本节我们将利用前两节掌握的知识，通过 requests 库对网站后台实现模拟登录。不同网站后台的登录流程细节存在差异，但整个流程是一致的，在掌握流程后，即可对公司的网站后台实现模拟登录。

在编写代码前，我们需要完整地分析当前网站后台的登录流程与逻辑，主要关注与身份认证相关的信息是如何被设置到 Cookie 中的。

为了避免干扰，在进入网站后台登录页后，通过"设置"→"更多工具"→"清除浏览数据"命令将该网站相关的数据都清除，然后打开浏览器"开发者工具"中的"Network"标签页，再次刷新，获取浏览器与 Web 服务器在第一次接触时发送的请求。

观察第一个请求，发现 Web 服务器返回的响应头中包含 Set-Cookie 字段，浏览器会将该字段的信息存储在 Cookie 中，如图 9.19 所示。

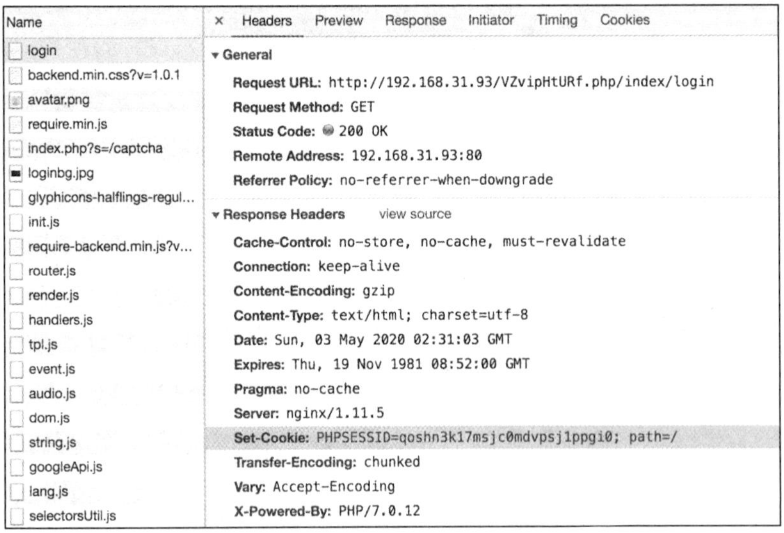

图 9.19

观察 Set-Cookie 字段的内容，它将"PHPSESSID"设置在 Cookie 中，"PHPSESSID"很有可能就是用户身份标识，因为当前用户还未登录，所以直接通过该标识是无法访问网站后台的。

接着手动登录一次，填写错误的密码，以避免网页跳转，这样做的主要目的是观察登录时的请求参数，这里并不需要真正登录，如图 9.20 所示。

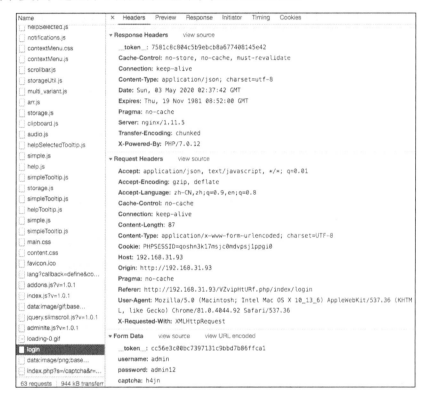

图 9.20

观察图 9.20，其中 Request Headers 中包含 Cookie，即此次请求会携带 Cookie，如果登录通过，Web 服务器就会将 Cookie 中的"PHPSESSID"标识为已登录，图中 Form Data 部分就是当次 POST 请求携带的参数。其中，__token__ 字段可能会让读者感到困惑，观察 Response Headers，其中同样包含 __token__ 字段，但它们的值并不相同。

很多网站为了避免他人的恶意请求，会对当次请求设置唯一的请求标识，请求标识通常会存放在 Response Headers 或 Response Body 中,然后通过 JS 将其设置在网页 HTML 元素中。当用户请求时,会自动将此次唯一的请求标识带上,作为合法性验证的一步。

打开浏览器"开发者工具"的"Elements"标签页,可以观察到,__token__字段设置在用户名、密码等<input>标签之上,因为该标签的"type"为"hidden",所以用户是不可见的,如图 9.21 所示。

```
▼<form action method="post" id="login-form" class="nice-validator n-default n-
bootstrap" novalidate="novalidate">
    <div id="errtips" class="hide msg-container"></div>
    <input type="hidden" name="__token__" value=
    "7581c8c804c5b9ebcb8a677408145e42" data-target="#errtips">
  ▼<div class="input-group">
    ▶<div class="input-group-addon">…</div>
      <input type="text" class="form-control" id="pd-form-username" placeholder=
      "用户名" name="username" autocomplete="off" value data-target="#errtips">
    </div>
  ▼<div class="input-group">
    ▶<div class="input-group-addon">…</div>
      <input type="password" class="form-control" id="pd-form-password"
      placeholder="密码" name="password" autocomplete="off" value data-target=
      "#errtips">
    </div>
  ▼<div class="input-group">
    ▶<div class="input-group-addon">…</div>
      <input type="text" name="captcha" class="form-control" placeholder="验证码"
      data-target="#errtips">
    ▶<span class="input-group-addon" style="padding:0;border:none;cursor:pointer;
      ">…</span>
```

图 9.21

对比图 9.20 与图 9.21,不难发现,__token__字段的值是相同的。

简单梳理上述介绍,在第一次访问登录页时,相应请求的 Response Headers 中会有 Set-Cookie 字段,当通过 POST 请求进行登录时,会将 Cookie 带上,在 POST 请求的参数中,__token__字段需要从页面 HTML 元素中获取。

在开始编写代码前,我们需要理解 requests 库使用 Cookie 的方式。requests 库可以通过两种不同的方式来使用 Cookie,分别是显式使用与隐式使用,下面分别进行演示。

requests 库显式使用 Cookie 的代码如下:

```
cookies = {
    'PHPSESSID': 'xxx'
}
```

```
# 显式使用 Cookie，将 cookie 作为参数传入
r1 = requests.get(url, headers, cookies=cookies)
```

上述代码中，Cookie 是一个 dict 对象，然后显式地将该对象作为参数传入 requests.get 方法中。

requests 库隐式使用 Cookie 的代码如下：

```
# 隐式使用 Cookie
s = requests.session()
s.headers = {
    'User-Agent': 'xxx'
}
# 添加 Cookie
requests.utils.add_dict_to_cookiejar(
    s.cookies,{"PHPSESSID":"xxx"}
)
s.get(url, headers=headers)
```

在上述代码中，通过 requests.session 方法创建 Session（会话）对象，当某次请求的 Response Headers 中有 Set-Cookie 字段时，Session 对象会自动将其存入 Cookie 中，在下次请求时，不需要显式地指定 Cookie 便会将此前 Cookie 自动带上。

读者可能会有疑问，代码中不是通过 add_dict_to_cookiejar 方法添加 Cookie 了吗？

如果每次请求中都没有 Set-Cookie 字段，那么 Session 对象也无法获取 Cookie，此时如果某次请求又需要 Cookie，那么就需要通过 add_dict_to_cookiejar 方法将 Cookie 添加上。注意，只需要添加一次 Cookie，后续所有的请求都会自动携带该 Cookie。

理解了 requests 库如何使用 Cookie 后，即可编写模拟登录的具体代码了。

首先，将需要请求的 URL 构建成一个字典以方便使用，并定义一个方法用于获取 Session 对象，代码如下：

```
import requests

# 将要请求的 URL
```

```python
urls = {
    # 登录 URL
    'login': 'http://192.168.31.93/VZvipHtURf.php/index/login',
    # 获取验证码 URL
    'captcha': 'http://192.168.31.93/index.php?s=/captcha',
    # 后台首页 URL
    'index': 'http://192.168.31.93/VZvipHtURf.php/index/index'
}

def get_session():
    '''获取 Session 对象'''
    s = requests.session()
    s.headers = {
        'User-Agent': 'Mozilla/5.0 (Macintosh; Intel Mac OS X 10_13_6) AppleWebKit/'
                      '537.36 (KHTML, like Gecko) Chrome/81.0.4044.92 Safari/537.36',
    }
    return s
```

随后，通过 GET 请求获取登录页 HTML，其中 Response Headers 中会带有 Set-Cookie 字段，Session 对象会自动将其存储到 Cookie 中。此外，通过 BeautifulSoup4 库对登录页的 HTML 进行解析，获取__token__字段用于构建请求参数，代码如下：

```python
from bs4 import BeautifulSoup

url = urls.get('login')
s = get_session()
# 请求登录页
r = s.get(url)

soup = BeautifulSoup(r.text, 'lxml')
# 获取__token__字段
token = soup.find('form', id='login-form').find('input').get('value')
```

获取__token__字段后再获取验证码即可，因为验证码是以图片的形式呈现，计算机无法轻松地识别图片中的内容，所以这里将验证码图片保存到本地，然后将图片打开，人为地根据图片中的内容获取验证码中的值，代码如下：

```python
from PIL import Image

def get_captcha(s):
    '''获取验证码'''
    
    url = urls.get('captcha')
    # 请求验证码图片
    r = s.get(url)
    captcha = 'captcha.png'
    # 保存验证码图片到本地
    with open(captcha, 'wb') as f:
        f.write(r.content)
    # 打开验证码图片
    img = Image.open(captcha)
    # 显示验证码图片
    img.show()
    # 根据图片内容输入
    captcha = input('验证码: ')
    return captcha
```

在获取验证码后,即可构建登录时的请求参数,随后便可以调用 post 方法进行登录。登录成功后,访问后台首页并将后台首页的 HTML 保存到本地,代码如下:

```python
# 获取验证码
captcha = get_captcha(s)
data = {
    '__token__': token,
    'username': 'admin',
    'password': 'admin123',
    'captcha': captcha,
}

# 登录
r = s.post(url, data=data)
# 访问首页
url = urls.get('index')
r = s.get(url)
```

```
with open('index.html', 'w') as f:
    f.write(r.text)
```

至此，使用requests库登录后台的代码编写完成。

扩展内容

在使用requests库模拟登录的过程中，我们遇到了验证码图片，并采用手动输入的方式绕过了验证码图片。当登录次数少时，手动输入确实可行；但当需要登录的次数变多时，手动输入便是一种低效的方式。

计算机是否可以自动识别图片中的内容，从而实现自动输入呢？

答案是可以的，但要获得较高的准确率还比较困难。图片资源对计算机而言只是一个二进制矩阵，计算机无法像人类那样理解图片中的内容，它看见的只是二进制数据，无法看见二进制数据聚合在一起涌现出的信息。目前可以通过机器学习的方式训练计算机从图片中找到内隐信息的能力，从而实现对图片的识别能力，但要获得较高的识别准确率，就需要大量的同类图片作为数据源进行模型训练。

当然，也可以通过一些已有的工具来识别图片，但它们对验证码识别的准确率并不高。与普通的文字图片不同，验证码图片中有很多干扰元素，这些元素会干扰计算机对图片的识别；反过来想，设计验证码的人其实也不希望验证码可以轻松被计算机识别。

这里引申出一个有趣的讨论，对计算机而言，图片只是一些二进制数据，计算机无法理解图片中更高维度的信息；对人而言，人眼看见的同样只是一些像素点，一个图片由一些RGB像素点构成，那么人类如何通过这些低维度的像素点去理解高维度的信息呢？

9.3 自动化操作浏览器

很多网站不再是由简单的静态网页构成，而是由具有复杂交互效果的动态网页构成，判断网页是静态的还是动态的并不取决于网页中的元素是否会动，而是取决于其内容是否会改变。静态网页的页面内容是不会改变的，而动态网页的页面内容会随用户的某些操作而改变，如滚动网页时会有新的内容出现。

动态网页的内容之所以可以改变，是因为使用了 JS，利用 JS 动态请求 Web 服务器，并将获取的新内容动态地更新到已有网页中，从而达到让网页内容发生改变的效果。

在前面章节中，我们介绍了 requests 库的使用，而 requests 库无法像浏览器一样执行 JS 内容，所以无法获取网页改变后的新内容，除非我们通过分析，得出 JS 请求的 URL，再利用 requests 库请求获取新内容。但这种形式过于烦琐，而且有些网站的请求需要以某些加密参数作为请求数据，想要获取这些加密数据只能仔细阅读网站的 JS 代码，这让自动化的过程变得非常困难。

难道没有更加简单的方法了吗？

仔细思考，无论是动态网页中内容的自动变更，还是请求数据中需要的加密参数，对于这些过程，浏览器都已经帮助用户完成了，浏览器会自动执行页面中的 JS，从而达到各种效果，用户只需要控制浏览器便可以轻松自动化操作复杂的网站。

9.3.1 搭建 Selenium 使用环境

Selenium 是一个 Web 自动化测试工具，最初是为网站自动化测试开发的，它可以直接运行在浏览器上，并根据用户的指令让浏览器完成诸如自动加载页面、获取需要的数据、单击页面上的元素，甚至实现页面截屏或者判断网站上某些动作是否发生等操作，功能非常强大。

通过 Selenium，用户可以轻松实现对网站的自动化操作，它支持 Chrome、Firefox 等主流浏览器，但都有相应的版本规则。

这里依旧选择 Chrome 浏览器作为演示对象，Selenium 并不能直接操作 Chrome 浏览器，它需要通过 ChromeDriver 中间件来实现对 Chrome 浏览器的控制。因为 Chrome 浏览器的不同版本之间存在差异，所以 ChromeDriver 与 Chrome 之间是有版本对应关系的，如果两者的版本不匹配，那么 Selenium 也无法通过 ChromeDriver 控制 Chrome 浏览器。

简单而言，ChromeDriver 中间件负责将 Selenium 的控制命令翻译成 Chrome 浏览器可以识别的命令，不同版本的 Chrome 浏览器只能识别对应版本的 ChromeDriver 中间件翻译的命令。

为了获得正确版本的 ChromeDriver，首先需要判断 Chrome 浏览器的版本，在 URL 文本框中输入 "chrome://version"，便可获得 Chrome 浏览器的版本信息，如图 9.22 所示。

图 9.22

随后在 ChromeDriver 的 taobao 镜像站下载对应版本的 ChromeDriver，两个版本不需要完全一致，主版本号相同即可。如图 9.23 所示，这里下载 81.0.4044.69 版本的 ChromeDriver。

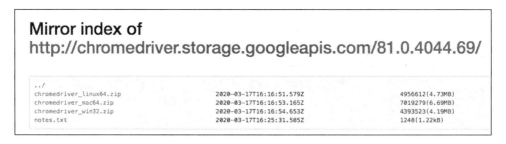

图 9.23

不同系统下载不同的版本，下载完成后通过 pip3 安装 Selenium，整个使用环境搭建完成。

9.3.2　Selenium 基本使用方法

9.3.1 节介绍了 Selenium 并搭建好了使用环境，接着就可以通过它来操作浏览器。

通过一个简单的实例来了解 Selenium 的基本用法，代码如下：

```
from selenium import webdriver

chromedriver = 'chromedriver'

# 创建浏览器驱动对象
driver = webdriver.Chrome(executable_path=chromedriver)
# 打开网页
driver.get('https://www.baidu.com')
```

在上述代码中，实例化 webdriver.Chrome 类并将 chromedriver 所在路径作为参数传入，从而获得浏览器驱动对象：driver 对象，在获得该对象后，浏览器就会被自动调用，随后通过 driver 对象的 get 方法便可以控制浏览器让其访问百度官网，效果如图 9.24 所示。

图 9.24

在默认情况下，被 Selenium 控制的 Chrome 浏览器会有被自动测试软件控制的提示，从图 9.24 中便可以看出。如果觉得该提示有碍浏览，可以通过相应的配置将其隐藏，代码如下：

```python
from selenium import webdriver

chromedriver = 'chromedriver'

# 配置对象
options = webdriver.ChromeOptions()
# 隐藏"Chrome 正受到自动测试软件的控制。"
options.add_experimental_option('excludeSwitches', ['enable-automation'])

# 创建浏览器驱动对象
driver = webdriver.Chrome(executable_path=chromedriver, chrome_options=options)

# 打开网页
driver.get('https://www.baidu.com')
```

理解上述示例后，我们希望通过 Selenium 实现浏览器自动进行 Google 搜索的操作。在编写代码前，有必要先理解 Selenium 定位 HTML 元素的相应方法，只有定位到页面中对应的元素后才能对其进行操作。

在 Selenium 中有 7 种常用的定位方法，具体如下。

（1）id 定位：通过元素的 id 属性查找元素的方法为 find_element_by_id。

（2）name 定位：通过元素的 name 属性查找元素的方法为 find_element_by_name。

（3）class 定位：通过元素类名定位元素的方法为 find_element_by_class_name。

（4）tag 定位：每一个元素都可以看作一个 tag，但是 HTML 页面的 tag 重复性很高，一般很少使用这种方式定位，其方法为 find_element_by_tag_name。

（5）link 定位：专门用于定位文本链接，其方法为 find_element_by_link_text。

（6）XPath（XML Path Language，XML 路径语言）定位：通过 XPath 定位元素的方

法为 find_element_by_xpath。

（7）css 定位：css 使用选择器来为页面元素绑定属性，它可以较为灵活地选择控件的任意属性，其方法为 find_element_by_css_selector。

读者不必记忆这些方法，在需要时再去查阅即可。

接着分析 Google 搜索页的 HTML，找到其搜索输入框的位置，通过 Selenium 相应的定位方法获取搜索输入框对象，具体代码如下：

```python
from selenium import webdriver
from selenium.webdriver.common.keys import Keys

def get_driver():
    '''获得浏览器驱动对象'''
    chromedriver = 'chromedriver'
    driver = webdriver.Chrome(executable_path=chromedriver)
    return driver

driver = get_driver()
driver.get('https://www.google.com')
# 通过 class name 定位搜索输入框元素
search_input = driver.find_element_by_class_name('gLFyf')
# 在搜索输入框内输入"python"
search_input.send_keys('python')
# 在搜索输入框内按 "Enter" 键
search_input.send_keys(Keys.ENTER)
```

在上述代码中，首先通过 get_driver 方法获得浏览器驱动对象，然后通过 find_element_by_class_name 方法定位出名为 gLFyf 的 HTML 元素，该元素就是 Google 搜索输入框。在获取该元素后，通过 send_keys 方法向其中输入内容，这里向搜索输入框中输入 "python" 作为搜索对象。随后依旧通过 send_keys 方法，将 Keys.ENTER 作为参数来实现按 "Enter" 键的目的，具体效果如图 9.25 所示。

图 9.25

9.3.3　Selenium 等待元素加载

在通过 Selenium 自动化操作浏览器访问某个网页的过程中，在初次加载网页元素时，默认会等待网页中元素的加载，直到网页中所有 HTML 元素加载完，以及所有 JS 脚本都执行完，才会进行后续的自动化操作。

这种特性在面对网页加密参数时非常具有优势，网页中的加密参数会通过 JS 生成，加密过程会比较复杂。而当 Selenium 控制浏览器后，会自动等待 JS 执行完成，随后便可直接获取相应的加密结果，不再需要自行破解加密参数。

但自动等待的特性只在第一次访问该网页时才有所体现，如果网页元素局部更新，Selenium 默认是不监听的，此时就会出现用户需要操作的元素还没完成加载的情况，其中，很常见的情景就是在网络情况不好时，动态网页本身加载完成，但其中的很多元素没有立即加载完成，此时通过 Selenium 去获取这个元素，就会抛出错误。

避免这种情况发生的方法就是等待元素加载完成后再进行自动化操作，其中最简单的方法便是使用 time 内置库的 sleep 方法，无论动态页面中的元素是否加载完成，都通过 sleep 方法让程序休眠一段时间。这种方法虽然简单，但不稳定，因为我们不清楚 HTML 元素在程序休眠结束后是否完成加载；有时元素已经完成了加载，而程序依旧还在"休眠"中，导致程序整体的执行效率很低。

除这种粗暴的强制等待方式外，Selenium 还提供了隐式等待与显式等待两种方式。

先了解隐式等待，代码如下：

```
from selenium import webdriver

chromedriver = 'chromedriver'
driver = webdriver.Chrome(executable_path=chromedriver)
# 隐式等待，最长等待时间 30s
driver.implicitly_wait(30)
```

在上述代码中，通过 driver.implicitly_wait 方法实现隐式等待，并将我们希望的最长等待时间作为该方法的参数。当通过 Selenium 获取页面 HTML 元素时，如果元素加载完成，则立即执行后续操作；如果元素未加载完成，则最多等待相应的时长，如果元素加载时间超过该时长，程序依旧会抛出异常。

需要注意的是，隐式等待对 Selenium 控制浏览器的整个周期都是有效的，所以只需要设置一次即可。

但是隐式等待的问题在于不够灵活，有时页面中某个元素本身需要加载很久，此时使用隐式等待就需要将整体等待时间设置得很长，这并不合理，而更好的方式是使用显式等待。

显式等待可以指定等待某个元素加载的最长时长，如果超过该时长，则认为超时。显式等待的优势在于可以对 HTML 元素获得更加细粒度的控制，具体代码如下：

```
from selenium.webdriver.support.wait import WebDriverWait

def waitxpath(driver, xpath):
    try:
        # 显式等待 20s，每秒判断元素是否加载完成
```

```
        WebDriverWait(driver, 20, 1).until(
            lambda x: x.find_element_by_xpath(xpath)
        )
    except Exception as e:
        raise e
```

上述代码定义了 waitxpath 方法来实现显式等待，将需要等待的 HTML 元素的 XPath 作为参数传入即可。在 waitxpath 方法中，通过实例化 WebDriverWait 类来实现显式等待，在实例化的过程中需要浏览器驱动对象 driver、等待时长、轮询频率（隔多长时间判断一次元素是否加载完成）3 个基本参数。

实例化后通过 until 方法实现对某元素的显式等待。依旧以自动化 Google 查询为例，代码如下：

```
chromedriver = 'chromedriver'
driver = webdriver.Chrome(executable_path=chromedriver)
driver.get('https://www.google.com')
# 搜索框元素对应的 XPath，与 XPath 语法相关的内容请阅读 9.3.4 节
search_input_xpath = '//*[@id="tsf"]/div[2]/div[1]/div[1]/div/div[2]/input'
# 显式等待
waitxpath(driver, search_input_xpath)
# 通过 XPath 定位元素
search_input = driver.find_element_by_xpath(search_input_xpath)
search_input.send_keys('python')
search_input.send_keys(Keys.ENTER)
```

其实，Google 搜索输入框是当前 Google 页面的元素，所以即使不设置显式等待，Selenium 也会在搜索输入框元素加载完后再操作。上述代码只是简单演示 waitxpath 方法如何使用，在获取某个 HTML 元素时，需要先进行显式等待，然后再通过相应的方法获取。

如果每个元素都通过显式等待来控制超时时长，代码就会显得很臃肿，最佳方式是隐式等待与显式等待一同使用。如果在获取某个元素时既有隐式等待又有显式等待，那么该元素的超时时长为两种等待方式之中的较长者。

9.3.4 XPath 基本使用方法

XPath 是一种用于在 XML 文档中查找数据的语言,它最初只用于 XML 文档的信息搜索,现在同样可以用于 HTML 文档的信息搜索。

XPath 提供了非常简单的语法来匹配 HTML 文档中的元素,另外还提供了超过 100 种内置方法用于字符串、数值、时间等不同数据类型的处理,通过 XPath 几乎可以定位出 HTML 文档中所有的内容。

读者不需要全面掌握 XPath,只需要了解其基本语法即可。XPath 基本且常用的语法规则如下。

(1) 通过 HTML 标签名可以选取此节点下的所有子节点。

(2) 通过 "/" 符号可以从当前节点选取直接子节点。

(3) 通过 "//" 符号可以从当前节点选取子孙节点。

(4) 通过 "." 符号可以选取当前节点。

(5) 通过 ".." 符号可以选取当前节点的父节点。

(6) 通过 "@" 符号可以选取属性。

以一个示例来说明,代码如下:

```
//div[@class='username']
```

上述 XPath 表示的是,从 HTML 文档中搜索出所有标签名为<div>且 class 属性值为 username 的节点。

很多读者可能无法在短时间内掌握 XPath 语法,但不必感到沮丧,其实在简单了解了 XPath 语法之后,就可灵活使用 XPath。具体操作步骤如下。

(1) 通过 Chrome 浏览器访问网站。

(2) 打开浏览器的 "开发者工具" 中的 "Elements" 标签页,选中需要过滤的 HTML 元素。

（3）右击，在弹出的快捷菜单中依次选择"Copy"→"Copy XPath"命令，即可轻松获取当前 HTML 元素在该 HTML 文档中的 XPath，如图 9.26 所示。

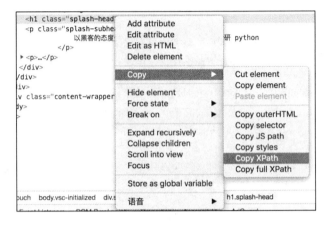

图 9.26

在获取 XPath 后，便可以结合 Selenium 的 find_element_by_xpath 方法轻松定位网页中的元素。

9.3.5 通过 Selenium 自动化网站后台

本节将使用 Selenium 来实现网站后台的自动化操作，具体而言就是自动化登录网站后台并自动创建新的分页管理，下面具体介绍如何编写代码。

首先登录网站后台，回顾 9.2.3 节关于对登录页的分析，直接通过 Selenium 操作登录页中相应的元素，具体代码如下：

```
from selenium import webdriver

# 待使用的 URL
urls = {
    'login': 'http://192.168.31.93/VZvipHtURf.php/index/login',
    'add': 'http://192.168.31.93/VZvipHtURf.php/category/add?dialog=1'
}
```

```python
def get_driver():
    '''获取浏览器驱动对象'''
    chromedriver = 'chromedriver'
    driver = webdriver.Chrome(executable_path=chromedriver)
    # 隐式等待
    driver.implicitly_wait(30)
    return driver

def login(driver):
    '''自动登录网站后台'''
    driver.get(urls['login'])

    username = driver.find_element_by_id('pd-form-username')
    username.clear()  # 清空输入框中的内容
    username.send_keys('admin')
    passwd = driver.find_element_by_id('pd-form-password')
    passwd.send_keys('admin123')
    captcha_xpath = '//*[@id="login-form"]/div[4]/input'
    waitxpath(driver, captcha_xpath)
    captcha = driver.find_element_by_xpath(captcha_xpath)
    _ = input('验证码: ')
    captcha.send_keys(_)  # 输入验证码
    # 单击"登录"按钮
    driver.find_element_by_xpath('//*[@id="login-form"]/div[6]/button').click()
    time.sleep(1)  # 等待 1s
```

上述代码通过 get_driver 方法获取浏览器驱动对象 driver，然后通过 login 方法实现具体的登录操作。因为用户名与密码输入框对应的<input>标签具有 id 属性，所以直接通过 find_element_by_id 方法便可获取相应的输入框对象。如果需要清空输入框中的内容，可以调用 clear 方法，随后便可以通过 send_keys 方法将用户名与密码填写到相应的输入框中。

因为验证码输入框没有 class、id 等明确的标识，所以为了方便起见，这里直接利用浏览器获取验证码输入框对应的 XPath，然后通过 find_element_by_xpath 方法定位即可，验证码的具体内容依旧是人为输入，最后定位"登录"按钮元素，通过 click 方法模拟单击即可完成登录。

整个过程不需要考虑 __token__ 字段与 Cookie，浏览器会将它们自动处理好，我们只需要模拟人的操作即可。

登录完成后，即可创建新的分类。首先回顾手动创建分类的流程，如图 9.27 所示。

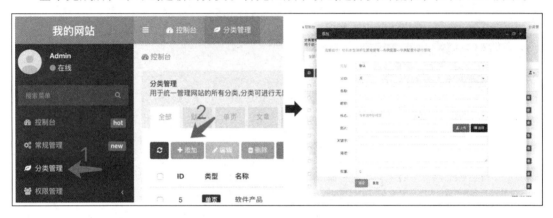

图 9.27

从图 9.27 可知，手动创建分类的流程为：选择"分类管理"，单击"添加"按钮，在弹出的"添加"对话框中填写信息，最后单击"确定"按钮。

注意，读者不要认为代码能够完全模仿人的操作，这会让自动化代码变得复杂且难以理解。在很多时候，使用者之所以这样使用网站，是因为不清楚这些操作对应的 URL。如果知道了 URL，那么直接请求该 URL 获取该页面，然后直接在该页面进行操作即可。

通过浏览器"开发者工具"中的"Network"标签页可知，单击"添加"按钮后弹出的"添加"对话框其实是一个独立的页面，只是在正常使用的过程中让其以对话框的形式展示。为了降低代码复杂度，可以通过 Selenium 直接访问添加页对应的 URL，然后操作其中的元素，具体代码如下：

```python
def create_classify(driver):
    '''创建分类'''
    driver.get(urls['add'])
    driver.find_element_by_id('c-name').send_keys('测试分类')  # 名称
    driver.find_element_by_id('c-nickname').send_keys('测试分类的昵称')  # 昵称
    select(driver)  # 选择下拉框
```

```python
# 单击"确定"按钮
button_xpath = '//*[@id="add-form"]/div[12]/div/button[1]'
driver.find_element_by_xpath(button_xpath).click()
```

上述代码非常简单，即通过对应方法定位到相应的元素，然后进行相应的操作。

在添加分类时需要选择标志，它对应着一个选择下拉框，这里将选择下拉框的操作封装成了 select 方法，该方法代码如下：

```python
from selenium.webdriver.common.action_chains import ActionChains

def select(driver):
    '''选择下拉框'''
    # 标志
    mark_xpath = '//*[@id="add-form"]/div[6]/div/div/button/span[1]'
    mark = driver.find_element_by_xpath(mark_xpath)
    # 将鼠标指针移动到 mark 元素上，执行单击操作
    ActionChains(driver).move_to_element(mark).click(mark).perform()
    # 标志
    mark_index_xpath = '//*[@id="add-form"]/div[6]/div/div/div/ul/li[2]'
    mark_index = driver.find_element_by_xpath(mark_index_xpath)
    # 选择下拉框中的首页
    ActionChains(driver).move_to_element(mark_index).click(mark_index).
      perform()
```

上述代码中，通过 XPath 语法定位出选择下拉框元素，然后通过 ActionChains 类中的方法模拟鼠标操作。具体而言，就是通过 move_to_element 方法模拟鼠标移动操作，将选择下拉框元素作为参数传入，鼠标指针便会移动到选择下拉框元素之上；完成移动后直接调用 click 方法模拟单击操作；最后调用 perform 方法执行具体的操作。

需要注意的是，ActionChains 类主要用于创建较为底层的交互操作，不只是模拟鼠标，还可以模拟键盘敲击，所有操作会构成动作链，这些动作只有调用 perform 方法后才会执行。

至此，创建分类的操作就结束了。因为整个过程进行得很快，而且也不会让用户一直盯着整个过程，所以为了记录一些关键步骤的自动化情况，通常会利用 Selenium 将关键步骤对应的界面截图并保存下来，方便后续人为查看。

在创建分类成功后，对页面进行截图保存。当所有操作结束后，清理浏览器中所有的 Cookie 并退出浏览器，代码如下：

```python
def clear(driver):
    # 清空所有 Cookie
    driver.delete_all_cookies()
    # 退出浏览器
    driver.quit()

def screenshot(driver):
    '''
    保存截图
    '''
    dir = Path('screenshot')
    if not dir.is_dir():
        dir.mkdir(parents=True)
    now = str(int(time.time()))
    imgpath = dir.joinpath(f'{now}.png')
    driver.save_screenshot(str(imgpath))

# 入口方法
def main():
    driver = get_driver()
    login(driver)
    create_classify(driver)
    screenshot(driver)
    clear(driver)
```

至此，自动化登录网站后台并自动化创建分类的代码编写完成。

9.3.6　Selenium 操作 iframe

有时在使用 Selenium 操作某些页面时，通过浏览器"开发者工具"中的"Elements"标签页查看确实有相应的元素，但 Selenium 却始终无法获取这些元素，这可能是因为遇到了 <iframe> 标签。

<iframe>标签是一种 HTML 标签，其特殊之处在于<iframe>标签会创建一个内联框架，该内联框架可以将其他 HTML 文档嵌入当前 HTML 文档中，即将网页嵌入网页中，如图 9.28 所示。

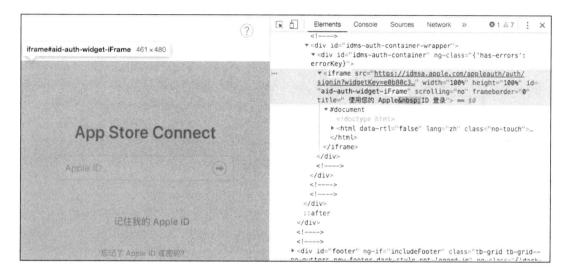

图 9.28

从图 9.28 中可以看出，网页中与 Apple ID 输入框相关的 HTML 内容是通过<iframe>标签内嵌在当前网页中的，此时只通过 Selenium 获取登录页是无法定位出 Apple ID 输入框元素的，其结果只会是等待超时。

此外，因为<iframe>标签内部其实是另外一个网页，所以 Selenium 在请求网页时，不会等待<iframe>标签中网页元素的加载，如果直接进入<iframe>标签中获取，待获取的元素可能会没有加载完毕，这容易导致元素获取失败。

这里针对图 9.28 中的网页，编写自动将内容填写到 Apple ID 输入框中的代码，代码如下：

```
from selenium import webdriver

def get_driver():
    chromedriver = 'chromedriver'
    driver = webdriver.Chrome(executable_path=chromedriver)
```

```
        driver.implicitly_wait(30)
        return driver

    def main():
        url = 'https://appstoreconnect.apple.com/login'
        driver = get_driver()
        driver.get(url)
        # 切入<iframe>标签
        driver.switch_to.frame(driver.find_element_by_id('aid-auth-widget-iFrame'))
        # 向 Apple ID 输入框中填入内容
        driver.find_element_by_id('account_name_text_field').send_keys('123456')
        # 切出 iframe
        driver.switch_to.parent_frame()

    main()
```

在上述代码中，依旧通过 get_driver 方法获取浏览器驱动对象，因为登录页中需要操作的输入框在<iframe>标签内嵌的 HTML 文档中，所以需要通过 driver.switch_to.frame 方法将 Selenium 操作焦点切换到<iframe>标签内的 HTML 文档中。切换后即可像操作正常网页一样定位 Apple ID 输入框。在所有操作完成后，还需要通过 driver.switch_to.parent_frame 方法将 Selenium 操作焦点切换回上一层，即主体网页。

在当前登录页的<iframe>标签中，元素加载的时长都比较平均，所以直接使用 Selenium 隐式等待。

本章小结

- 浏览器与 Web 服务器通过 HTTP 进行数据传输。

- 一个网站由 HTML、CSS 与 JS 构成，HTML 用于构建网站内容，CSS 负责网站元素布局，而 JS 负责内容的动态变更及各种复杂的操作。

- 通过 requests 库可以轻松地构建 GET 请求与 POST 请求，从而获取 Web 服务器返回的信息。

- 通过 BeautifulSoup4 库可以对 HTML 文档进行解析，过滤出需要的内容。

- Web 服务器会将用户身份认证信息返回浏览器，浏览器会将其存放在 Cookie 中，下次请求时会将 Cookie 带上，实现用户身份认证。

- Selenium 是一款自动化测试框架，可以控制各种主流浏览器。Selenium 在控制 Chrome 浏览器时，需要安装 ChromeDriver 中间件。

- XPath 是一种用于定位网页元素的语法，通过 Chrome 浏览器的"开发者工具"可以自动生成某元素针对该网页的 XPath。

第 10 章

邮件自动化

在日常工作中,我们难免要收发大量邮件,查看和发送邮件会占用大量的时间。是否可以编写一个程序将查看和发送邮件的过程简化,从而提升工作效率呢?答案是当然可以,本章将详细讲解如何使用 Python 实现邮件自动化。

10.1 电子邮件协议

在讨论邮件自动化前,有必要先简单了解电子邮件协议的相关内容。只有理解了电子邮件协议,读者在编写邮件自动化程序时才不会感到困惑。

电子邮件协议指接收邮件服务器与发送邮件服务器所使用的一种规则,目前常见的几种电子邮件协议为 SMTP(Simple Mail Transfer Protocol,简单邮件传输协议)、POP3(Post Office Protocol Version 3,邮局协议版本 3)、IMAP(Internet Message Access Protocol,互联网邮件访问协议)和 Exchange。

10.1.1 电子邮件的由来

早期的计算机非常珍贵,通常一台计算机由多个人使用。当时的电子邮件只是一个有特殊保护的文件夹,存放在该文件夹中的信息可以被任何一个登录到此计算机的人看到,类似于现在计算机桌面上的记事本文件。

1971 年的某一天，计算机工程师 Ray Tomlinson 实现了名为"SNDMSG"的邮件程序，并简单起草了名为"CPYNET"的邮件文件传输协议，最终实现了两台计算机之间的消息传输，此时真正意义上的电子邮件诞生了。

1972 年年初，CPYNET 协议被具有特定邮件处理功能的文件传输协议取代；同年，Ray Tomlinson 决定使用"@"来区分本地邮件与网络邮件。

10.1.2　邮件服务器

电子邮件的发送需要经过互联网，个人如果想发送或接收邮件，就需要一台支持邮件协议并暴露在互联网上的服务器。

服务器非常昂贵，作为个体，更常见的方法是使用第三方邮件服务器，如 QQ 邮箱、新浪邮箱、Gmail 等，这些邮箱服务背后都对应了相应的邮件服务器。我们并不需要关心这些邮件服务器，相应的公司已经为我们准备好了，我们只需要创建账号便可以使用。

10.1.3　发送邮件协议：SMTP

SMTP 是互联网上传输电子邮件的标准协议，其目标是向用户提供高效、可靠的邮件传输。须注意，它只是发送电子邮件的标准协议。

SMTP 的一个重要特点就是，它能在传送邮件的过程中接力传送，即邮件可以通过不同网络上的主机以接力的方式传送到目标主机上。

Python 内置 smtplib 库支持 SMTP 协议，使用 smtplib 库可以实现邮件的自动发送，但还有更简单的方法，我们将在 10.3 节详细介绍。

10.1.4　接收邮件协议：POP3 与 IMAP

SMTP 协议只支持邮件发送，要实现邮件接收，就需要使用 POP3 或 IMAP 协议。

POP3 协议规定了个人计算机连接到互联网邮件服务器的规范，以及个人计算机从邮件服务器中下载邮件的规范。POP3 协议是电子邮件的第一个离线协议标准，它允许用户将邮件服务器上的邮件保存到个人计算机上，并删除邮件服务器中对应的邮件。

IMAP 协议与 POP3 协议类似，但不同的是个人计算机在获取了邮件服务器中的电子邮件后，该邮件依旧保留在邮件服务器中。此外，个人计算机连接到邮件服务器后的所有操作都会被服务器记录下来，服务器也会做相应的动作，其效果相当于在线编辑。

Python 内置 poplib 库支持 POP3 协议，在 10.4 节将详细介绍如何使用 poplib 库实现自动接收邮件。

10.2　设置第三方邮件服务

10.1.2 节介绍了邮件服务器，我们了解到收发邮件的前提是得有一个邮件服务器，其中个人也可以使用第三方邮件服务器，但个人如果想通过代码自动化控制第三方邮件服务器，还需要做一些相应的设置。

10.2.1　设置新浪邮箱

以新浪邮箱为例，本节将演示如何设置第三方邮件服务器，使其支持可以通过代码连接与操作，其他平台邮箱设置过程类似。

登录新浪邮箱，单击"设置"超链接，如图 10.1 所示。

图 10.1

在"设置"界面中选择"客户端 pop/imap/smtp",如图 10.2 所示。

图 10.2

在"客户端授权码"选项卡中将授权码状态设置为开启,新浪邮箱会随机生成第三方客户端授权码,在使用代码连接新浪邮件服务器时就需要使用该授权码。此外,需要注意选中"开启 POP/SMTP"复选框,如图 10.3 所示。

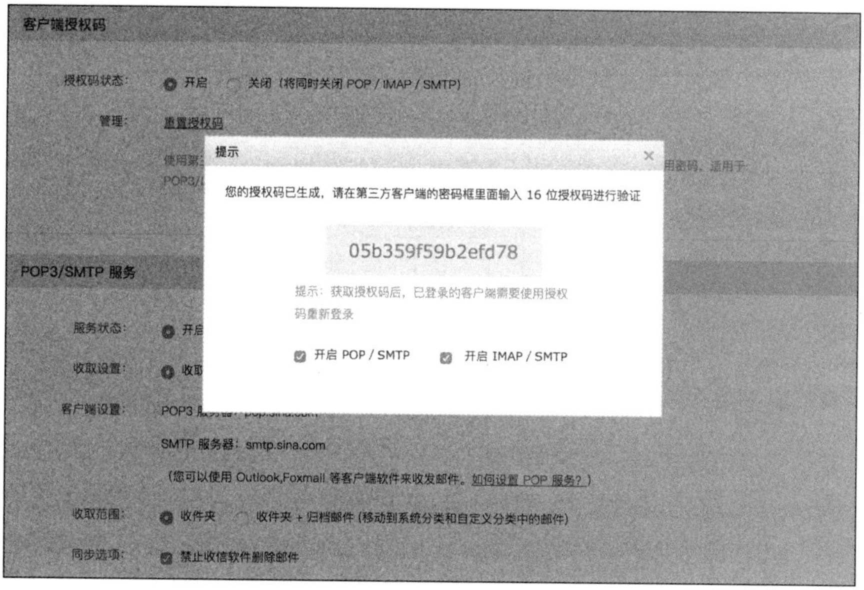

图 10.3

其他邮箱平台授权码生成规则可能略有不同，如 163 邮箱会通过短信验证用户身份，然后让用户创建相应的授权码，而不是直接生成。

为了获取邮件服务器中所有的邮件，在新浪邮箱中还可以将"收取设置"设置为"收取全部邮件"，以及将"收取范围"设置为"收件夹+归档邮件（移动到系统分类和自定义分类中的邮件）"。

如果希望通过代码实现删除邮件的功能，可以不去勾选"同步选项"中的"禁止收信软件删除邮件"复选框。但我们在这里并不建议这样做，因为可以避免代码存在逻辑错误，造成邮件被误删的情况出现。

10.2.2 电子邮件发送原理

在设置完第三方邮件服务后，即可自动化邮件的发送与接收操作。但在此之前，读者应简要理解电子邮件的发送原理，这将有助于理解和编写代码。

电子邮件发送简要流程如图 10.4 所示。

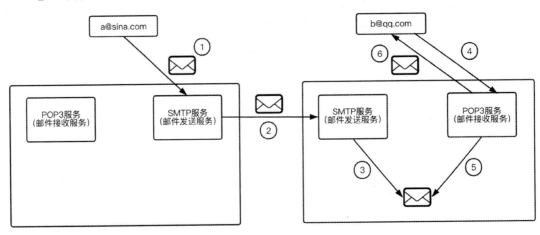

图 10.4

图 10.4 简要描述了 a@sina.com 邮箱用户向 b@qq.com 邮箱用户发送一封电子邮件的过程，具体细节如下。

（1）a@sina.com 邮箱用户是新浪邮箱用户，该用户的邮件会发送到新浪邮件服务器的 SMTP 服务上。

（2）SMTP 服务处理该邮件，判断收件人是否也是新浪邮箱用户。如果是，则直接分配到收件人邮箱账号对应的邮箱空间中；如果不是，SMTP 服务就将该邮件发送给对应服务器的 SMTP 服务上，在图 10.4 中，将邮件从新浪邮件服务器发送到 QQ 邮件服务器。

（3）QQ 邮件服务器的 SMTP 服务接收到邮件后会进行同样的处理，先判断收件人是否是 QQ 邮箱用户，如果是，则直接将邮件放到收件人邮箱账号对应的邮箱空间中。

（4）a@sina.com 邮箱用户将邮件发送出去后，就会通知 b@qq.com 邮箱用户去收取，b@qq.com 邮箱用户会连接 QQ 邮件服务器的 POP3 服务去获取邮件。

（5）POP3 服务从 b@qq.com 邮箱用户对应的邮箱空间中获取邮件。

（6）POP3 服务将获取的邮件发送给 b@qq.com 邮箱用户。

一次简单的邮件发送与接收流程结束。

10.3 自动发送邮件

发送邮件的原理是邮件内容发送到了邮件服务器的 SMTP 服务中，一个合法的请求内容需要满足 SMTP 协议的规则。Python 中提供的 smtplib 内置库可以快速构建满足 SMTP 协议规则的请求，但过程依旧有些复杂，我们可以使用 yagmail 库来进一步简化发送邮件的过程。

10.3.1 安装 yagmail 库

yagmail 是 Python 第三方库，需要通过 pip3 进行安装，命令如下：

```
pip3 install yagmail
```

yagmail 库对 smtplib 内置库的很多操作进行了封装，让最终"暴露"给用户的方法变得非常简单。使用 smtplib 库发送一封邮件需要 30 行代码，而使用 yagmail 库只需要 5 行代码。

yagmail 库使用方法简单，功能全面，且可以通过非常少的代码实现纯文字邮件、附带图片的邮件、附带附件的邮件及 HTML 邮件的发送。

10.3.2　使用 yagmail 库发送文字邮件

安装完 yagmail 库后，先使用 yagmail 库发送普通的文字邮件。

首先，要通过 import 关键字导入 yagmail 库，然后实例化 yagmail.SMTP 类，代码如下：

```
import yagmail

# 登录 SMTP 服务器
# user：邮箱账号
# password：邮箱登录授权码
# host：邮箱 SMTP 服务器地址
yag = yagmail.SMTP(user="my_email_liao@sina.com",
                   password='05b359f59b2efd78',
                   host='smtp.sina.com')
```

实例化 yagmail.SMTP 类时需要传入邮箱账号、邮箱授权码，以及第三方平台 SMTP 服务所在服务器的地址，读者可以阅读 10.2.1 节回顾相关内容。

然后，编写文字邮件要发送的内容，创建一个列表变量来存放邮件内容，代码如下：

```
# 邮件内容
contents = [
    '感谢你阅读「Python 自动化任务」！',
    'Thank you read「Python Automate tasks」！'
]
```

最后调用 send 方法将邮件发送给对方，代码如下：

```
# 发送邮件
# to：收信邮箱
```

```
# subject: 邮件主题
# contents: 邮件内容

yag.send(to='myemailliao@163.com', subject='Python自动化办公', contents=contents)
```

send 方法需要传入收信邮箱、邮件主题以及邮件内容。上述代码会将邮件发送到 163 邮件服务器的 STMP 服务中。

登录收信邮箱账号后可以看到刚刚通过代码发送的邮件，如图 10.5 所示。

图 10.5

10.3.3 使用 yagmail 库发送附带图片的邮件

yagmail 库不但能实现纯文本邮件的发送，还可以发送附带图片的邮件，但需要使用 yagmail.inline 方法将图片嵌入邮件内容中，代码如下：

```
import yagmail

yag = yagmail.SMTP(user="my_email_liao@sina.com",
                   password='05b359f59b2efd78',
                   host='smtp.sina.com')

# 邮件内容
contents = [
    '感谢你阅读「Python自动化任务」!',
```

```
    'Thank you read 「Python Automate tasks」!',
    yagmail.inline('images/h2.jpg'),  # 邮件内容中内嵌图片
]
yag.send(to='myemailliao@163.com', subject='Python自动化办公', contents=contents)
print('邮件发送完成')
```

相比发送纯文字邮件的代码，要发送附带图片的邮件，仅需要在 contents 列表中添加通过 yagmail.inline 方法导入的图片。

登录收信邮箱账号后可以看见刚刚通过代码发送的邮件，如图 10.6 所示。

图 10.6

10.3.4 使用 yagmail 库发送附带附件的邮件

当需要通过邮件发送文件时，如果邮件能够附带附件，则在使用时会更加便利。例如，周报文件通常通过邮件发送，如果无法通过代码实现附带附件邮件的自动化发送，那么自动化发送邮件的使用范围会非常受限。

yagmail 库支持发送附带附件的邮件，方式同样非常简单，代码如下：

```
import yagmail

yag = yagmail.SMTP(user="my_email_liao@sina.com",
                   password='05b359f59b2efd78',
                   host='smtp.sina.com')

# 邮件内容
contents = [
    '感谢你阅读「Python 自动化任务」!',
    'Thank you read 「Python Automate tasks」!',
    '周报数据.xlsx', # 以附件方式发送
    ]

yag.send(to='myemailliao@163.com', subject='Python 自动化办公', contents=contents)
print('邮件发送完成')
```

当需要发送附带附件的邮件时，只需要将发送附件所在的路径添加到 contents 列表中，yagmail 库就会自动将文件的内容读入并进行编码。

登录收信邮箱账号后可以看见刚刚通过代码发送的邮件，如图 10.7 所示。

图 10.7

10.3.5　使用 yagmail 库发送 HTML 邮件

在邮件正文中添加图片，相比于纯文字的形式，确实会美观一些，但与很多常见邮件的内容样式相比，还是存在较大差异，这是因为常见的邮件是 HTML 邮件，邮件内容其实是一个网页，yagmail 库支持发送 HTML 邮件。

首先编写一个 HTML 网页作为邮件内容，编写完成后将 HTML 网页内容读入并作为邮件内容列表的一部分，然后通过 send 方法将邮件发送出去，代码如下：

```
import yagmail

yag = yagmail.SMTP(user="my_email_liao@sina.com",
                   password='05b359f59b2efd78',
                   host='smtp.sina.com')

# 读入 HTML 文件内容
html = ''
with open('test.html', 'r') as f:
    html = f.read()

# 邮件内容
contents = [
    '感谢你阅读「Python 自动化任务」！',
    'Thank you read 「Python Automate tasks」！',
    html  # 发送 HTML 格式内容
    ]

yag.send(to='myemailliao@163.com', subject='Python 自动化办公', contents=contents)
print('邮件发送完成')
```

登录收信邮箱账号后可以看见刚刚通过代码发送的邮件，如图 10.8 所示。

需要注意的是，如果构建的 HTML 页面需要图片资源，那么需要将图片资源传到图床中，然后以 URL 形式获取该图片资源，否则在发送 HTML 邮件时会发现，HTML 邮件虽然成功发送，但收信邮箱收到的 HTML 邮件是有问题的，其中的图片资源无法正常显示。

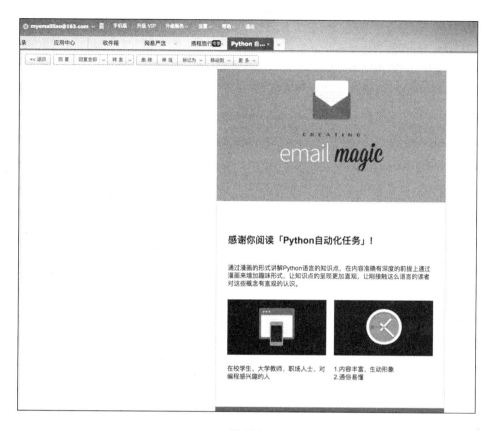

图 10.8

导致图片资源无法正常显示的原因其实很简单，在编写 HTML 页面时，用户是在本地计算机上浏览的，此时本地计算机中确实存在相应的图片资源，但当 HTML 页面作为邮件内容发送出去后，邮件存放到了邮箱账号对应的邮箱空间中，而邮箱空间中不存在相应的图片资源，此时收信邮箱中的 HTML 邮件就无法正常显示其中的图片元素。

扩展内容

图床指专门用于存储图片并对外提供 URL 的 Web 服务，互联网上有很多免费的图床，用户可以将自己的图片上传到图床，从而获取该图片对应的 URL，通过该 URL 即可在任何地方访问该图片。

10.4 自动获取邮件

通过 POP3 服务可以获取邮件服务器中的邮件,与发送邮件时请求内容需要满足 SMTP 协议类似,获取邮件请求的内容也要满足 POP3 协议。Python 中提供了 poplib 内置库来构建满足 POP3 协议的请求。

10.4.1 浅谈邮件格式

其实获取电子邮件这一步非常简单,但我们获取到的是邮件原始内容,其内容格式通常遵守 MIME（Multipurpose Internet Mail Extensions,多用途互联网邮件扩展）协议。

MIME 协议是目前电子邮件普遍遵循的邮件技术规范,它要求邮件包含邮件头、邮件体,我们需要对邮件原始内容进行解析才可以获取平时在第三方邮箱软件中看见的邮件内容。

大致了解原始邮件格式是解析原始邮件内容的前提,下面分别介绍邮件头与邮件体对应的格式。

邮件头通常包括标题、发件人地址、收件人地址、邮件体的内容类型和邮件体编码方式等信息,每条信息称为一个域,其基本格式是"{域名}:{信息}",域的含义如表 10.1 所示。

表 10.1

域 名	域的含义
Received	传输路径
Return-Path	返回路径
Delivered-To	发送地址
Reply-To	回复地址
From	发件人地址
To	收件人地址
Cc	抄送地址

续表

域　名	域的含义
Bcc	暗送地址
Date	日期和时间
Subject	主题
Message-ID	消息 ID
MIME-Version	MIME 版本
Content-Type	内容的类型
Content-Transfer-Encoding	内容的传输编码方式

其中，比较关键的是 Content-Type 域，该域定义了邮件体所含各种信息的类型及属性。邮件体通常包括纯文本、超文本、内嵌的数据和附件等信息，这些信息都按照 Content-Type 域所指定的媒体类型、存储位置、编码方式等信息存储在邮件体中。

Content-Type 域的基本格式为"Content-Type：{主类型}：{子类型}"，此外还会跟随相应的属性信息，具体如表 10.2 所示。

表 10.2

主类型	常见属性	属性的含义
text	charset	文本信息所使用的编码
image	name	图像的名称
application	name	应用程序的名称
multipart	boundary	邮件分段边界标识

Content-Type 域在邮件头的具体示例如下：

```
Content-Type: text/plain; charset=GBK
```

邮件体中不同类型的信息（纯文本、超文本、内嵌数据和附件）会分段存储，每个段都包含段头和段体两部分，段体还可包含段。每个段在邮件体中的位置通过 Content-Type 域的 multipart 类型来定义，multipart 类型主要有 3 种子类型：multipart/mixed、multipart/alternative、multipart/related，3 种子类型的关系如图 10.9 所示。

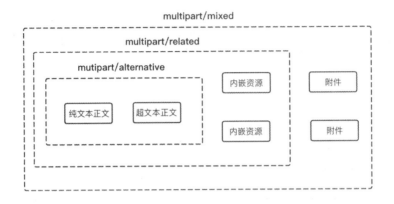

图 10.9

multipart/mixed 类型：如果邮件含有附件，邮件头的 Content-Type 域必须定义为 multipart/mixed 类型，邮件会通过该类型中定义的 boundary 属性将附件内容与邮件中其他内容分成不同的段。其基本格式如下：

```
Content-Type:multipart/mixed;
        boundary="{分段标识}"
```

multipart/related 类型：邮件除可以携带附件外，还可以将其他内容以内嵌资源的方式存储在 multipart/related 类型定义的段中。其基本格式如下：

```
Content-Type:multipart/related;
        boundary="{分段标识}"
```

multipart/alternative 类型：邮件可以发送纯文本与超文本内容，出于兼容性考虑，在发送超文本内容时会发送相应的纯文本副本，纯文本与超文本内容会存储在 multipart/alternative 类型定义的段中。其基本格式如下：

```
Content-Type:multipart/alternative;
        boundary="{分段标识}"
```

multipart 的子类型中都定义了 boundary 属性，邮件使用 boundary 中定义的字符串作为标识，将邮件内容分成不同的段。示例代码如下：

```
------=_Part_71386_1567755124.1578743879024    //子段开始
Content-Type: multipart/alternative;    //alternative 类型的段是其他段的子段
```

```
        boundary="-----=_Part_71387_996066490.1578743879024"  //alternative 类型的段

------=_Part_71387_996066490.1578743879024     //子段开始
Content-Type: text/plain; charset=GBK
Content-Transfer-Encoding: base64

uL28/tbQ09C088G/UH10aG9u19S2r7uvyM7O8bXEvLzHyQ==
                                    //使用 GBK 编码与 base64 处理过的内容
------=_Part_71387_996066490.1578743879024--  //父段结束
```

段体内的每个子段以"------"+boundary 行开始,父段则以"------"+boundary+"--"行结束,不同段之间用空行分隔。因为篇幅有限,这里无法展示一封电子邮件完整的原始内容,大家可以自行通过程序获取电子邮件原始内容(10.4.2 节会介绍如何通过程序获取电子邮件),然后再与本节所介绍的内容进行对比。

10.4.2 解析邮件头

我们了解了邮件格式后,即可编写相关代码来解析邮件。要解析邮件,首先需要从第三方邮件服务器中获取邮件,这需要使用 POP3 服务,而使用 poplib 库可以轻松实现这一目标。

与发送邮件类似,一开始需要通过邮箱账号、邮箱登录授权码及邮箱 POP3 服务器地址实例化 poplib.POP3 类,之后通过该类可以连接到相应的 POP3 服务。示例代码如下:

```
# useraccount: 邮箱账号
# password: 邮箱登录授权码
# pop3_server: 邮箱 POP3 服务器地址
useraccount = 'my_email_liao@sina.com'
password = '05b359f59b2efd78'
pop3_server = 'pop.sina.com'
# 开始连接到服务器
server = poplib.POP3(pop3_server)
# 打开或者关闭调试信息。这里设置为打开,会在控制台输出客户端与 POP3 服务器的交互信息
server.set_debuglevel(1)
# 输出 POP3 服务器的欢迎文字,验证是否正确连接到了邮件服务器
```

```
print(server.getwelcome().decode('utf-8'))
# 开始进行身份验证
server.user(useraccount)
server.pass_(password)
```

身份认证通过后，使用 server 对象即可获取相应的邮件。下面代码的作用是获取邮箱中一封最新的电子邮件：

```
from email.parser import Parser

def get_email_content(server):
    '''返回邮箱中的最新电子邮件'''

    # 返回电子邮件总数目和占用服务器的空间大小（字节数），通过 stat 方法即可
    email_num, email_size = server.stat()
    # 根据索引 ID 获取电子邮件信息
    rsp, msglines, msgsiz = server.retr(email_num)
    # 拼接电子邮件内容并对内容进行 GBK 解码
    msg_content = b'\r\n'.join(msglines).decode('gbk')
    # 把电子邮件内容解析为 Message 对象
    msg = Parser().parsestr(msg_content)
    # 关闭与服务器的连接，释放资源
    server.close()
    return msg
```

上述代码中有详细的注释，在此不再赘述。新浪邮箱中最新电子邮件的主题为"Python 自动化任务"，如图 10.10 所示。

图 10.10

因为开启了调试模式,所以运行上述代码会产生如下输出:

```
*cmd* 'USER my_email_liao@sina.com'     //账号
*cmd* 'PASS 05b359f59b2efd78'           //授权密码
*cmd* 'STAT'
*stat* [b'+OK', b'157', b'12958102']    //stat 方法返回数据
*cmd* 'RETR 157'
```

我们通过 get_email_content 方法获取邮箱中最新电子邮件的原始内容,对原始内容中邮件头部分进行解析。首先解析邮件头的 Subject 域,并获取当前电子邮件的主题,代码如下:

```
from email.header import import decode_header

def parser_subject(msg):
    '''解析邮件主题'''
    subject = msg['Subject']
    # 解析邮件
    value, charset = decode_header(subject)[0]
    # 如果指定了字体集
    if charset:
        # 使用该字体集进行解码
        value = value.decode(charset)
    # 输出:邮件主题: Python 自动化任务
    print('邮件主题: {0}'.format(value))
    return value
```

上述代码使用 decode_header 方法解析邮件头中的 Subject 域,该方法会返回列表,这里只需要列表的首个元素。

很多域可能会包含多个数据,如 Cc、Bcc 等域可能包含多个邮件地址,所以解析出来会有多个元素,此时需要对多个元素都进行解码操作。

使用类似的方式可以获取邮件头中其他域的信息,如获取 From 域的信息,代码如下:

```
def parser_address(msg):
    '''解析邮件来源'''
    hdr, addr = parseaddr(msg['From'])
    # name 为发送人邮箱名称,addr 为发送人邮箱地址
```

```
name, charset = decode_header(hdr)[0]
if charset:
    name = name.decode(charset)
# 输出：发送人邮箱名称：Maowen Liao, 发送人邮箱地址：myemailliao@163.com
print('发送人邮箱名称：{0}, 发送人邮箱地址：{1}'.format(name, addr))
```

10.4.3 解析邮件体

与邮件头不同，邮件体本身可能是嵌套结构，由不同的 Multipart 类型构成，读者可以阅读 10.4.1 节中与邮件体相关的内容来理解邮件体原始结构。

要清晰地解析出邮件体中的数据，需要定义一个递归函数，每一次递归都会判断段的段体是否包含其他段体，从而将邮件体的数据层次结构解析输出，具体代码如下：

```
def guess_charset(msg):
    # 先从 msg 对象获取编码
    charset = msg.get_charset()
    if charset is None:
        # 如果获取不到，再从 Content-Type 字段获取
        content_type = msg.get('Content-Type', '').lower()
        pos = content_type.find('charset=')
        if pos >= 0:
            charset = content_type[pos + 8:].strip()
    return charset

def parser_content(msg, indent=0):
    '''
    解析邮件内容
    邮件体中的段可能嵌套多个子段，嵌套可能不止一层，通过递归将邮件体内容及其层次结构输出
    msg: 邮件内容
    indent: 缩进
    '''
    # 有多个部分，对每个部分都进行解析
    if msg.is_multipart():
        parts = msg.get_payload()
```

```
            for n, part in enumerate(parts):
                print(f"{' ' * indent * 4} 第 {n+1} 部分")
                print(f"{' ' * indent * 4} {'-'*50}")
                parser_content(part, indent + 1)          # 递归解析
        else:
            content_type = msg.get_content_type()          # 获取 Content-type
            if content_type == 'text/plain' or content_type == 'text/html':
                content = msg.get_payload(decode=True)
                charset = guess_charset(msg)                # 猜测字符集
                if charset:
                    content = content.decode(charset)       # 解码
                print(f"{' ' * indent * 4} 邮件内容：{content}")
            else:
                print(f"{' ' * indent * 4} 附件内容：{content_type}")
```

上述代码通过 msg.is_multipart 方法判断当前邮件的邮件体是否存在多个部分，如果存在，则遍历每个部分（每个段），递归调用 parser_content 方法进行解析；如果不存在，则先通过 msg.get_content_type 方法获取 Content-type 域，并判断是否为 text 类型，如果是，则进行相应的解码操作。解码操作需要知道消息体使用了什么字符集，这里通过 guess_charset 方法获取字符集，在该方法中先通过 get_charset 方法获取字符集，如果获取不到，再尝试通过 Content-Type 字段获取字符集。最后，利用获取的字符集进行解码并将解码后的信息输出，输出的具体内容如下：

```
第 1 部分
 --------------------------------------------------
    第 1 部分
     --------------------------------------------------
        第 1 部分
         --------------------------------------------------
            邮件内容：附件中有大量 Python 自动化任务的技巧
        第 2 部分
         --------------------------------------------------
            邮件内容：<div style="line-height:1.7;color:# 000000;font-size:
14px;font-family:Arial"><div>附件中有大量 Python 自动化任务的技巧</div><div><img
src="cid:40680c37$2$16f9477d56f$Coremail$myemailliao$163.com" orgwidth="728"
orgheight="436" data-image="1" style="width: 728px; height:
```

```
436px;"></div></div><br><br><span title="neteasefooter"><p> </p></span>
    第 2 部分
    --------------------------------------------------
        附件内容：image/jpeg
第 2 部分
--------------------------------------------------
    附件内容：image/jpeg
```

10.4.4 自动获取邮件附件

获取邮件中的附件，相比解析邮件体的内容，操作更加简单，email 库提供了 get_filename 方法专门用于获取邮件中的附件，具体代码如下：

```python
def decode_str(s):
    '''进行消息解码'''
    value, charset = decode_header(s)[0]
    if charset:
        value = value.decode(charset)
    return value

def get_email_file(message, savepath):
    '''下载附件'''
    attachments = []
    for part in message.walk():  # 遍历邮件体中所有的段
        filename = part.get_filename()
        try:
            if filename:
                filename = decode_str(filename)
                data = part.get_payload(decode=True)
                # 文件夹不存在，则创建文件夹
                if not os.path.exists(savepath):
                    os.makedirs(savepath)
                abs_filename = os.path.join(savepath, filename)
                # 以二进制形式写入数据，下载文件
                with open(abs_filename, 'wb') as f:
```

```
            f.write(data)
        attachments.append(filename)
        print('下载完成')
    except:
        traceback.print_exc()  # 输出完整错误栈
return attachments
```

上述代码通过 message.walk 方法遍历邮件体中所有的段，对每个段对象都调用 get_filename 方法，获取存在该段中的文件名。如果该段中不存在文件，get_filename 方法返回 None；如果存在，则返回文件名。

如果文件存在，则调用 get_payload 方法获取文件具体的内容并解码，将获取的文件数据以二进制形式写入磁盘，实现下载邮件附件的目的。

本章小结

- 讨论电子邮件使用的 SMTP 协议与 POP3 协议。

- 介绍了设置新浪邮箱为自己的第三方邮件服务。

- 学习电子邮件发送的基本原理。

- 使用 yagmail 库自动发送文字邮件、附带图片的邮件、附带附件的邮件及 HTML 邮件。

- 使用 poplib 库实现邮件的自动接收。

第 11 章
图形用户界面软件自动化

通过前面的学习,我们已经掌握了很多 Python 自动化办公的技巧,包括日常办公软件的自动化、浏览器的自动化等,但还有很多具有界面的软件无法自动化,如微信、QQ等,本章将学习不同操作系统中自动化操作图形用户界面软件的技巧。

11.1 初识 PyAutoGUI

PyAutoGUI 是 Python 中知名的自动化第三方库,通过 PyAutoGUI 库可以轻松地控制鼠标与键盘来实现各种自动化操作。此外,PyAutoGUI 库是跨平台的,可以在 macOS、Windows 与 Linux 操作系统中使用,而且使用方式相同。

在使用 PyAutoGUI 库前,需要安装该库,依旧通过 pip3 安装,命令如下:

```
pip3 install pyautogui
```

如果使用的是 Linux 操作系统,还需要安装相应的辅助软件,以 Ubuntu 为例,命令如下:

```
sudo apt-get install scrot
sudo apt-get install python3-tk
sudo apt-get install python3-dev
```

PyAutoGUI 库安装完成后,便可以简单使用了。

11.1.1 故障安全功能

在正式使用 PyAutoGUI 库前，读者需要知道在出现问题时应如何退出自动化程序。

因为 PyAutoGUI 库会控制用户的鼠标与键盘，并以较快的速度执行各种操作，如果此时出现了问题，则程序难以退出，因为鼠标和键盘的控制权已被 PyAutoGUI 程序接管，此时就需要激活 PyAutoGUI 库的故障安全功能。该功能默认是开启的，可以通过 pyautogui.FAILSAFE=False 将其关闭，但我们在这里并不建议关闭。

PyAutoGUI 库的故障安全功能会时刻监听主显示器的 4 个角落，并强制让每个 PyAutoGUI 函数在执行之后预留 1/10 s 的空闲时间，如果 PyAutoGUI 程序出现了问题，用户可以在 1/10 s 内控制鼠标"撞击"主显示器 4 个角落中的任意一个，从而触发故障安全功能，此时 PyAutoGUI 库程序会抛出 pyautogui.FailSafeException 异常并强制结束运行。

导致问题出现的最常见情况便是 PyAutoGUI 库自动化操作速度太快，被自动化的软件跟不上节奏，最终导致自动化程序"乱操作"，此时就需要触发故障安全功能并强制程序退出。

如果觉得故障安全功能只预留 1/10 s 的时间太短，可以通过 pyautogui.PAUSE 属性进行设置，如 pyautogui.PAUSE=1，将每次 PyAutoGUI 函数在执行完后预留的时间变为 1 s。在设置该属性时，用户需要兼顾考虑 PyAutoGUI 程序的执行效率。

11.1.2 PyAutoGUI 库的一些问题

PyAutoGUI 库的功能虽然强大，但也并不是万能的，它还存在如下一些问题。

PyAutoGUI 库的第一个问题便是它会与用户抢占鼠标与键盘，当某段 PyAutoGUI 程序运行时，如果该程序涉及鼠标自动化的操作，那么用户就难以使用鼠标。从另一个角度来看，运行着 PyAutoGUI 程序的计算机几乎无法执行其他操作，只能让 PyAutoGUI 程序单独运行。这一点与 Selenium 完全不同，Selenium 在自动化浏览器时，用户还可以使用计算机完成其他任务，或者开启一个新的浏览器来浏览网页，这也不会影响 Selenium 的自动化操作，两者是相互独立的。

此外，目前 PyAutoGUI 库无法在多显示器的设备中执行自动化操作，只能在当前主显示器中执行自动化操作。

最后，PyAutoGUI 库可以控制鼠标与键盘，但并不可以监听键盘或鼠标操作，所以我们无法通过 PyAutoGUI 库实现密码输入监听功能。

11.2 控制鼠标

对 PyAutoGUI 库而言，计算机屏幕上的任意位置都可以通过直角坐标系来定位。对于一个 1920 像素×1080 像素的屏幕而言，其左上角的坐标为(0,0)，右下角的坐标为(1919, 1079)，如图 11.1 所示。

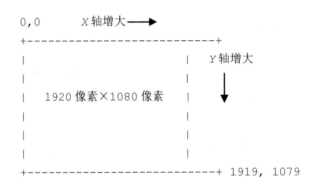

图 11.1

通过 pyautogui.size 方法可以获取当前屏幕的大小，代码如下：

```
# 屏幕大小
screen_size = pyautogui.size()
print(screen_size)
```

PyAutoGUI 库可以轻松控制鼠标在屏幕的任意位置进行各种操作，如果需要知道鼠标指针的具体坐标位置，可以通过 pyautogui.position 方法轻松获取，代码如下：

```
# 获取鼠标指针当前位置
while True:
```

```
mouse_postion = pyautogui.position()
print(mouse_postion)
```

在上述代码中,通过 while True 构建了一个无限循环,循环体里一直调用 pyautogui.position 方法获取鼠标指针的坐标位置并将其输出。

11.2.1 控制鼠标移动

通过 pyautogui.moveTo 方法可以将鼠标指针移动到屏幕的指定坐标位置,该方法通常会传入 x 轴坐标、y 轴坐标以及 duration(移动持续时间)3 个参数。如果 duration 不传值,那么鼠标指针会在一瞬间内移动到指定位置。示例代码如下:

```
import pyautogui

# 瞬间移动到屏幕(100, 100)处
pyautogui.moveTo(100, 100)
# 在 2 s 内移动到屏幕(500, 200)处
pyautogui.moveTo(500, 200, 2)
```

需要注意的是,pyautogui.moveTo 方法会移动到绝对坐标处,如上述代码中的 pyautogui.moveTo(100,100)表示移动到屏幕的(100,100)处。如果希望相对于鼠标指针的当前位置进行移动,则需要使用 pyautogui.move 方法。示例代码如下:

```
import pyautogui
pyautogui.PAUSE = 1

# 相对移动,相对于鼠标当前位置在 1 s 内移动
pyautogui.move(100, 100, 1)
```

除上述基本的移动方式外,PyAutoGUI 库还提供了不同的鼠标移动操作,如先慢后快、先快后慢等。示例代码如下:

```
# 先慢后快
pyautogui.moveTo(100, 100, 2, pyautogui.easeInQuad)
# 先快后慢
pyautogui.moveTo(200, 200, 2, pyautogui.easeOutQuad)
```

```python
# 开始与结束快速移动，中间过程慢速移动
pyautogui.moveTo(100, 100, 2, pyautogui.easeInOutQuad)
```

11.2.2 控制鼠标单击

通过 pyautogui.click 方法可以模拟鼠标单击操作，在默认情况下会让鼠标在当前位置单击，如果希望单击其他地方，可以将需要单击的坐标作为参数传入。示例代码如下：

```python
# 鼠标在当前位置进行单击操作
pyautogui.click()
# 鼠标在(100, 100)位置进行单击操作
pyautogui.click(x=100, y=100)
```

如果不希望模拟单击，则可以设置 button 参数。示例代码如下：

```python
# 右击
pyautogui.click(button='right')
# 单击中间滚轮
pyautogui.click(button='middle')
```

如果要单击多次，则可以设置 clicks 参数。示例代码如下：

```python
# 双击左键，每次单击间隔时间 0.25 s
pyautogui.click(clicks=2, interval=0.25)
# 双击右键
pyautogui.click(button='right', clicks=2, interval=0.25)
```

此外，可以通过 doubleClick 方法达到双击左键的效果。

如果希望达到长按鼠标的效果，可以使用 pyautogui.mouseDown 方法，该方法会模拟按下鼠标不松开的操作；与之对应的是 pyautogui.mouseUp 方法，该方法会松开鼠标。如果仅调用 pyautogui.mouseDown 方法，鼠标会处于一直按下的状态。

```python
# 在鼠标当前位置单击不松开
pyautogui.mouseDown()
# 松开鼠标左键
pyautogui.mouseUp()
```

```
# 在(100,100)位置右击不松开
pyautogui.mouseDown(button='right', x=100, y=100)
# 松开鼠标右键
pyautogui.mouseUp(button='right')
```

上述代码连续调用了 pyautogui.mouseDown 方法与 pyautogui.mouseUp 方法,其效果与单独使用 pyautogui.click 方法相同。

11.2.3 控制鼠标拖动

拖动鼠标表示在按住鼠标按键不放的前提下移动鼠标,在通过微信传送文件时或在不同文件夹之间移动文件时都离不开鼠标拖动操作。

通过 pyautogui.dragTo 方法可以实现鼠标拖动。示例代码如下:

```
import pyautogui

# 按住鼠标左键,在2s内拖动到屏幕(x,y)位置
pyautogui.dragTo(x=100, y=100, duration=2, button='left')
```

需要注意的是,pyautogui.dragTo 方法的 x、y 与 button 3 个参数是必传的。

如果希望相对于鼠标指针当前位置进行拖动,可以使用 pyautogui.drag 方法。示例代码如下。

```
import pyautogui

# 按住鼠标左键,在1s内向右移动200个像素
pyautogui.drag(200, 0, duration=1, button='left')
```

11.2.4 控制鼠标滚动

在浏览网站时,通常需要滚动鼠标来浏览完整的内容。通过 pyautogui.scroll 方法可以实现对鼠标滚动操作的自动化。示例代码如下:

```
# 向下滚动 100 像素
pyautogui.scroll(-100)
# 将鼠标指针移动到屏幕中(500,500)的位置，向上滚动 100 像素
pyautogui.scroll(100, x=500, y=500)
```

如果 pyautogui.scroll 方法没有接收到 x 与 y 参数，那么就不会移动鼠标，直接在当前位置自动化鼠标滚动操作；如果接收到 x 与 y 参数，就会将鼠标移动到屏幕中的相应位置，然后进行滚动。若滚动的距离为负数，那么就是向下滚动；若滚动的距离为正数，那么就是向上滚动。

在 macOS 操作系统或 Linux 操作系统中，还可以通过 pyautogui.hscroll 方法实现水平滚动。

11.2.5　监控鼠标操作

有时需要监控鼠标操作，如鼠标的移动、单击等，而 PyAutoGUI 库无法对鼠标操作进行监控，此时可以通过 pynput 库来实现。

pynput 库是 Python 第三方库，使用前需要先通过 pip3 进行安装，命令如下：

```
pip3 install pynput
```

pynput 库可以实现鼠标与键盘的监控，此外它也可以控制鼠标与键盘进行自动化操作。但是，pynput 库的功能没有 PyAutoGUI 库那么完善，所以通常只使用该库实现监控功能，而自动化操作功能依旧通过 PyAutoGUI 库来实现。

下面通过 pynput 库实现对鼠标移动、单击与滚动操作的监听，首先定义接收监控信息的方法，代码如下：

```
def on_move(x, y):
    print(f'鼠标移动到({x},{y})位置')

def on_click(x, y, button, pressed):
    if pressed:  # 是否按下鼠标
        status = '按下'
    else:
```

```
            status = '松开'

    print(f'{status}鼠标的位置在({x}, {y})')

    # 松开鼠标便结束程序的运行
    if not pressed:
        # 结束程序
        return False

def on_scroll(x, y, dx, dy):
    if dy < 0:
        status = '下'
    else:
        status = '上'
    print(f'向{status}滚动到({x},{y})')
```

上述代码定义了 3 个方法，分别是 on_move 方法、on_click 方法与 on_scroll 方法，具体如下。

（1）on_move 方法接收参数 x 与 y，这表示当前鼠标指针的位置，该方法会在鼠标移动时被调用。

（2）on_click 方法接收参数 x、y、button 与 pressed，参数 x 与 y 表示鼠标单击时的坐标，button 参数表示鼠标单击时的键是左键、右键还是中间的滚轮，pressed 参数表示鼠标按键状态是按下还是释放。on_click 方法会在鼠标单击时被调用。

（3）on_scroll 方法接收参数 x、y、dx 与 dy，参数 x 与 y 表示鼠标滚动后的坐标；而参数 dx 与 dy 则表示鼠标滚动的距离，其中 dx 表示横向滚动的距离，dy 表示竖向滚动的距离。on_scroll 方法会在鼠标滚轮滚动时被调用。

定义好接收监控信息的方法后，通过 pynput.mouse.Listener 类便可实现监控，代码如下：

```
from pynput import mouse

with mouse.Listener(on_move=on_move,
                    on_click=on_click,
                    on_scroll=on_scroll) as listener:
    listener.join()
```

上述代码中，通过 with 关键字构建了一个上下文管理器来管理 mouse.Listener 类，该类其实是 threading.Thread 的子类（可以回顾 3.4 节与线程相关的内容）。换言之，实例化 mouse.Listener 类并使用它，其实就是开启了相应的线程，该线程在后台一直监听鼠标操作并将操作信息发送给接收监听信息的方法，即 on_move 方法等。

11.3 控制键盘

PyAutoGUI 库可以控制键盘达到输入及各种键盘的敲击效果，与自动化鼠标类似，PyAutoGUI 库会接管键盘的控制权。为了避免自动化程序在执行过程中出现逻辑错误，不建议在程序运行期间使用键盘。

11.3.1 模拟输入

通过 pyautogui.write 方法可以达到模拟键盘输入的效果，该方法会接收一个字符串，然后通过模拟键盘中按键敲击的方式将字符串内容敲击输入一遍。此外，通过 interval 参数可以为每次敲击设置时间间隔。示例代码如下：

```
# 模拟键盘输入，每次键盘敲击都间隔 0.5 s
pyautogui.write('Hello', interval=0.5)
```

遗憾的是，因为键盘中没有中文按键，所以无法通过 write 方法直接输入中文。此外，也无法通过该方法实现"Ctrl"键或"Shift"键的敲击操作。

11.3.2 敲击键盘

如果需要敲击"Ctrl"键或"Shift"键，需要使用 pyautogui.press 方法。示例代码如下：

```
# 敲击"Enter"键，在 Windows 操作系统与 macOS 操作系统中都有效果
# 此外，在 macOS 操作系统中还可以将 return 作为 press 方法的参数来实现回车的目的
pyautogui.press('enter')
```

```
pyautogui.press('shift')
# 敲击上下左右
pyautogui.press('up')
pyautogui.press('down')
pyautogui.press('left')
pyautogui.press('right')
```

pyautogui.press 方法会完整地模拟按下键盘中某个按键，以及松开该按键的两个操作。如果希望在按住某个按键不松开的情况下，再按住另外一个按键，则可以使用 keyDown 方法与 keyUp 方法。示例代码如下：

```
pyautogui.keyDown('ctrl')
pyautogui.keyDown('w')
pyautogui.keyUp('w')
pyautogui.keyUp('ctrl')
```

上述代码表示在按住"Ctrl"键的同时按住"W"键。

在 macOS 操作系统中，"Ctrl"键被"Control"键代替，但 press 方法与 keyDown、keyUp 等方法在接收到 Ctrl 参数时，依旧可以实现操作"Control"键的目的。

11.3.3 使用快捷键

利用 keyDown 方法与 keyUp 方法可以模拟快捷键操作，但过程会显得烦锁，而 PyAutoGUI 库提供的 hotkey 方法可以轻松实现快捷键操作。示例代码如下：

```
# "Ctrl + Shift"快捷键，常用于切换输入法
pyautogui.hotkey('ctrl', 'shift')
```

上述代码其实就相当于下面的代码：

```
pyautogui.keyDown('ctrl')
pyautogui.keyDown('shift')
pyautogui.keyUp('shift')
pyautogui.keyUp('ctrl')
```

11.3.4 监控键盘输入

与监控鼠标操作类似，可以通过 pynput 库实现对键盘敲击的监控。因为监控键盘输入是一种高危操作，所以不同的操作系统对键盘监控类程序有不同的限制。

Windows 操作系统本身对键盘监控类程序没有特别的限制，所以本节主要讨论 macOS 操作系统对这类程序的限制。

绝大多数账号密码的输入操作会使用键盘，出于安全层面的考虑，macOS 操作系统默认不允许程序监控键盘敲击，除非用户通过 root 权限（最高权限）运行监控程序，此时监控程序拥有最高权限，可以任意监控任何内容，包括键盘敲击。

如果不希望监控程序以 root 身份执行，就需要将监控程序添加到辅助功能白名单中，具体操作为：依次选择"设置"→"安全性与隐私"→"隐私"→"辅助功能"命令，将用于运行该程序的终端应用程序列入"辅助功能"的白名单中，如图 11.2 所示。

图 11.2

如果希望监控程序本身可以正常执行，就需要将程序文件打包成可执行应用程序，然后将打包好的应用程序添加到"辅助功能"的白名单中，可以使用 pyinstaller 库将 py 文件打包成可执行应用程序；如果不希望打包监控程序，则必须将整个 Python 命令添加到"辅助功能"的白名单中。

了解了操作系统对监控键盘程序的限制后，便可以编写监控键盘敲击的具体代码。与监控鼠标相同，依旧先实现接收监控信息的方法，代码如下：

```python
def on_press(key):
    try:
        print(f'{key.char}字母键被按下')
    except AttributeError as e:  # 属性错误
        print(f'{key}特殊键被按下')

def on_release(key):
    print(f'{key}键被释放')
    if key == keyboard.Key.esc:
        # 结束程序
        return False
```

每次敲击键盘的动作都可以拆解成按下与释放这两个动作，它们分别对应着 on_press 方法与 on_release 方法。当按下键盘中的"Esc"键时，键盘监控程序将会退出。

定义好接收监控信息的方法后，通过 pynput.keyboard.Listener 类便可实现监控，代码如下：

```python
from pynput import keyboard

with keyboard.Listener(on_press=on_press,
                       on_release=on_release) as listener:
    listener.join()
```

为了避免键盘监控程序被操作系统限制，这里给予程序最高的权限。对 Windows 操作系统而言，无须做额外操作，直接通过 Python 命令运行键盘监控程序即可；而对 macOS 操作系统而言，Python 在运行命令前需加上 sudo 命令：

```
sudo python 监控键盘.py
```

11.4 其他功能

在自动化操作鼠标或键盘的过程中，因为部分软件有一定的反自动化机制，所以有时需要人为介入操作。例如，某些游戏在自动化操作一段时间后会弹出答题框，需要用户进行回答，此时便可以利用PyAutoGUI库的提示弹窗功能及识图定位功能来解决这种问题。

11.4.1 提示弹窗

PyAutoGUI库的提示弹窗与普通程序的提示弹窗并无太大的区别。使用pyautogui.alert方法便可以获得最简单的警告弹窗，代码如下：

```
def alert():
    # 警告弹窗，显示单个按钮，按钮内容为button
    res = pyautogui.alert(text='Are you OK?', title='OK?', button='OK')
    print(res)  # 输出OK
```

该警告弹窗只提供了一个按钮用于交互，如图11.3所示。

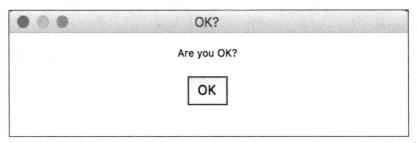

图 11.3

用户只能单击该按钮，单击后，pyautogui.alert方法会将按钮的值返回。如果希望用户进行选择操作，则可使用pyautogui.confirm方法构建确认弹窗，代码如下：

```
def confirm():
    # 确认框，具有确认与取消两个按钮
    res = pyautogui.confirm(text='Are you OK?', title='OK?', buttons=['OK',
```

```
'很不OK'])
    print(res)  # 按钮单击的值,单击"很不OK"按钮,则返回"很不OK"
```

pyautogui.confirm 方法接收 buttons 列表,让弹窗具有多个按钮,如图 11.4 所示,可以让用户单击不同的按钮,该方法的返回值便是用户单击的那个按钮,利用 if 判断便可以实现用户单击不同的值执行不同操作的目的。

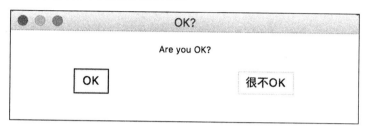

图 11.4

如果希望用户输入具体的内容,则可以使用 pyautogui.prompt 方法构建输入提示框,代码如下:

```
def prompt():
    # 输入提示框,显示带有文本输入以及确定和取消按钮的消息框
    res = pyautogui.prompt(text='', title='OK?', default='写点东西吧')
    print(res)
```

pyautogui.prompt 方法会自动产生输入框以及确定和取消按钮,如图 11.5 所示,其中 default 参数用于指定输入框中的内容提示。用户填写内容到输入框中,单击"OK"按钮后便可以获取用户输入的内容;如果单击"Cancel"按钮,则返回空字符串。

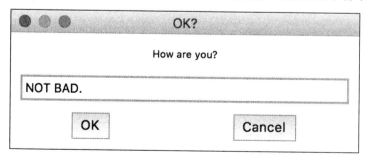

图 11.5

如果自动化过程中需要输入密码登录账户，此时需要使用输入提示框，但我们并不希望在输入过程中被他人窥见密码的具体内容，此时可以通过 pyautogui.password 方式实现密码输入框，在密码输入框中输入的内容都会以密文的形式显示，代码如下：

```
def password():
    # 密码输入框
    res = pyautogui.password(text='请输入密码', title='OK?', default='', mask='*')
    print(res)
```

pyautogui.password 方法会自动生成输入框以及确定和取消按钮，与输入提示框不同，该方法会通过 mask 参数指定的符号来隐藏输入框中真实的输入，如图 11.6 所示。

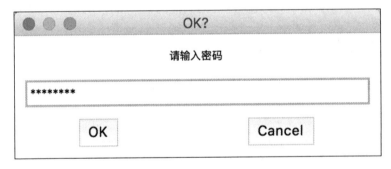

图 11.6

11.4.2 识图定位

我们现在希望通过自动化的方式删除微信中的聊天信息，首先回顾一下我们是如何删除微信中最新的聊天信息的？通常是选中聊天框，然后右击，在弹出的快捷菜单中选择"删除聊天"命令，如图 11.7 所示。

如何自动化该过程呢？是否可以先人为地删除一遍微信聊天信息，并通过 pynput 库将鼠标移动、单击等操作过程记录下来，然后利用 PyAutoGUI 库将记录的操作路径自动化地操作一次？这是一个思路，但存在一些问题，如微信应用程序所在坐标位置移动了，那么之前记录的操作轨迹也就失效了。

图 11.7

其实可以利用 PyAutoGUI 库提供的识图定位功能来实现自动化删除微信聊天信息的功能，微信应用程序无论移动到屏幕中的哪个坐标位置，都可以轻松定位出需要操作的元素。

要使用 PyAutoGUI 库的识图功能，首先要准备好需要被识别的图像，然后通过 pyautogui.screenshot 方法对屏幕进行截图，再利用 pyautogui.locateOnScreen 方法将图像路径传入，即可定位出屏幕中图像所在的位置，具体代码如下：

```
import pyautogui

# 截图
pyautogui.screenshot()
# 传入图像，定位出图像在屏幕截图中的坐标位置
locate = pyautogui.locateOnScreen('xxx.png')
# 定位区域的中心位置
center = pyautogui.center(locate)
```

上述代码中，pyautogui.screenshot 方法默认会将屏幕截图保存在内存中，程序结束运行后，屏幕截图便会丢失。如果希望将屏幕截图保留到硬盘中，则需要将希望保留屏幕截图的路径作为参数传递给 pyautogui.screenshot 方法，如 "pyautogui.screenshot('screenshot.png')"。

pyautogui.locateOnScreen 方法接收需要定位的图像文件，它可以轻松地从屏幕截图中

定位出该图像的位置。该方法会返回具有 4 个元素的元组，具体为左上角 x 轴坐标、左上角 y 轴坐标、图像宽度、图像高度。

在自动化的过程中，为了避免操作偏移，通常会通过 pyautogui.center 方法获取定位区域中心位置的坐标，然后通过 moveTo、click 等方法进行操作。

如果希望直接获取定位区域中心坐标位置，则可以使用 pyautogui.locateCenterOnScreen 方法。示例代码如下：

```
import pyautogui
x, y = pyautogui.locateCenterOnScreen('xxx.png')
```

有时，pyautogui.locateOnScreen 方法无法定位出屏幕截图中的元素，此时可以尝试使用该方法的 confidence 参数，该参数可以设置识别屏幕截图时使用的精度，精度越低，定位出图像的可能性就越高。示例代码如下：

```
import pyautogui
locate = pyautogui.locateOnScreen('calc7key.png', confidence=0.9)
```

如果要使用 confidence 参数，则需要先通过 pip3 安装 opencv 库，命令如下：

```
pip3 install opencv-python
```

了解了 PyAutoGUI 库提供的识图定位功能后，便可以编写自动化删除微信聊天信息的代码。

首先准备好需要定位的图像，如图 11.8 所示。

图 11.8

图像准备好后，即可编写代码，具体代码如下：

```python
import pyautogui
import time

time.sleep(2)

pyautogui.PAUSE = 0.5  # 设置自动化操作时间间隔

print('开始')

def delete_chat_info():
    '''删除聊天信息'''

    pyautogui.screenshot()  # 屏幕截图
    # 定位聊天气泡图
    chat_bubble = pyautogui.locateCenterOnScreen('people.png')
    if not chat_bubble:
        print('定位聊天气泡图失败')
        return
    # 聊天气泡图右移120像素则是联系人的坐标位置
    x = chat_bubble[0] + 120
    y = chat_bubble[1]
    # 右击，让微信弹出删除列表框
    pyautogui.rightClick(x, y)

    pyautogui.screenshot()
    # 定位"删除"按钮
    delete_button = pyautogui.locateCenterOnScreen('delete.png')
    if not delete_button:
        delete_button = pyautogui.locateCenterOnScreen('delete2.png')
        if not delete_button:
            print('定位删除按钮失败')
            return
    # 模拟鼠标单击"删除"按钮
    pyautogui.click(delete_button)
```

```
def main():
    for i in range(3):
        delete_chat_info()

main()
```

上述代码定义了 delete_chat_info 方法实现对联系人聊天信息的删除，在该方法中，一开始通过 pyautogui.screenshot 方法获取屏幕截图，并利用 pyautogui.locateCenterOnScreen 方法获取聊天气泡图的坐标位置。定位出聊天气泡图坐标位置后，向右移动 120 像素便是联系人的坐标位置，控制鼠标右击联系人坐标位置，弹出包含"删除"命令的快捷菜单，再次对屏幕截图并定位出"删除"按钮的坐标位置。为了提高定位"删除"按钮的概率，分别对"删除"按钮的两种形态进行定位，在获取"删除"按钮的坐标位置后，控制鼠标单击"删除"按钮即可。

遗憾的是，自动化删除微信聊天信息的代码只可在 Windows 操作系统中正常运行，在 macOS 操作系统中，PyAutoGUI 库无法准确识别出图像在屏幕中的真实位置，这是因为苹果计算机采用的是视网膜显示器技术。

与普通显示器不同，视网膜显示器的像素密度极高，这让肉眼在正常的目视距离内无法分辨出单个像素，这样的设计让苹果计算机的屏幕可以显示出内容中的大量细节，但这也让 PyAutoGUI 库识图定位功能无法获取真实的坐标距离。

为了更直观地理解 PyAutoGUI 库识图定位在 macOS 操作系统中失灵的原因，可以对比使用 pyautogui.screenshot 方法保存的屏幕截图的分辨率与使用 pyautogui.size 方法获取的屏幕分辨率，可以发现在 macOS 操作系统中两者并不相同，而 Windows 操作系统中通常都是相同的（除非使用特殊的显示屏）。

了解了 PyAutoGUI 库识图定位在 macOS 操作系统的失灵原因后，其解决方法也就不言而喻了。在 macOS 操作系统中，想要通过识图定位获取正常的坐标位置，首先需要计算出屏幕截图的图片分辨率与 pyautogui.size 方法获取的屏幕分辨率的倍数，然后通过 pyautogui.locateOnScreen 方法或 pyautogui.locateCenterOnScreen 方法获取需定位图像在屏幕截图中的坐标位置，将坐标除以倍数即可获取正确的坐标位置。

本章小结

- 在使用 PyAutoGUI 库前需要先了解其故障安全功能，在自动化程序出现问题时可以快速退出程序。

- 利用 PyAutoGUI 库可以轻松地控制鼠标与键盘，实现鼠标的移动、单击、拖动、滚动等操作以及键盘的敲击操作。

- 利用 pynput 库可以实现鼠标与键盘操作的监控，不同的操作系统对键盘监控程序有一定的安全约束，在运行键盘监控程序时需要进行相应处理。

- PyAutoGUI 库提供的弹窗机制可以让自动化程序在运行中接收人为输入的内容。

- PyAutoGUI 库提供的识图定位功能可以轻松定位出某图像在屏幕中的坐标位置。

附录 A
Python 的来源与历史

每种编程语言都有一段历史——它为了解决什么问题而被创造出来？它的发展历程是什么？Python 也不例外，了解 Python 的来源与历史，有助于理解当前 Python 所处的环境。

附录 A.1　编程语言概述

挡在初学者面前的第一个概念就是编程语言，什么是编程语言？它与人类使用的语言，如汉语、英语等有何不同？

为了深入理解编程语言，首先需要简单了解计算机的基本运行原理，即一台计算机是通过什么方式运行起来的？这里使用最简单的文字将计算机的基本运行原理描述清楚。

对计算机而言，它本身并不认识各种编程语言，如 Python，它只能识别二进制数据，即由 0 和 1 组成的数据。与人类常用的十进制规则不同，二进制满 2 进 1，一些由 0 和 1 组成的二进制数据会控制计算机集成电路中不同电子元件的关闭和开启，1 表示开启，0 表示关闭。计算机的所有功能都由这些集成电路中不同电子元件以不同方式组合而成，如图 A.1 所示。

在计算机发展早期，人们通过纸条打孔的形式让计算机运行相应的程序，其中打孔的地方表示 1，没有打孔的地方表示 0，如图 A.2 所示。纸条上打孔的内容本质就是 0 和 1 组成的一些指令数据，通常将其称为机器码。

图 A.1

图 A.2

打孔纸条难以保管，机器码难以被人理解，随着时代的发展，慢慢地出现了人类易于理解的编程语言，而 Python 就是其中一种高级编程语言。以 Python 为例，写好 Python 代码后，计算机会将 Python 代码翻译成机器码，从而实现对计算机的控制，其本质与通过打卡纸条控制计算机并无区别。

人类语言依据一定的规则组合成不同的词汇，从而构成一段他人可以理解的文字。编程语言其实也是一组规则，它规定通过什么方式编写的程序是可以被计算机运行的，但与人类语言不同，编程语言的规则是无法容错的。

人类的语言如果没有严格符合语法规则，人类也可以理解其含义；但编程语言如果没有严格符合语法规则，对应的程序就无法正常运行。编程语言最终要翻译成计算机能理解的机器码，而翻译的依据就是具体的语法规则，如果编写的程序没有严格按照语法规则编写，计算机在翻译时就无法理解编程语言想表达的意思，从而导致程序崩溃。

附录 A.2 Python 的诞生

1982 年，Guido van Rossum 从荷兰阿姆斯特丹大学获得了数学和计算机硕士学位，虽然同时拥有数学与计算机教育背景，但他更偏向于从事计算机相关的工作。在那个年代，计算机早已脱离了打孔纸条编程的阶段，IBM 和苹果计算机掀起了个人计算机浪潮，但计算机的运算能力依旧很弱。为了编写出高效的程序，那个时代的程序员必须要像计算机一样思考，以期编写出更符合计算机"口味"的程序。

这种编程方式让 Guido 感到苦恼，因为即使一些简单程序的编写也需要花费大量的精力。在 1989 年的圣诞节，Guido 为了打发时间开始编写一种名为 Python 的编程语言，那时 Guido 非常喜欢电视剧 *Monty Python's Flying Circus*，所以就将自己新开发的编程语言称为 Python，至此 Python 诞生了。

Guido 开发 Python 只是一次纯粹的极客行为，他很享受这一过程，在编写 Python 这门编程语言前，他就已经有丰富的程序语言设计经验了。最初的 Python 完全由 Guido 本人开发，之后，他将 Python 推荐给同事使用。Python 受到了同事的欢迎，他们迅速反馈使用意见并参与到 Python 的开发与改进中，最终 Guido 与部分同事组成了最初的 Python 核心团队，将他们大部分的业余时间用于 Python 开发，他们很享受这个过程。

一切并非一帆风顺，因为计算机计算能力很弱，Python 这种编程语言并没有受到很多关注，而是一直作为一种小众语言存在着。随着时代的发展，计算机行业瞬息万变，个人计算机的计算性能得到了质的飞跃，软件世界随之改变，图形化界面开始出现，如图 A.3 所示，此时程序员开始考虑软件的易用性。

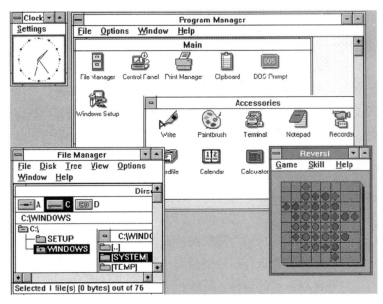

图 A.3

当计算机硬件性能不再是制约计算机发展的主要瓶颈后，Python 凭借其易用性获得了众人的关注，许多人开始使用 Python，许多极客也加入了 Python 的改进与开发中，很多来自不同领域的极客将他们所在领域的优点都带到 Python 中，从而让 Python 具有越来越多的功能，并将 Python 最终发展成主流编程语言，被全世界程序员使用。

附录 A.3　Python 2 与 Python 3 的区别

Python 在发展成主流编程语言的过程中出现了版本分歧，2008 年 10 月 Python 2.6 发布，仅过了两个月，即 2008 年 12 月 Python 3.0 发布，在 Python 2.6 上编写的代码是无法在 Python 3.0 中运行的，这意味着此前写的代码将无法正常工作。

Python 2 之前的版本存在固有设计缺陷，Python 核心开发小组也没有很好的解决方法，只能忍痛将 Python 2 的架构重新设计，从而产生了 Python 3，因其改动之大，导致 Python 3 无法兼容此前基于 Python 2 编写的程序。

Python 3 的开发重点是清理代码库和冗余代码，使得既定功能只有一种方法去实现，这让整个语言更加清晰。但 Python 2 与 Python 3 之间的不兼容，让很多人在一开始并没有选择使用 Python 3。

至今，Python 3 已经发布了十余年，已被大家广泛接受与使用，而 Python 2 最后一个版本 Python 2.7 在 2020 年 1 月 1 日起不再被官方支持与维护。本书采用 Python 3.7.3 来编写相关的代码，建议读者采用与本书相同的 Python 版本。

附录 B

计算机基础概念

计算机经过多年的发展，已经成为人们生活与工作中的重要工具，但很多人对计算机的一些基本概念并不了解，从而导致在遇到很多基础问题时不知从何下手，更不知道问题出现的原因。本附录将介绍一些基本概念，方便读者理解。

附录 B.1　操作系统概述

计算机是由各种硬件设备构成的，但计算机本身是无法运行的，需要有一个"软件"来管理这些硬件设备，这个软件就是操作系统。操作系统的本质与常用的 Word 软件没有差别，都是由编程语言编写的软件，只是操作系统主要与计算机硬件"打交道"。

此时读者可能会有如下疑惑。

（1）为什么还需要操作系统这个软件？

（2）Word 软件不可以直接操作硬件吗？

（3）平时使用 Word 软件将硬盘中的文档打开修改不就是操作硬盘这个硬件吗？

通过编程语言确实可以编写出一个可以直接操作计算机硬件的软件，如果只有一个软件还好，但现实生活中使用的软件成百上千，如果每个软件都要实现直接操作计算机硬件的代码，那就会非常烦琐。所以，需要一个介于计算机硬件与计算机其他软件之间的一款软件，该软件的主要功能就是管理计算机硬件并提供对应的接口给其他软件使用，这款软件就是操作系统。当其他软件需要使用计算机硬件时，直接使用操作系统提供的接口即可，操作系统会帮助软件完成对计算机硬件的操作并返回相应的结果。

> 接口：接口是一个抽象的概念，它表示将复杂功能封装起来提供抽象的操作规范，使用者只需要按照接口规范使用接口即可实现对应的功能，而不需要关注该功能的实现细节。以手机为例，手机屏幕就是一种接口，用户通过手机屏幕就可以享受手机的功能而不需要去关心手机的构成细节。

例如，使用 Word 软件读取计算机硬盘中的文档文件，此时 Word 软件并没有直接操作计算机硬盘这个硬件，而是告诉操作系统："我想要读硬盘中的文档。"在操作系统收到该要求后，就会读取硬盘中的文档，将其放到内存中，让 Word 软件可以获取其中的内容。

当下有很多操作系统，如个人计算机上的 Windows 操作系统、macOS 操作系统，个人手机上的 Android 操作系统、iOS 操作系统等。

操作系统本质上只是一种软件，而软件的本质只是一组机器码，当操作系统出现问题时，通常并不需要担心计算机是否会出现问题，将操作系统这款软件卸载重装即可。

附录 B.2 环境变量

环境变量指当前操作系统运行时的一些操作，包含操作系统以及当前登录用户的环境信息，如操作系统版本、CPU 版本、软件默认路径等。

在操作系统上运行某个软件时，操作系统会在当前文件夹搜索这款软件。如果没有找到，就会去环境变量的软件默认路径搜索该软件。如果依旧没有找到，则抛出软件不存在的错误。

如果安装 Python 时没有将 Python 安装的目录设置到环境变量的软件默认路径中，就无法直接运行 Python，而需要进入 Python 安装目录才可以运行 Python。每次使用都要进入 Python 安装目录是很烦琐的，所以在安装 Python 后，需要将安装目录添加到环境变量的软件默认路径中。

不同操作系统中操作环境变量的方式有所不同。在 Windows 操作系统中，右击"计算机",在弹出的快捷菜单中选择"属性"命令,单击"高级系统设置"超链接,在弹出的"系统属性"对话框中选择"高级"选项卡,单击"环境变量"按钮,弹出"环境变量"对话框,如图 B.1 所示。

图 B.1

环境变量通常分为系统变量与用户变量,其中用户变量只对当前登录用户生效,用户可以对其进行添加、修改和删除,这些操作不会影响操作系统中的其他用户(一个操作系统可由多个用户使用);而系统变量会影响系统中的所有用户,无论通过哪个用户登录该系统,其系统变量都是一致的。此外,系统变量只有管理员才能添加、修改和删除,普通用户只有读取权限,无权对其编辑。

与 Windows 操作系统不同,macOS 操作系统中的环境变量存放在如下几个文件中:

```
# 系统变量
/etc/profile
/etc/paths

# 用户变量
~/.bash_profile
```

```
~/.bash_login
~/.profile

~/.bashrc
```

macOS 操作系统的环境变量同样分为系统变量与用户变量，修改系统变量需要 root 权限（macOS 操作系统中的最高权限，相当于 Windows 操作系统管理员）。

此外，macOS 操作系统中加载环境变量是有一定规则的，具体如下。

（1）/etc/profile 和/etc/paths 环境配置在系统启动时就会加载。

（2）~/.bash_profile、~/.bash_login、~/.profile 依次加载，如果 ~/.bash_profile 不存在，则依次加载后面几个文件；如果~/.bash_profile 文件存在，则后面几个文件不会加载。

（3）~/.bashrc 在 bash shell 打开时加载。

附录 B.3　权限系统

任何用户使用任何程序操作某个资源（各类文件、文件夹、系统资源）都需要对应的权限。在 Windows 操作系统中，右击文件，在弹出的快捷菜单中选择"属性"命令，在弹出的文件属性对话框的"安全"选项卡中可以看到当前文件的权限状态，如图 B.2 所示。

一个权限系统通常围绕着用户组、用户、资源、权限类型这 4 个概念展开，下面以一个具体的例子来理解这 4 个概念以及它们之间的关系。

管理员用户想通过 Word 软件读取 Word 文档中的内容，此时管理员用户所在的用户组与管理员用户本身需要具有 Word 软件的执行权限与 Word 文档的读取权限。如果还想通过 Word 软件修改 Word 文档的内容，就需要有写入权限，否则无法将新内容添加到 Word 文档中。

从上述例子中可知如下信息。

（1）一个用户至少属于一个用户组，要操作某种资源，用户与所属用户组都需要相应的权限。

图 B.2

（2）Word 软件与 Word 文档都是一种资源。

（3）权限类型大致分为读取、写入与执行。

权限系统本身是一个复杂的话题，其技术细节有很多。此外，不同操作系统之间的权限系统存在一定的差异，这里不深究权限系统的复杂的技术细节。

总而言之，用户想要操作某个资源，就需要拥有相应的权限，否则会抛出没有权限（Permission denied）的错误。